高等学校教材

航空结构试验基础

张猛创　殷之平　卢智先　编著

西北工业大学出版社

西　安

【内容简介】 本书以高等学校机械类课程的基本要求为指导思想,采用"参与项目实例教学法"的思路,以具体航空试验实例为指导,以学习项目为目标,以典型任务驱动教学内容的组织和知识的学习。全书共 8 章。第一章为绪论,讲述了飞行器结构试验的一般常识。第 2~6 章为结构试验的加载技术,电阻应变片的测量技术,飞行器结构静力试验,飞行器结构疲劳试验以及飞行器结构动强度试验。第 7 章介绍了飞行器结构试验的误差分析以及数据表达方式。第 8 章为近几年来本课题组航空结构试验实例,具体介绍某型飞机旅客座椅地轨强度试验,左右机翼对接静力试验,机翼下壁板对接疲劳试验。

本书可用作高等学校航空航天类专业和其他相关专业的结构试验课程的教材和参考书。

图书在版编目(CIP)数据

航空结构试验基础 / 张猛创,殷之平,卢智先编著
—西安:西北工业大学出版社,2023.12
ISBN 978 - 7 - 5612 - 9107 - 8

Ⅰ. ①航⋯　Ⅱ. ①张⋯ ②殷⋯ ③卢⋯　Ⅲ. ①航空器
-结构试验　Ⅳ. ①V214.1 - 33

中国国家版本馆 CIP 数据核字(2023)第 228500 号

HANGKONG JIEGOU SHIYAN JICHU

航 空 结 构 试 验 基 础

张猛创　殷之平　卢智先　编著

责任编辑:付高明		策划编辑:李　萌	
责任校对:胡莉巾		装帧设计:李　飞	
出版发行:西北工业大学出版社			
通信地址:西安市友谊西路 127 号		邮编:710072	
电　　话:(029)88491757,88493844			
网　　址:www.nwpup.com			
印 刷 者:兴平市博闻印务有限公司			
开　　本:787 mm×1 092 mm		1/16	
印　　张:19.5			
字　　数:487 千字			
版　　次:2023 年 12 月第 1 版		2023 年 12 月第 1 次印刷	
书　　号:ISBN 978 - 7 - 5612 - 9107 - 8			
定　　价:68.00 元			

如有印装问题请与出版社联系调换

前　言

航空结构在工作时承受各种不同的力,为了满足结构设计的基本要求,航空结构不仅需要具备足够的强度、刚度、稳定性、抗疲劳性和耐久性,还需要满足设计所需的结构动力学性能。为了达到这些要求,在航空设计和制造过程中需要采用理论分析和试验验证相结合的方法。理论分析提供了设计的初步依据,但必须通过试验来验证其正确性,并不断完善和改进。同样,试验也必须依据理论来制定试验方案,并依据理论对分析试验结果进行解释。理论和试验相辅相成,相互支持,才能确保设计的飞行器结构的安全可靠。

在中国共产党第二十次全国代表大会精神的引领下,笔者荣幸地编写了本书。本书结合中国航空工业的发展需求,为航空领域的学生和从业者提供系统、深入的结构试验知识,为我国航空事业腾飞增加助力。从更为专业的角度上来说,学生通过学习本书内容,可深入学习航空典型结构试验的方法,理解航空结构失效行为,优化设计试验方案,最终确保飞行器在各种复杂情况下都能稳定运行,安全飞行。

习近平总书记在党的第十九届五中全会上强调:"教材是引导学生正确学习的重要载体。"做好党的二十大精神进教材工作,就是要坚持全面准确、深入理解内涵;就是要有利于帮助学生深刻领会党的二十大精神,深刻领会过去 5 年的工作和新时代 10 年的伟大变革,深刻领会开辟马克思主义中国化时代化新境界,深刻领会新时代新征程中国共产党的使命任务,深刻领会中国式现代化的中国特色和本质要求,深刻领会社会主义经济建设、政治建设、文化建设、社会建设、生态文明建设等方面的重大部署,深刻领会教育科技人才、法治建设安全等方面的重大部署。因此,笔者坚持以习近平同志为核心的党中央关于教育的战略部署为指引,深入挖掘教材内容,确保贴合航空领域的最新发展,全面反映航空结构试验的前沿和应用实践。本书包括航空结构试验的基本概念、试验方法与技术、载荷应用与数据采集、试验数据分析等内容,旨在培养学生全面掌握试验原理和技能,从而在未来的航空工程实践中发挥重要作用。

笔者深知教材编写的使命重大,要为社会主义建设者和接班人的培养提供坚实的学术基础。因此,笔者在西北工业大学卢智先老师 20 多年相关课程的教案、讲义的基础上,细致总结、重新绘图,对试验相关内容进行去旧迎新,增加近 10 年的试验发展和成果内容,同时力求使教材内容简明扼要,条理清晰,注重理论与实践的紧密结合,旨在帮助读者在学习过程中能够灵活运用所学知识解决实际问题。

习近平总书记强调:"创新是引领发展的第一动力。"在中国航空工业不断迈向世界舞台的同时,航空结构试验作为航空工程的重要组成部分,亦面临着更高的要求和更广阔的发展空间。笔者期待通过本书的传播与应用,培养更多航空领域的人才,推动中国航空工业蓬勃发展,为国家的繁荣富强作出更大贡献。

感谢西北工业大学李玉龙、卢智先、戴顺安的支持,感谢孙侠生所著《飞机结构强度新技术》一书提供的参考,感谢所有参与教材编写的专家、学者和同仁们的辛勤付出,感谢各位参考文献的作者。愿我们共同努力,将航空结构试验教育推向新的高度,为实现中华民族伟大复兴的中国梦贡献力量!

由于笔者的水平有限,书中难免存在不足之处,恳请广大读者批评指正。

张猛创

2023 年 7 月

目　　录

第1章 绪 论

1.1 航空结构试验的任务、作用和分类

1.1.1 航空结构试验的任务

在工作状况下航空结构会承受多种载荷。为了满足结构设计的基本要求,航空结构不仅应在各种载荷作用下具有足够的强度、刚度、稳定性和疲劳耐久性,而且应具有符合设计要求的结构动力学性能。因此,在研制航空结构的过程中必须采用理论分析与试验研究相结合的方法。理论必须经试验验证,并通过试验得到发展。同样,试验必须以理论为指导,在制定试验方案和分析试验结果时,应以理论为依据。

事实上,对工程技术人员来说,为了设计合理的结构,就必须掌握航空结构在设计载荷作用下的实际反应,并通过试验来解决存在的问题。例如,液体火箭发动机燃烧室头部、导弹弹头、稳定裙等部段上的加强框,其结构形式复杂,形状不规则,难以准确地进行理论计算与分析,只有通过对静力试验结果的分析才能确定结构形式及基本尺寸。又如,在设计航空结构时,一般要先利用数学模型,模型的精确度很大程度上取决于对结构特性的了解程度,要求工程技术人员具有相当高的力学分析能力和丰富的计算经验。物理参数的误差、有限单元与实际结构状态的差异、边界条件处理的结果以及算法误差等不确定因素都会影响模型模拟的准确度。因此,在设计结构的过程中应以模态识别为核心,利用试验模态分析的方法来验证和修正数学模型、综合试验模型,校核动态分析结果的有效性,检查结构中薄弱部位及鉴定结构的动态特性是否符合设计要求;等等。

综上所述,航空结构试验是飞行器设计和分析中不可缺失的环节。所谓航空结构试验,是用试验的方法测量和研究结构在载荷作用下的强度、刚度、稳定性、疲劳耐久性和结构的结构动态特性,以掌握结构的应力、变形状态,判明航空结构的实际工作性能和承载能力的一门实用工程技术。

航空结构试验的任务就是以飞行器结构或构件为对象,利用设备仪器、多种试验技术,在载荷或其他因素(如温度、变形等)的作用下,通过测量与结构工作性能有关的各种参数(如变形、挠度、应变、振幅、频率等),从强度、刚度、稳定性、疲劳耐久性、结构动态特性和结构实际破坏形态来判断结构的实际工作性能,估计结构的承载能力,确定结构对设计要求的满足程度,并用以检验与发展结构的计算方法与理论。具体的主要任务如下:

（1）在飞行器设计过程中，测量模型中的应力和变形，根据测量结果来选择零部件的合理结构形式和尺寸。

（2）测量真实飞行器结构中零部件的静（热）态和动态的应力状态，找出最大应力的数值与位置，从而评估产品结构的可靠性，并为提高产品承载能力提供科学依据。

（3）对理论计算进行校核，并从试验中探索规律，为修正理论的不足或创造新的理论计算方法提供试验依据。

（4）根据结构设计的需要，进行结构的疲劳和耐久性试验。

（5）测量真实飞行器的结构动态固有特性（如固有频率、振型、阻尼比、振型斜率等）。

（6）根据结构设计的需要，对结构进行稳定性试验。

（7）对破坏或失效的产品进行结构分析，提出改进措施，防止类似的破坏或失效现象再次出现。

1.1.2　航空结构试验的作用

（1）航空结构试验是保证飞行器设计质量的重要因素，它已经成为飞行器设计、生产与研制过程的有机组成部分。

随着结构分析理论、方法与软件的迅速发展，结构设计的理论与方法也越来越先进、完善。高性能商业软件系统已广泛应用，数据库的建立和完善使可供使用的数据资料日益增多。在上述基础上，对现代飞行器设计开展优化设计，按照一体化技术的设计要求，可以获得更佳的设计。但是，实践证明，在这个过程中，无论是方案设计阶段、初样设计阶段还是试（正）样阶段，都要不断地分阶段进行结构试验，用以验证和考察设计与分析的结果，例如验证数学模型和理论分析方法，选择控制系统敏感元件的最佳位置，检验结构对环境的适应性和结构的工艺性，剔除加工过程中的缺陷，等等。对于重要的、复杂的、受载严重的结构或部件，在方案设计或初步设计时，还需要进行模型试验，用以确定结构布局、结构形式和主要的结构尺寸。必要时，应做方案验证性的结构或系统原理试验。对于飞行器来说，在初样阶段通常要做静力试验、全弹振动固有特性试验，进行鉴定试验，在正样阶段要进行正样试验、验收试验，以保证飞行器的质量。

（2）结构试验是发展结构分析理论的重要途径。

科学实践是人们正确认识事物本质的重要方法，可以帮助人们认识事物的内部规律。实践证明，结构试验是人们认识结构性能的行之有效的方法，是发展结构分析理论的重要途径。

17世纪初期，伽利略曾错误地认为受重要断面应力分布是均匀受拉的。过了46年，马里奥托和莱布尼茨对这个假定提出了修正，认为受重要断面应力分布不是均匀的，而是呈三角形分布的。1713年，法国巴朗进一步提出了中和层理论，认为变弯梁断面上应力分布以中和层为界，一面受拉，另一面受压。但由于当时无法验证，因此巴朗的理论只是一个假设而已。直到1767年法国密格密里首先用简单的试验方法，证明了梁断面上压应力的存在。他在一根简支木梁的跨度中间，沿上缘受压区开槽，槽的截面与梁轴垂直，在槽内塞入硬木垫块。试验证明，这种开槽梁的承载能力丝毫不低于整体未开槽的木梁。这说明，只有上缘受压才可能有这样的结果。当时，科学家对此试验给予极高评价，将它誉为"路标试验"。这是因为它总结了人们100多年来的摸索成果，像十字路口的路标一样，为进一步发展结构强度计算理论指出了正确方向和方法。到 1821 年,法国拿维叶推导了现在材料力学中受弯梁断面应力分布计算公式,又经过 20 多年才由法国阿莫列思通过试验方法验证了这个公式。人类对这个问题进行了 200 多年的不断探索,至此才告一段落。由此可见,不仅对于验证理论,而且在选择正确研究方法上,试验技术都起了重要作用。

（3）飞行器结构试验是飞行器结构质量鉴定的可靠方式。

飞行器研制和生产过程中,不论是某一具体的结构件、部件,还是结构整体,在初样阶段的设计评审、初样制造中都要通过以静力试验和振动试验为代表的结构试验来发现和解决结构在技术性能、工艺质量和可靠性等方面的问题,并且通过鉴定试验来验证飞行器结构质量。鉴定试验是设计验证的最好手段。鉴定试验过程是对设计思想、设计方法和制造工艺的验证。由此可以修正设计理论,积累设计经验,解决设计与制造中出现的技术问题。在正样阶段通常是通过正样试验和验收试验及相关测试对正样设计、工艺过程、检验和验收试验数据与结果进行全面总结和评估,从而保证结构质量符合要求。由此可见,对飞行器结构质量鉴定的最可靠的方式仍然是结构试验。

1.1.3 航空结构试验的分类

对航空结构试验可以从不同的角度进行分类。通常可以根据试验目的、试验对象的特性、试验载荷、试验件的规模、试验件破坏类型及对应的理论来分类。现对各种分类方法概述如下。

1. 按试验目的进行分类

（1）研究性试验。其目的是测定结构的承载特性（如强度、刚度、稳定性、疲劳等）和结构的动力学特性,为建立和验证理论假设、计算方法提供必要的依据,并从强度、刚度等角度,对结构形式、工艺水平等给予评价,为制定设计规范提供依据,为发展和推广新结构、新材料、新工艺提供实践经验。

（2）生产检验性试验。它包括试制性试验、鉴定性试验、工艺检验性试验等,直接为飞行器研制与生产服务,通常是对结构设计与生产施工质量进行考核、检验或鉴定,研究结构设计的可靠性,研究工艺质量和结构本身的可靠性。

（3）验收性试验。它主要用于飞行器批量生产的抽样试验,对结构、材料、工艺、生产技术水平等因素做全面考核,以控制产品质量。

2. 按试验对象的特性进行分类

（1）原型试验,也称全尺寸试验。其采用真实的飞行器结构（包括零部件或组合件）为试验对象。在正确的试验条件下,原型试验可对飞行器结构设计的合理性、结构分析的准确性进行考核,并且对制造工艺质量给予评价。原型试验是判断结构强度、刚度等性能的最可靠的依据。

（2）模型试验。在这类试验中通常运用相似理论,采用适当的比例和相似材料,选取适当的尺寸、典型化的结构形式,制成与原型相似的试验对象。试验对象具有实际结构的全部或主要特征。模型试验具有经济、周期短等优点,多用于研究性工作或原型试验难以实现的情况。

(3)结构元件试验。该试验从方便理论分析着眼,选取试验件的结构形式、几何尺寸和材料;可人为地将模拟研究的参数予以改变,以便将理论分析和试验结果加以比较,用以验证、分析理论、方法和元件设计的正确性。

3.按结构破坏类型进行分类

(1)静力试验。静力试验也称为结构静力单调加载试验,其加载过程是:载荷从零开始逐步递增,一直到规定的载荷值,最后到破坏为止。在逐步、单调加载的过程中,可以根据试验要求,分阶段观测结构的应力及变形的发展变化过程和规律。

飞行器静力试验通常包括全机弹性极限内的静力试验、设计情况试验、破坏试验、结构稳定性试验等。它是结构试验中最常见的试验。

(2)动力学试验。动力学试验是指通过动力加载设备直接对结构或构件施加动力载荷的试验。它的任务是利用现代观测手段对结构进行振动测量,考察结构的固有动力学特性和动态响应,确定结构的动强度特性。动力试验的具体目的如下:

1)在研制飞行器的过程中为设计计算与理论分析提供依据,不断改进产品的振动特性。

2)在批量生产过程中,检验产品的制造、装配质量。

3)在使用过程中,振动测试起着监视作用,以尽早发现故障,及时返厂检修,避免造成事故。

飞行器结构动力试验一般包括地面共振试验、风洞颤振试验、前轮摆阵试验、起落架落震试验、导弹的冲击试验、全弹(箭)振动试验(包括模态试验)和随机振动试验等。

(3)热强度试验。热强度试验是在既定的温度和载荷作用下,测定结构的热应力、热变形状态,用来分析和研究飞行器结构在热环境中的力学特性和抗破坏能力。热强度试验与静力试验相比,独特之处在于热环境的模拟,其以加载设备和专门设计的加热器来代替加载系统。

热强度试验通常包括材料高温试验、结构高温试验、全机(弹)高温试验、模型高温试验等。

(4)疲劳与断裂试验。结构疲劳试验的目的是了解在重复载荷作用下结构的性能及其变化的规律。

疲劳试验一般均在专门的疲劳试验机上进行,利用试验机控制疲劳载荷的大小、速度和次数,施加重复载荷,也可采用振动设备。疲劳试验大多采取对构架施加等幅匀速脉动载荷的方式,模拟构件在使用阶段不断反复加载和卸载的受力状态。在控制疲劳次数内应取得抗裂性开裂载荷、裂缝宽度及其发展情况、最大挠度及其变化规律、疲劳强度等数据。

飞行器结构疲劳试验通常包括元件及组件疲劳试验、全机疲劳试验和工程研究性疲劳试验。载荷谱大体上有等幅加载、程序加载和随机加载三大类。

4.按试验载荷进行分类

(1)使用载荷试验。最大施加的载荷为使用载荷,卸载后结构不应产生残余变形。此类试验可使试验件反复受载,从而多次进行结构性能的测量与分析。

(2)设计载荷试验。最大试验载荷为设计载荷,用以考虑结构在设计载荷下强度、刚度、稳定性是否满足设计要求,并通过对结构性能参数的测量,分析结构内部各组成部分的实际受载情况。

（3）破坏性试验。通过破坏性试验确定发生总体破坏的最大载荷及结构的剩余强度系数值。

飞行器结构试验也可以有其他分类方法。例如：按试验件规模可分为零件试验、部件试验、全机试验；按试验载荷的特点可分为分布载荷试验、单一载荷试验、组合载荷试验；等等。

1.2　航空结构试验的一般过程

航空结构试验的工作过程与试验的目的、任务、性质、技术要求和试验规模有关，但是在一般情况下，通常可按试验的规划与设计阶段、准备阶段、加载试验阶段、试验资料的分析与总结阶段的顺序进行。

1.2.1　规划与设计阶段

此阶段首先应充分研究试验任务书等文件，明确试验的目的，对试验件的要求、试验载荷、试验件的支撑要求与边界条件、测量的内容与要求等，即对所要进行的结构试验工作进行全面的规划与设计。在调查研究、充分收集有关资料的基础上，确定试验的性质、规模和试验件形式，其核心内容是制定试验方案，拟定试验大纲。此阶段主要完成下列工作。

1. 试验件的设计

试验件通常是飞行器实际结构的整体或零部件。试验件的设计应包括试验件形状、尺寸、材料及结构的选择与设计，还应考虑满足边界条件和载荷施加方面的要求，以正确模拟真实结构的受力、传力等性能。此外，还要确定试验件的数量。

2. 试验载荷的设计

结构的真实载荷通常是用比较容易实现且得出的结果是可以接受的试验载荷来代替的。因此，对真实载荷进行必要、合理的简化。载荷的简化一般指略去对强度、刚度、稳定性影响不大的载荷，或者将分布载荷简化为集中载荷。载荷简化的原则是要保证试验件被检验部位或危险部位载荷的真实性，并不致引起非检验部位的提前破坏。

正确选择加载设备和加载方法，进行加载装置、加载方法和加载控制的设计是完成结构试验的关键之一。即使是在使用实验室现有设备装置时，也要按每次试验的要求对加载装置的强度和刚度进行复核计算。

对加载装置的强度设计应满足最大载荷的要求，保证有足够的安全储备。同时还必须考虑其刚度要求。因为在加载时如果加载装置刚度不足，将难以获得试验件在极限载荷下的性能。此外，还要求加载符合试验件受力的真实性要求。加载装置的结构应简单，如果可能，最好设计成多功能的，以满足各种试验件的试验要求。

结构的试验载荷设计应该保证进行试验时能正确控制载荷的大小、加载速度的快慢、加载间歇时间的长短和加载循环次数的多少等因素。

3. 边界条件的模拟

边界条件是指结构边界（或端部）的支持、连接和运动自由度的约束，即指试验件真实内力和外力之间的联系条件。边界条件的模拟包括边界（或端部）、对接（如连接形式、所用材料尺寸大小)载荷传递和刚度的模拟。

设计一种边界支持设备,它应能将真实的飞行载荷传递给试验件,或者平衡施加于试验件的载荷。它将为试验件提供真实的载荷大小与分布,体现试验件和相应飞行器结构之间的相互作用,并且能测得真实的应变、位移和结构的振动参数。

当连接部位为静不定结构时,支持设备应着重进行刚度的模拟。最好使用相应的连接部位的飞行器真实结构作为边界支持设备。若连接部位为静定结构,则其支持设备只要求保证其连接形式和强度要求,不必进行刚度模拟。

4. 拟定测量方案与程序

拟定测量方案与程序也可称作观测设计。它是指进行结构试验时,为了对试验件在载荷作用下的实际工作情况有全面了解,真实而正确地反映结构的工作情况,利用各种仪器设备测量出试验要求的结构反应的各种参数,为分析结构工作状态提供科学依据。因此,在试验前应该拟定测量方案。测量方案主要包括以下内容:①按照试验的目的要求,确定试验测试的项目。②按照确定的测试项目,选择测量点位置和数目。③选择确定测试仪器和测试方法。

拟定的测量方案要与加载和测试的程序密切配合、协调,并且在试验时随时将实际观测的读数与理论分析值进行比较,及时发现问题并对试验进行控制。

在确定试验目的时,反映结构整体变形和应变的项目是最基本的要求。在条件许可时,根据试验目的,也经常需要测定一些局部变形和应变。

总体来说,破坏性试验本身能充分说明问题。因此,测试项目和测量点可以少些,而非破坏性试验的测试项目和测点布置则必须满足分析和诊断结构工作状况的最低要求。一般来说:在满足试验目的前提下,测点数量宜少不宜多;测点的位置必须具有代表性,以便于分析和计算。注意在与试验目的要求一致的已知应力和变形的位置上布置测量点。

试验顺序的安排涉及试验的质量与周期。一般来说,低载试验先安排,主要试验先安排,对其他试验影响不大的试验先安排。

仪器选择的原则主要如下:

(1)避免选用高准确度、高灵敏度的精密仪器。应从试验的实际需要出发,使所使用的仪器满足测量所需的精度与量程要求。一般的试验,要求测定结果的相对误差不超过5%,应使仪表的最小刻度值不大于最大被测值的5%。

(2)仪器的量程应该满足最大应变或挠度的需要。因此,最大被测值宜在仪器满量程的1/5～2/3范围内,不宜大于仪器最大量程的80%。

(3)在动力试验中选择仪器仪表时,尤其应注意仪表的线性范围、频响特性和相位特性要满足试验测量的要求。

(4)测量仪表的型号、规格、种类应尽量少。

5. 拟定试验的安全措施

为了保证试验的顺利进行,保证人员、仪器设备等的安全,必须采取有效的安全措施,防止事故发生。试验安全问题可以从以下三个方面考虑。

(1)试验件安全措施。这主要考虑运输、吊装、安装装配、现场试验和试验件拆除的安全措施。

（2）仪器设备安全措施。这主要要求加载设备应有足够的安全储备，严禁超载；进行破坏试验时有足够的安全措施；仪器使用前要仔细检查，确认无误时才能接通电源；等等。

（3）人身安全措施。这主要考虑试验操作人员的人身安全。

1.2.2　准备阶段

试验的准备工作量很大，其主要内容如下：

（1）试验件的制作与准备。飞行器结构试验的试验件可以根据设计图纸和技术文件制造，并保证生产制造质量，也可以从已验收的产品中抽选，被抽选的试验件可拆除不影响载荷、温度分布和结构强度的组件和成品设备。

（2）试验件质量检查，包括试验件尺寸、精度和缺陷的检查。

（3）试验件安装就位。试验件的支撑条件应该力求与计算简图一致，对试验件的一切支撑零件均应进行强度计算，保证其有足够的强度储备。

（4）安装加载设备。

（5）对测量仪器按技术要求进行标定，不得使用误差超过规定标准的仪表。

（6）按试验大纲要求，完成仪器仪表的安装和连线的调试。

（7）进行预试。预试的目的是检查整个试验系统状态是否良好，并通过预试消除应变片贴片后的滞后现象。检查加载系统和测量系统的工作可靠性，仪器设备工作是否正常，支撑工装定位是否正确、牢固，试验人员配合是否协调，等等。另外，预试还可以消除试验件内部或试验件和工装夹具间的间隙。

1.2.3　加载试验阶段

加载试验是整个试验过程的中心环节，应该按规定的加载顺序进行。对重要的测量数据应该在试验过程中随时记录、整理分析，并且将其与事先计算的数值做比较，发现有不正常情况时，应立即查明原因或故障，待问题弄清楚后才能继续进行加载试验；在加载过程中对试验件进行详细观察，记录所采集的数据和破坏过程，并拍摄试验件变形和破坏后的照片，以供分析。

在静力试验中，刚度试验一般加载不超过设计载荷的 50%，故应按先做刚度试验后做强度试验的顺序进行。在使用载荷阶段，可取每级载荷为设计载荷的 10% 逐级加载，测量到使用载荷后均匀加载，再逐级加载到结构破坏或规定的数值。超过使用载荷后，为便于观察结构破坏现象，获得比较准确的破坏载荷，可以用设计载荷的 5% 为一级加载。

1.2.4　试验资料的分析与总结阶段

1. 试验资料的整理分析

试验资料的整理分析包括以下两部分内容：

（1）应对所有记录的原始资料进行整理，其中要特别注意，对试验测量数据、曲线的详细原始记录，连同试验过程中的观察记录、摄影资料等进行收集、整理。

（2）进行数据处理。一般由仪表测量的数据和记录的曲线等资料不能直接得到试验任务要求的结果，所以需对这些原始数据进行必要的处理、修正和分析运算，以得出试验结果。

例如,在静力试验中一般通过传感器测量得到的是应变值,需要通过相关公式的计算才能得到要求的应力值。

数据的修正主要是根据已知规律和误差分析,确定数据的修约和取舍。

2. 试验结果的分析和总结

对试验结果进行分析和总结,得出必要的规律与曲线。试验结果的分析主要包括对试验误差的分析和对结构性能与承载能力的分析。对试验得出的规律和一些重要现象做出解释,将试验结果与理论值加以比较与分析。

3. 试验总结报告的撰写

试验总结报告是对试验进行归纳、分析,给出结论的文件。它除了阐明试验是如何做的以及试验结果外,还可以总结成功经验,指导设计或理论研究,也可以提出存在的问题和改进意见。其主要内容包括试验的目的、任务和要求,试验系统安装简图或相关照片,试验数据处理和结果,试验分析、试验结论,存在的问题和改进意见,附录,等等。其中,附录通常包括原始资料、测量记录、观察记录、数据处理过程及有关照片等。

1.3 航空结构试验技术的发展

航空结构试验技术是随着飞行器发展而形成的一门综合性技术。在飞行器研制过程中,飞行器结构试验技术对研制质量起着至关重要的作用,与此同时也促进了自身的发展与提高。例如,20世纪,随着航天器设计技术的发展,航天器的各种动力学环境分析与试验技术有了很大发展,各种试验方法和技术已经定型。目前人们的注意力主要集中于新型号航天器研制的需要,以努力提高试验的有效性,降低试验的费用,并且克服尚存的一些技术难题,例如动力学综合环境的预示、效应分析与试验模拟等难题。

飞行器结构试验技术的发展主要反映在以下几个方面。

1. 试验方法向多样性、精密性方向发展

新型号、新结构和新材料的出现,要求结构试验方法不断改进,向多样化发展,且要求试验的精确度提高。例如,在静力试验方面,内压试验从单一容器的内压试验发展到同对双腔结构、两种压力的共底结构的内压试验,并且取消了对试验件的密封要求。静力试验采用了载荷自动控制协调加载装置,并且使用了各型导弹、各类发动机架通用的高精度试验平台。当前静力试验技术已基本成熟,在载荷和边界条件的模拟方面基本上做到了与真实飞行情况一致。在结构动力学试验方面,有了更真实的瞬态载荷模拟方法来代替正弦扫描和定频正弦试验方法,全弹的冲击、振动试验技术与设备有了长足的发展,多轴振动试验技术的研究与应用有了一定的发展,尤其是振动试验中力限技术得到了很好的应用。在振动环境试验中,实现力限控制,解决振动试验领域的过试验和欠试验问题仍是当前重要的发展方向。

2. 试验设备向大型化、自动化、数字化方向发展

近年来,大型结构试验机、大型试验台、高精传感器、电液伺服控制加载系统等试验、测试设备发展很快,特别是智能仪器、数字化设备的出现,使设备自动化、数字化水平提高,为结构试验开辟了新的、广阔的前景。例如,目前动力学环境试验所需的许多环境模拟设备已

标准化、商业化,已经研制了各种动力学环境模拟设备和控制软件来模拟各种动力学环境条件(如噪声、振动、冲击、加速度)。但是进行大推力振动台关键技术的研究,研究并开发适应我国未来航天器研制需要的多自由度振动试验系统,提高我国航天器动力学环境模拟技术水平,完成大吨位冲击试验系统的技术研究,满足航天器型号冲击试验要求等,仍然是结构动力学模拟试验技术的发展方向之一。

3. 测量技术向高精度、自动化方向发展

以静力试验为例,现在试验中采用了光弹法、电比拟法、云纹法、白光散光干涉法等先进的实验应力分析法,应变电测法也由手动发展到自动,并采用数字式应变仪与计算机相结合,将控制载荷协调、数据采集、处理分析试验结果集于一体,提高了测试精度与速度。当前飞行器结构试验已大量使用数字化数据采集和分析系统,改进了模态分析及数据处理方法,更多地使用大规模通道分析技术,发展了非定常随机数据分析技术,并且普遍建立了计算机化的动力学数据库。

4. 虚拟试验技术得到逐步发展与应用

事实证明,对于越来越复杂的大型飞行器结构,仅仅用数值分析方法或仅仅用实体试验方法不能满意地解决结构动力学问题。例如:对于航天器振动试验来说,振动台上舱体结构振动的弹性边界条件无法模拟飞行时舱体结构弹性边界条件;地面动态试验无法模拟在轨零重力环境;实尺振动试验因全尺寸太大,在现有试验设备上无法进行;等等。因此,必须寻找试验与理论密切结合的方法。在这种情况下,出现了虚拟试验技术。虚拟试验技术也就是在计算机上仿真试验的技术。它是在飞行器部件试验、简化结构试验、缩尺模型试验和飞行器实体结构试验的基础上建立正确的模型,在计算机上模拟总体结构真实状态进行动力学分析,在计算机图形终端活化显示结构的运动、变形与应力,为设计和试验提供依据。它将一个很难进行的复杂试验用一系列局部的小型试验和计算机总体综合仿真技术来代替,同时通过对飞行器的动力学环境效应、防护技术以及地面试验所取得的大量数据去伪存真,提取有科学价值的信息,建立数据库,可有效地利用已有的研究成果,为新一代飞行器(例如卫星)的设计提供重要数据,以便减少靶场试验次数,节约研制费用,缩短研制周期。

第2章 结构试验加载技术

2.1 概 述

结构试验就是根据试验的目的、要求,模拟结构在实际工作中的受力状态,求得结构在加载状态下的反应。结构加载试验是结构试验的基本方式之一。在结构试验方案设计中,正确进行加载方案设计和合理地选择加载设备,可以保证结构试验的顺利完成,提高试验精度,节约试验经费,加载方案的设计和加载设备的选择是决定试验成败的关键因素。因此,试验人员应当全面地掌握结构试验的加载技术,即熟悉各种加载方法和加载设备的特性,根据不同的试验目的、要求和试验对象正确选择加载手段和设备。

结构上的作用分为直接作用与间接作用。直接作用主要是载荷作用,包括静力载荷作用与动力载荷作用,间接作用主要有温度变化等。结构试验除极少数是在实际载荷下实测的外,绝大多数是在模拟载荷条件下进行的。对于飞行器结构试验来说,实现试验载荷是结构试验工作重要的一环。由于飞行器产品在存放、运输、发射、飞行等各种状态下载荷的复杂性,要给结构真实、准确地加载(如同产品受载一样)是不可能的,也不一定是必要的。因此,结构上试验时的载荷是对真实载荷进行合理简化而得到的。结构试验的载荷模拟是指通过一定的设备与仪器,以最接近真实的模拟载荷来再现各种载荷对结构的作用。载荷模拟技术也是结构试验加载技术的内容之一。飞行器结构的静力载荷模拟比较容易实现,而动力载荷,特别是热载荷的模拟是比较复杂而困难的。本书不讨论热载荷的加载技术。在进行结构动力试验时,对于加载方法和激振设备的选择都要进行认真的分析、研究。

在飞行器结构试验中,目前采用的加载方法与加载设备种类很多。

(1)在静力试验中主要有:①利用重物重力或通过杠杆进行的重力加载法;②利用液压或气压作用力及其加载器进行的液压或气压加载法;③利用螺旋加力器等进行机械加载的方法。

(2)在动力试验中主要有:①利用惯性力加载的方法;②利用电磁系统激振加载的方法(电磁加载法);③随机振动激振法;④电液伺服加载系统。

各种加载方法有其自身的加载系统,加载系统一般由力发生器、传力装置和测力装置组成。本书主要介绍静力加载系统方法,并简单介绍动力加载中的惯性力加载法和电磁加载法。

2.2　重力加载法

在飞行器结构试验中,重力加载法是指用经过标定质量的重物进行加载的方法。通常使用的重物是经过标定的砝码或重块,有时也利用液体(例如水)的重力加载。直接利用重物的重力作用于结构上的方法是直接加载法。图 2-1 所示是利用水具有的重力给试验件表面施加均匀的分布载荷。利用杠杆原理将重物重力进行放大或按一定比例重新分配后作用在结构上的方法称作间接加载法。如图 2-2 所示,将重块的重力通过杠杆进行分配后,作用在贴有帆布拉片的弹翼上的两个作用点上。

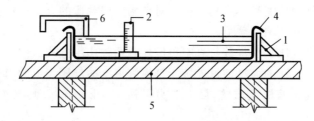

图 2-1　用水做均布载荷的装置

1—侧向支撑;　2—标尺;　3—水;　4—防水胶布或塑料布;　5—试验件;　6—水管

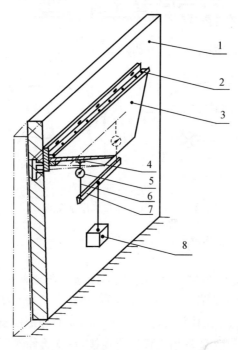

图 2-2　小型弹簧重力加载示意图

1—承力墙;　2—接头模拟件;　3—弹翼试验件;　4—帆布拉片;　5—测力计;　6—拉杆;　7—杠杆;　8—砝码

重力加载是一种传统的加载方式,重力加载的特点与要求如下:

(1)加载设备简单,便于操作与重复使用。

（2）加载恒定，波动小，适合测量时间长或多次重复加载的结构试验。采用杠杆加载时，作用在试验件上的载荷大小不随试验件的变形而变化。

（3）为了加载方便和分级，并且尽可能减小加载时的冲击力，重物的块（件）质量一般不宜过大（例如不大于 25.0 kg）。

（4）称重物的衡器示值误差应小于±1.0%，试验前必须标定。

（5）重力加载的缺点是采用砝码或重块加载时，载荷不能大，操作比较耗废体力。

2.3　气压加载法

气压加载法是利用压缩气体或真空负压对结构施加载荷的方式。这种加载方式能够比较容易地对试验对象施加均匀载荷。

气压加载法分为气压正压加载与真空负压加载两种作用方式。前者一般是通过橡胶气囊给试验件加载的。载荷的大小通过连接于气囊管道上的气压表或阀门进行测量。气囊的充气压力是利用空气压缩机完成的，最大压力可达 180 kN/m²。其工作原理图如图 2-3（a）所示。

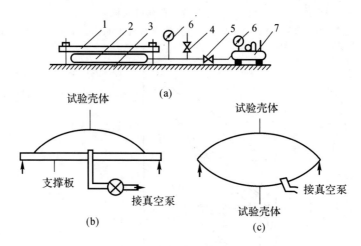

图 2-3　气压加载工作原理图
(a)正压加载；　(b)有支撑板负压加载；　(c)无支撑板负压加载
1—试验件；　2—气囊；　3—台座；　4—泄气指针；　5—进气针阀；　6—压力表；　7—空气压缩机

真空负压加载也称抽真空法，它采用真空泵抽出试验件与台座围成的封闭空间内的空气，形成压力差以对试验件施加均布载荷，如图 2-3(b)(c)所示。其最大压力可达 80~100 kN/m²。图 2-4 所示为一飞行器舱段壳体承受小于 0.98 MPa 的外压的试验装置示意图。此装置采用抽真空法，即将试验件上、下端用钢板密封连接，在试验件侧面套上一个密封塑料罩，用真空泵通过钢板上的接管嘴将舱体壳体试验件内部的空气分级抽出，使其压力逐级下降，实现加载。图 2-5 所示为火箭头部整流罩内压试验。整流罩结构外形如图 2-5 所示，其由对称的两个半罩组成，用螺栓将两者连成一个整体，形成一个非封闭形结构，内压试验的最大压力为 0.02 MPa。为了实现内压加载，仿效整流罩的结构内形状和尺寸，设计加工了一个塑料袋与整流罩内壁贴合,用压缩空气向塑料袋内充压,实现其内压载荷。整流罩是带有隔框、蒙皮、口盖的铆接结构,在试验件内安装塑料袋之前,应将试验件内壁不平的突出部分用柔软材料垫平,充压时仔细检查塑料袋的气密性,其充压压力应略大于试验的最大压力。

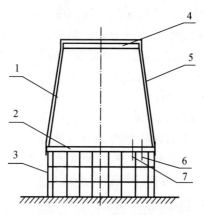

图 2-4　抽真空法的试验装置

1—试验件；　2—下钢板；　3—笼形支撑；　4—上钢板；　5—塑料罩；　6—抽气口；　7—测压口

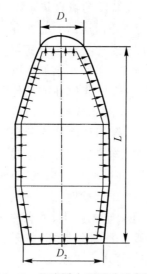

图 2-5　整流罩内压试验示意图

气压加载的特点和要求如下：

(1)加载方便、可靠,载荷值较稳定,且能真实地模拟面积大、外形复杂结构的均布受力状态。

(2)需要采用气囊或将试验件制作成密封结构,试验件制作工作量大。一般气囊或真空内腔需要进行密封处理,因此在接缝以及构件与基础之间须采用密封件(例如聚乙烯薄膜、黄油等)进行密封。

(3)气温变化易引起载荷波动。因此应增加恒压控制装置,使气体压力始终保持在允许的控制范围内。例如,恒压保持可采用封闭空间与外界相连通的短管与调节阀进行控制。

2.4　液压加载法

液压加载法是目前结构试验中应用比较普遍和理想的一种加载方法。它既可以进行一般的静力加载,也可以由液压加载系统、电液伺服阀和计算机构成先进的闭环控制加载系统用于振动台动力系统,还可以制作成多通道协同工作的加载系统。随着科学技术的发展,液压加载设备在结构试验中的应用不断向前发展。

在飞行器结构试验中,液压加载法可以直接利用水作为介质,通过水泵加载进行舱体或贮箱的内压试验,也可以利用液压作动筒或手动油泵及相应的传力装置进行结构试验。采用液压作动筒可以构成集中力加载系统(见图 2-6)。它由拉杆系统、测力计、作动筒、油车(或油源系统)、承力点接头和承力点组成。其中,拉杆系统包括螺帽、带肩衬套、拉杆、螺套、单耳接头、双耳接头、销子等。

图 2-7 是一种为了考核液体火箭发动机燃烧剂贮箱上、下底的静力强度与刚度,进行贮箱内压试验的方案示意图。试验时,将燃烧剂贮箱垂直放置。水的密度与燃烧剂(煤油)接近,用水作为加压介质,采用水泵加压以模拟箱体下底和上底压力,水对试验件不起腐蚀或其他破坏作用,无毒且成本低。箱体下端与笼形支撑对接,笼形支撑与试验件平台连接,试验件平台用地轨螺栓固定在承力坑的承力地轨上。为了便于试验安装并在破坏时起保护作用,上端亦装有笼形支撑,并采取保护措施,防止破坏时试验件倾倒。在进行箱体内压试验时,上、下底是主要考核对象,除测量应变外,还要求测量上、下底的位移变形。上、下底变形大,而且要求测量到破坏,故采用标杆测量,在离试验件较远的安全区用水平仪读数。

图 2-8 为利用液压作动筒、加载梁、加力帽等进行大尺寸封闭结构(箱体)轴压试验的轴压加载系统原理图。试验件箱体是一个封闭结构,加载系统不能从试验件中心通过,轴压载荷需要通过加力帽上的加载梁,用对称的两套集中力加载系统实现。加载梁和加力帽为球头、球窝配合,其合力通过加力帽的中心,而且因加力帽刚度很大,从而使试验件的轴向压缩载荷沿周向均匀分布。因此,安装在试验件下端的支持设备(笼形支撑、试验平台)的轴线同两套加载系统形成的两个加载点连线的垂直平分线应满足一定的同轴度要求。

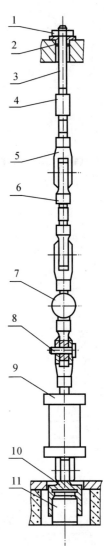

图 2-6　集中力加载系统

1—螺帽；2—带肩衬套；3—拉杆；
4—螺套；5—双耳接头；6—单耳接头；
7—测力计；8—销子；9—作动筒；
10—承力点接头；11—承力点

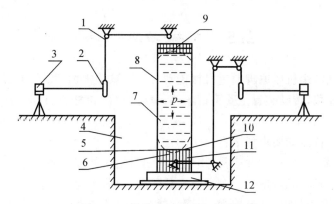

图 2-7　箱体内压试验方案示意图

1—滑轮；　2—标杆；　3—水平仪；　4—承力坑；　5—进气口；　6—箱体；　7—水；

8—引线管；　9—出气口；　10—加注口；　11—笼形支撑；　12—试验平台

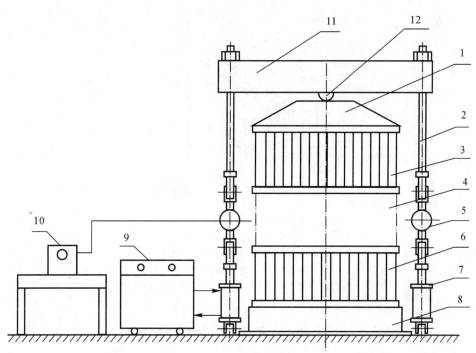

图 2-8　轴压加载系统

1—加力帽；　2—拉力系统；　3—笼形支撑；　4—试验件；　5—测力计；　6—笼形支撑；

7—作动筒；　8—试验平台；　9—油车；　10—应变仪；　11—加载梁；　12—球头、球窝

液压加载法的特点与要求是：

(1)这种装置的加载能力很大。飞行器结构试验中常用的集中力加载系统已经系列化，有 10 kN、50 kN、3 500 kN 等。

(2)液压加载系统一般来说体积小,便于搬运和安装。

(3)液压加载的缺陷是油压难以保持恒定,但只要加载时间间隔足够长,而且测量用的时间不长,载荷波动还是可以容许的。

2.5 机械力加载法

机械力加载是利用机械原理通过机械传动对结构试验件加载。飞行器结构试验中主要是用螺旋加力器加载,传动装置主要是钢丝绳、滑轮组件、拉杆、杠杆等,其工作原理图如图2-9所示。

机械力加载的特点和要求如下:

(1)加载设备简单,实现加载容易,用钢丝绳和滑轮组件传力便于改变载荷作用方向。

(2)用螺旋加力器加载,适合中等大小加载要求,载荷不能太大。

(3)加载路线要短,连接环节要少,当钢索通过导向轮或滑轮组对结构加载时,力值测量仪表宜串联在靠近试验结构一端的钢索中。

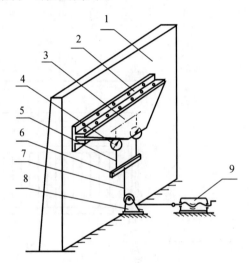

图2-9 螺旋加力器加载原理图

1—承力墙; 2—接头模拟件; 3—弹簧试验件; 4—测力计; 5—拉杆;
6—杠杆; 7—钢索; 8—滑轮组; 9—螺旋加力器

2.6 惯性力加载法

惯性力加载是利用运动物体质量的惯性力对结构施加动载荷。在飞行器结构试验中,按产生惯性力的方法不同,其通常分为跌落式冲击加载法和离心力加载法等。

图2-10和图2-11为两种跌落式冲击试验台示意图。图2-10为提升式冲击试验台,图2-11为倾斜式自由滚动冲击试验台(此台的台体5上安装有导轨)。此两台的试验件用螺栓固定在工作台面或滑车上,工作台或滑车通过提升装置提升到一定高度后使其自由跌落或下滑,不断加速,最后以一定的速度撞击台座上的波形发生器或冲砧,产生冲击振动作用的在试验件上。冲击脉冲的形式主要由冲击面或波形发生器的材料性能、形状、尺寸和结构确定。图2-10中提升装置由气缸、连接杆和导向杆组成,采用全气压驱动。当试验件与工作台通过气缸提升至一定高度时,锁紧气路中通过锁紧气缸将工作台锁紧,此时可安

装波形发生器,安装调整好后解除锁紧状态,提升气缸带动工作台到达要求的跌落高度后关闭电磁阀,工作台跌落撞击波形发生器,产生所需的冲击波作用到试验件上。这类冲击台既可实现单次冲击,也可实现快速的连续冲击。其特点是结构简单,运行可靠,易维护,易控制,易调整,能防止二次回跳。

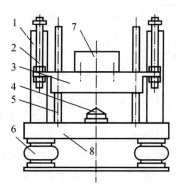

图 2-10　气动跌落式冲击试验台

1—气缸；　2—连接杆；　3—台面；　4—波形发生器；　5—导向杆；　6—减震阻尼系统；　7—试验件；　8—台座

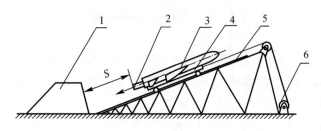

图 2-11　倾斜式自由滚动冲击试验台

1—冲砧；　2—冲击面；　3—导弹试验件；　4—滑车；　5—台体；　6—提升装置

　　图 2-12 所示的转臂式离心恒加速度试验机结构,是离心力加载法的一个典型例子。被产试品安装在转臂两端的工作台面上,转臂属框架梁结构,离回转中心稍远处采用合金铝板包成光滑流线型迎风面,以减小风阻,降低功率消耗。转臂与主轴通过法兰刚性地连在一起,消除了由转臂上下波动带来的恒加速度变化。电动机的运动和动力通过齿轮轴、齿轮及主轴传递给转臂,驱动转臂旋转。测速电机对转臂的实际转速检测后将其转变为电信号输出给电控系统,以控制、调节转臂的实际转速,保证转速的稳定性。当转臂等速回转时,安装在台面上的被试产品就受到一个离心恒加速度的作用,试品在工作台面上的安装方向改变。改变回转速度,就可以获得所需的加速度值或进行不同方向的试验。导电滑环是为了确保被试产品在供电状态下做恒加速度试验的一个动静转换装置。导电滑环用支架通过一定的机械结构与底座相对固定在一起,以防止其随转臂一起旋转,并且通过支架引出供电导线。

　　值得注意的是,这种离心机在工作过程中的安全问题极为重要。设备安装时,应将离心机安装在试验地坑中,安装试验样品时应考虑将两个工作台安装试品的质量差、质心高度差、安装半径误差限制在设备使用说明书中规定的容差范围内,并且要保证工作人员安全,保证样品安装固定结构的强度、刚度。

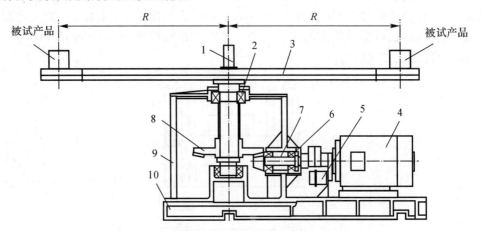

图 2-12   转臂式离心恒加速度试验机结构示意图

1—导电滑环；   2,6—加强型圆锥滚子轴承；   3—转臂；   4—电动机；

5—测速电动机；   7—齿轮轴；   8—大齿轮；   9—机箱；   10—底座

2.7   电磁加载法

电磁加载法是产生振动激励力的常用方法。它是根据通电导体在磁场中会受到与磁场方向垂直的力作用的原理,在磁场(永久磁场或直流励磁磁场)中放入动圈,并在动圈中通入交变电流,这样,固定于动圈上的顶杆等部件在电磁力作用下会产生往复运动,对试验件施加振动载荷。目前常见的电磁加载设备有电磁式激振器和电磁振动台。

现以激振器为例。当激振器工作时,在励磁线圈中通入稳定的直流电(见图 2-13),使在铁芯与磁极板的空隙中形成一个强大的磁场。与此同时,由低频信号发生器输出一交变电流,并经功率放大器放大后输入工作线圈(动圈)。这时工作线圈即按交变电流谐振规律在磁场中运动并产生电磁感应力使顶杆推动试验件振动。工作时电磁激振器安装于支座上,既可以做垂直激振,也可以做水平激振。图 2-13(a)为电磁式激振器的构造示意图,图中顶杆固定在动圈上,动圈置于励磁线圈的磁隙中,顶杆通过弹簧支撑处于平衡状态。工作时弹簧产生的预压力应稍大于电磁激振力,防止激振时产生顶杆撞击试验件的现象。

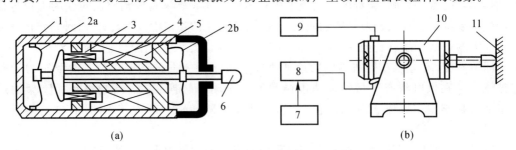

(a)   (b)

图 2-13   电磁式激振器构造及工作原理

1—外壳；2a,2b—弹簧；   3—动圈；   4—铁芯；   5—励磁线圈；   6—顶杆；

7—低频信号发生器；   8—功率放大器；   9—励磁电源；   10—电磁式激振器；   11—试验件

电磁式激振器的频率范围较宽,一般在 0～200 Hz 之间,国内个别产品可达 1 000 Hz,推力可达数千牛。它重量轻,控制方便,按给定信号可产生多种波形的激振力。其缺点是激振力较小,一般仅适合小型结构及模型试验。

2.8　气密载荷施加方法

机身气密载荷是机身结构设计和分析的重要依据,也是机身强度试验研究的主要载荷。气密载荷的施加不仅要实现机身壁板的密封,而且要模拟机身壁板气密载荷的边界条件。机身壁板密封材料选用厚度不足 0.2 mm 的密封布,密封方法选用向内翻边黏结密封布的方法,如图 2-14 所示。为保护密封布和增加密封布与机身壁板的黏结强度,粘贴密封布前,先在机身壁板四周边缘粘贴一层帆布垫,随后在帆布垫上将密封布沿机身壁板四周粘贴一周,并将对接重叠处粘贴,形成一个方形口袋,最后将方形口袋开口处粘贴。密封布粘贴完成后,在密封布外面粘贴保护网布,用于在机身壁板起吊、翻转和试验时保护密封布。

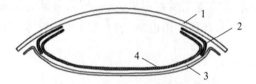

图 2-14　机身壁板密封方法

1—试验件；　2—帆布垫；　3—支撑底盒；　4—密封布

为模拟机身壁板直边均匀约束的边界条件,在机身壁板两条直边分别设置了一组均载器。单个均载器的结构与作动筒类似,结构分为前、后两个腔,前、后腔各有两个进油口。两组均载器的底座端分别连接到支持底座的两端,两组均载器的活塞端分别连接到机身壁板的两条直边。试验时分别给两组均载器前腔充油,后腔空置;将每侧均载器前腔与前腔连通,后腔与后腔连通;另一侧均载器前腔与前腔连通,后腔与后腔连通。由于均载器前腔连通,活塞杆截面相同,所以均载器受力相同,从而可以模拟机身壁板直边的均匀约束。机身壁板气密载荷试验装置如图 2-15 所示。

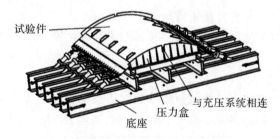

图 2-15　机身壁板气密载荷试验装置

机身壁板气密载荷通常以充气的方式施加,充气时,自动协调加载系统控制充气台来施加气密载荷。应用机身壁板气密载荷试验装置可完成机身壁板气密载荷静强度试验、疲劳试验、损伤容限试验和剩余强度试验,疲劳试验加载速度可达 4 次/min。

第3章 电阻应变片测量技术

3.1 概　　述

在测试过程中,为了测量某些物理量的变化,会先将这些物理量的变化转变成电参量的变化,再用电子仪器把电参量的变化测量出来,从而推算出对应物理量变化的结果。这种方法称为电测法。应变电测技术就是应用电测法测量应变的技术,也就是用电阻应变计测量应变的技术。

3.2 电测系统的组成

电测系统框图如图 3-1 所示。

图 3-1　电测系统框图

传感器(应变计)把力学量的变化($\Delta L / L = \varepsilon$)转变为电参量($\Delta R$)的变化。测量电路把 ΔR 转变为电参量 ΔU 或者 ΔI,以便进行放大和测量。放大器把电信号放大到易于测量的程度。显示、记录装置,把被测信息显示、记录下来。测量系统中除这些外,还包括一系列设备。电测法是实验应力分析方法中的一种最基本的方法,也是应用最广泛的一种,它对科学技术和工业发展起着十分重要的作用。与其他测量法比较,它具有如下优点:

(1)传感器(应变片)的体积小、重量轻、安装方便,可安装在各种复杂形状的结构上,且不影响被测对象的静、动力特性。

(2)测量范围宽,频率从十几微赫兹应变到数千微赫兹甚至上万微赫兹应变,如可测从零频的静态应变到 500 kHz 的动态应变;可测位移、速度、加速度、振幅和压力;等等。

(3)测量精度、灵敏度高,小变形常温静态测量精度为 1‰。

(4)可实现数字化、自动化、遥测遥控,并可和计算机连用进行实时分析和数据处理。

(5)可在各种复杂和恶劣环境中进行测量,如:从 −270 ℃(液氮)的低温到 +1 000 ℃ 的高温;从宇宙空间的真空状态到几十个大气压;可长时间浸没在水下,也可在大的离心力和强烈振动等环境中工作。

正由于具有诸多优点,因此其广泛用于机械、化工、土建、水利、航空航天、医药等领域,且应用范围仍在扩大。但事物都具有两重性,应变电测法有如下缺点:

(1)只能测量构件表面应变,且只是测量应变片栅长范围内的平均应变。

(2)测量的工作量大,测点越多工作量越大,且需大量应变计(片)方可确定物体表面的应变分布。

应变电测法又称电阻应变测量法。

3.3 电阻应变计的结构、工作原理及特性

电阻应变计又称电阻应变片,是一种电阻式传感器,它把试验件的应变转变为电阻的变化,通过电子仪器,以应变的大小记录或显示出来。该电子仪器即应变仪。应变计与应变仪组成了基本的测量设备。

3.3.1 电阻应变计的工作原理

电阻应变计利用的是金属丝的电阻应变效应,金属丝的电阻值随着它本身的机械变形(伸长或缩短)而改变。

例如,一段长为 L、直径为 D 的金属丝,它在外力 P 作用下伸长 dL(见图 3-2),则有线应变 $\varepsilon = dL/L$ [常以微应变 $(\mu\varepsilon)$ 表示,是无量纲量,一个微应变为 10^{-6}]。若金属丝的原始电阻值为 R。变形后的电阻变化量为 dR,由试验可知,当变形在一定范围内时,金属丝的电阻相对变化 dR/R 与其 ε 呈线性关系,即

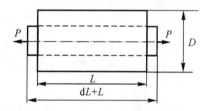

图 3-2 电阻应变计变形原理

$$\frac{dR}{R} = \lambda\varepsilon \qquad (3-1)$$

式中:λ 为比例常数,称为金属丝应变灵敏系数,随材料而异。对于同样应变,λ 越大,dR/R 也越大。可见,λ 说明了金属丝应变效应的灵敏度。

由物理学可知,金属导线的电阻为

$$R = \frac{\rho L}{s} \qquad (3-2)$$

式中:R 为金属导线的电阻;ρ 为金属导线的电阻率;L 为金属导线的长度;s 为金属导线的截面积。

金属丝受力变形后,相应的电阻变化为

$$\frac{dR}{R} = \frac{d\rho}{\rho} + \frac{dL}{L} - \frac{ds}{s} \qquad (3-3)$$

式中:ds 表示金属丝由泊松效应造成的截面积的改变。金属丝为圆截面,直径为 D,则有

$$\frac{ds}{s} = 2\frac{dD}{D} \qquad (3-4)$$

$$\frac{dD}{D} = -\mu\frac{dL}{L} \qquad (3-5)$$

式中：μ 为材料的泊松比，代入式(3-2)，得

$$\frac{\mathrm{d}R}{R} = (1+2\mu)\frac{\mathrm{d}L}{L} + \frac{\mathrm{d}\rho}{\rho} \qquad (3-6)$$

对照式(3-1)可得

$$\lambda = (1+2\mu)\frac{\mathrm{d}\rho}{\rho}\Big/\frac{\mathrm{d}L}{L} = (1+2\mu)\frac{\mathrm{d}\rho/\rho}{\varepsilon} \qquad (3-7)$$

金属丝材料的应变灵敏系数 λ 的物理意义是：当金属丝材料发生变形时，其电阻应变效应由两方面原因造成，一是由 $(1+2\mu)$ 表达的几何尺寸的改变，二是电阻率也随应变发生变化 $\mathrm{d}\rho/(\rho\varepsilon)$。电阻率 ρ 依何种规律随应变变化，至今尚无圆满的答案。

1917 年，Ъриджмен 通过试验得出电阻率的变化率与金属丝体积变化率之间的线性关系为

$$\frac{\mathrm{d}\rho}{\rho} = m\frac{\mathrm{d}V}{V} \qquad (3-8)$$

对一定的材料和确定的加工方法，m 为常数。在单向应力状态下，$\mathrm{d}V/V=(1-2\mu)\varepsilon$，因而有

$$\mathrm{d}\rho/(\rho\varepsilon) = m(1-2\mu) \qquad (3-9)$$

代入式(3-3)得

$$\lambda = (1+2\mu) + m(1-2\mu) \qquad (3-10)$$

可以看出，材料和工艺确定后，λ 只是 μ 的函数。一般金属丝材料在弹性变形范围内，$\mu_e \neq 0.5$（下标 e 表示弹性范围），故 $m(1+2\mu)$ 对 λ 值有贡献；而在塑形范围内，$\mu_p \neq 0.5$（下标 p 表示塑形范围），故 $m(1+2\mu) \approx 0$。可见，一般来说，对同一材料的金属丝，当变形进入塑形区时，λ 值是要改变的。对于不同的材料，在弹性变形区，当 $m>1$ 时，$\lambda_e>2$（一般金属材料 μ_e 约为 0.3）；当 $m<1$ 时，$\lambda_e<2$。值得注意的是，对于康铜，$m=1$。因此，λ 的表达式中不包含 μ，从而 $\lambda_e=\lambda_p=2$。这种解释在一定程度上与图 3-3 的试验结果相符。不过实践表明，λ 值与合金的成分、所含杂质情况，加工工艺以及热处理，冷作情况等都有很大关系，一般由试验测定。

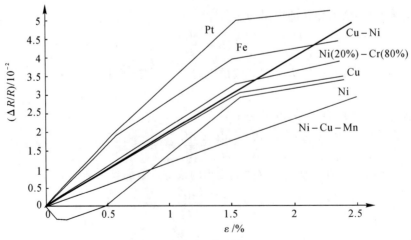

图 3-3 金属丝的电阻应变效应

3.3.2　电阻应变计(片) 的构造及其分类

应用电阻应变计(片)进行测量时,要与作用有电压的测量电路连接,要求电阻应变计有一定的电阻值。一般用的金属丝,直径为 $0.02 \sim 0.05$ mm。若电阻为 $50 \ \Omega$,则单丝长度为 $5 \sim 10$ cm,显然所占位置过长,不能反映"点应变"。故将金属丝绕制成栅状,称为敏感栅,将其用特殊的黏结剂固定在纸质或胶质基底上,再引出两根引出线,构成电阻应变计(片)。图 3-4 是几种常用的电阻应变计的构造形式。

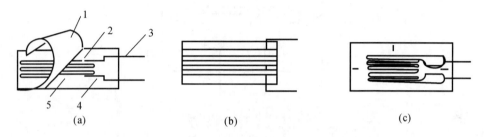

图 3-4　几种常用的电阻应变计的构造形式

1— 覆盖层;　2— 基底;　3— 引出线;　4— 黏结剂;　5— 敏感栅

不论哪种形式,电阻应变计都是由基底、敏感栅和引出线三大部分构成的。敏感栅的作用在于将试验件的变形转变为电阻的变化。引出线是敏感栅与导线的过渡部分。基底用来固定敏感栅和保持敏感栅形状。

就敏感栅的材料来分,电阻应变计有两大类,即金属材料应变计和半导体材料应变计。图3-4(a) ～ (c) 所示均为金属材料应变计。

(1)图 3-4(a) 为丝绕式电阻应变计,是最早出现的一种电阻应变计,用电阻丝绕制而成,弯头部分呈半圆形(U 形)。这种形式易于加工,多为纸基,使用温度在 $-50 \sim 60$ ℃ 之间,耐温性差,散热性差,横向效应大,K 值分散度较大。但其价格便宜、制作较易,目前还在应用,正逐步被箔式片所取代。

(2)图 3-4(b) 为短接式电阻应变计,它将几根金属丝按一定间距平行拉紧,然后按栅长在小横向焊以较粗的镀银铜丝,在适当处切出若干断口,形成敏感栅的横向部分和引出线,再粘到胶膜基底,经加温固化而成,无横向效应。由于内部焊点多,且焊点处截面变化剧烈,因此这种电阻应变计不耐高温,疲劳寿命较短。

(3)图 3-4(c) 为箔式电阻应变计,它将金属材料轧制成厚 $0.003 \sim 0.01$ mm 的箔材,经一定热处理后,涂刷一层树脂(如环氧、聚酯等),经聚合处理后形成基底,然后在未涂的一面,用光刻腐蚀工艺得到敏感栅,焊上引线,再涂一层表面保护层而成。和丝绕式电阻应变计相比,它具有下列优点:① 尺寸准确,线条均匀,灵敏系数分散性小,能制成栅长很小 $(0.02$ mm$)$ 或形状特殊的电阻应变计;② 散热性好,允许的工作电流较大;③ 横向效应小,绝缘性好;④ 由于表面积大,易于和试验件表面贴合,所以有利于变形的传递,增加了测量的准确性;⑤ 蠕变和机械滞后小,耐湿性好。

(4) 图 3-5 为半导体电阻应变计,它的敏感栅只有一直条,由硅、锗一类的半导体材料制成,其中最常用的是单晶硅。这种电阻应变计的最大特点是灵敏度系数大(比前三类金属材料电阻应变计的灵敏系数大 50 ~ 100 倍),以至于不需放大即可直接进行测量。当半导体电阻应变计承受纵向应力时,其电阻率会发生明显的变化,从而造成电阻的变化,这种现象称为压阻效应。半导体电阻应变计的工作原理正是建立在此基础上的。

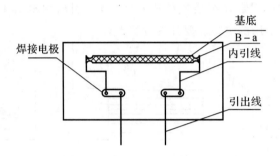

图 3-5 半导体电阻应变计

当硅条受到纵向应力时,电阻率的变化为

$$\frac{\mathrm{d}\rho}{\rho} = \pi_e \sigma \qquad (3-11)$$

式中:π_e 为半导体纵向压阻系数。

若以 E' 表示半导体纵向弹性模数,则式(3-11)可改写为

$$\frac{\mathrm{d}\rho}{\rho} = \pi_e E' \varepsilon \qquad (3-12)$$

式中:ε 为纵向应变。由 $\frac{\mathrm{d}R}{R} = (1+2\mu)\varepsilon + \frac{\mathrm{d}\rho}{\rho}$,有

$$K = \frac{\mathrm{d}R/R}{\varepsilon} = (1+2\mu) + \pi_e E' \qquad (3-13)$$

由于半导体的压阻效应很大,所以式(3-13)中的 $(1+2\mu)$ 可忽略,故

$$\frac{\mathrm{d}R}{R} = \pi_e E' \varepsilon \qquad (3-14)$$

$$K = \pi_e E' \qquad (3-15)$$

这就是半导体电阻应变计的灵敏系数。

半导体电阻应变计的突出优点是灵敏度系数大。此外,尚有横向效应和机械滞后小等优点。但它也具有一些缺点。灵敏系数仅在不大的应变范围内保持常数,在此范围之外,拉或压应变时的灵敏系数不同。这一缺点使它在较大应变的场合使用时,必须采取专门措施予以补偿。由于单晶中杂质掺入的不均匀,因此硅条灵敏系数的离散度较大。又由于灵敏系数受温度影响,随温度增加而减小,单晶材料本身的电阻值随温度的变化很大,使用半导体电阻应变计的温度稳定性差,如图 3-6(a)所示。图 3-6(b)是不同电阻率的 P 型硅条电阻随温度的变化曲线。与金属电阻应变计相比,在同样的应变水平下,半导体电阻应变计的电阻变化要大得多,这时 $\frac{\Delta R}{R}$ 与 ε 呈非线性关系。

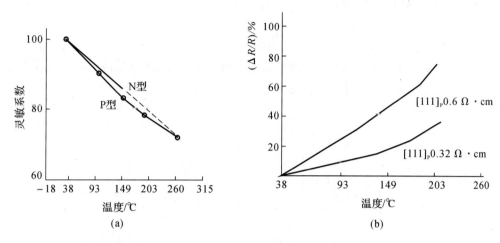

图 3-6　半导体电阻应变计特性关系

(a) 灵敏系数与温度的关系；(b) 不同电阻率的 P 型硅条电阻随温度的变化

表 3-1 把半导体电阻应变计的几项有关特性与丝绕式电阻应变计做了比较。

表 3-1　半导体应变片与丝绕式应变片的比较

特性名称	敏感栅材料		比值
	P 型硅[111]$_P$ = 0.1 Ω·cm	卡玛丝	
灵敏系数	125	2.0	62.5
电阻温度系数 /(% · ℃$^{-1}$)	12×10^{-4}	0.2×10^{-4}	60
灵敏系数的温度系数 /(% · ℃$^{-1}$)	16×10^{-4}	5×10^{-4}	3
线膨胀系数 /℃$^{-1}$	4×10^{-4}	10×10^{-4}	0.4

(5) 应变花。若按敏感栅的个数及其相互位置来分,前四种均属于单轴式电阻应变计,即一个基底上只有一个敏感栅,用于测量简单应力状态的应变。在同一基底上,按一定角度安置了几个敏感栅,称多轴应变片,俗称应变花,如图 3-7 所示。它们用于双向应力状态,测取某点的主应变和主方向。

3.3.3　电阻应变计的工作特性

1. 应变计灵敏系数 K

实用中的应变计不是做成单丝的,而是制成栅状(敏感栅的),有纵向栅及横向栅之分。当敏感栅感受到应变时,纵向及横向都有阻值的变化,可见应变计的灵敏系数与平直的金属丝的灵敏系数不同,它与被测构件的应变状态有关。

为了有一个统一的标准,将应变计灵敏系数定义为:应变计安装在处于单向应力状态的试验件表面,使其轴线(敏感栅纵向)与应力方向平行时,应变计电阻值的相对变化与沿其

轴向的应变之比通常记为 K，即

$$K = \frac{\mathrm{d}R}{R\varepsilon_x} \tag{3-16}$$

式中：R 为应变计变形前的电阻值；ε_x 为试验件表面沿应变计轴向的应变；$\mathrm{d}R$ 为应变计电阻值的改变量。

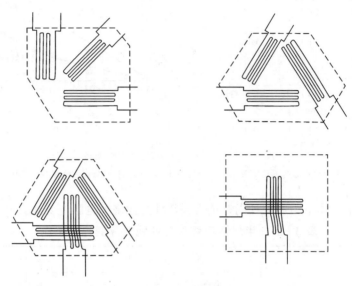

图 3-7　应变花

应变计灵敏系数一般由制造厂实验测定，称为标定。灵敏系数的测定，必须在符合上述定义的实验装置上进行。通常采用等弯矩梁与等强度梁两种测定方法，其原理相同。图 3-8 为等弯矩标定梁实验装置。将用于测定 K 值的应变计安装在梁的等弯矩区内，并使其轴线与梁的轴线平行。梁受载后，等弯矩区内，梁的上下表面均是单向等应力场（应变满足 $\varepsilon_y = -\mu\varepsilon_x$）。可采用杠杆或挠度计，辅以理论计算方法，确定梁的轴向应变 ε_x，同时设法测定在该载荷下应变计电阻值的相对变化 $\frac{\mathrm{d}R}{R}$。根据式（3-16）即可求得应变计的灵敏系数 K。

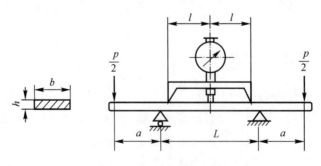

图 3-8　等弯矩标定梁

图 3-8 中，沿梁轴线方向安装了一个三点挠度计。梁受载变形后，挠度计读数 δ 与梁的

轴向应变 ε_x 有如下关系：

$$\varepsilon_x = \frac{\delta h}{l^2} \qquad (3-17)$$

测得 δ 后，便可求出 ε_x。

$\dfrac{\mathrm{d}R}{R}$ 的测定一般采用精度高、经过严格校准过的应变仪。将梁上应变计接入应变仪，取应变仪的灵敏系数 $K=2$。梁受载后，应变仪读数为 $\varepsilon_K = 2$，则

$$\frac{\mathrm{d}R}{R} = K\varepsilon_K = 2\varepsilon_{X=2} \qquad (3-18)$$

$$K = \frac{2\varepsilon_{K=2}}{\varepsilon_x} \qquad (3-19)$$

应变计是一次性使用的，因此对 K 值的测定采用抽样与统计方法。在每一批相同条件下生产的应变计中，至少抽样 1‰（且不少于 6 枚）进行实测，其平均值定为这一批应变计的灵敏系数。

由上可见，标定时，应变计的轴向（a 向）与梁长方向（x 向）重合（即 $\varepsilon_a = \varepsilon_x$）。但梁表面各点还存在横向应变 $\varepsilon_y = -\mu_0 \varepsilon_x$（$\mu_0$ 为梁材料的泊松比），如图 3-9（L 称为栅长，B 为栅宽）所示，直线部分（长为 l）和弯头部分的敏感栅感受的应变并不一样。若直线部分感受拉应变 ε_x，则弯头部分感受的应变逐点变化，在点 a 时为 ε_x（ε_a），在点 b 时则为 $\mu_0 \varepsilon_x$。电桥测量所得的应变为两部分效应的综合结果。可见，应变计的 K 值包含了弯头部分的应变效应。

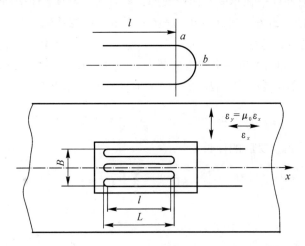

图 3-9　梁表面、点存在的横向应变

因此，衡量一类应变计性能，除灵敏系数外，横向效应是又一指标，常以横向效应系数来表征。

2. 应变计的横向效应系数

横向效应系数定义为：以一个单向应变，分别沿栅宽和栅长方向作用于同一应变计，将前一个电阻变化率与后一个电阻变化率之比作为该应变计的横向效应系数，用 C 表示。

C 值一般由实验测得。图 3-10 为测定 C 值的试验件，顶部工作区仅厚 6 mm 左右，其

余部分尺寸较大。显然,此试验件沿 x 轴方向较易变形,y 轴方向的刚度则较大,可做到当 $\varepsilon_x = 1\,000\mu\varepsilon$ 时,ε_y 不大于 $2\mu\varepsilon_x$,从而可认为虚线以内的区域为沿 x 轴方向的单向应变场。

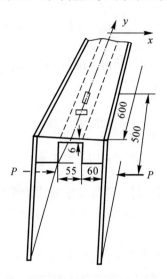

图 3-10　测定 C 值的试验件

为说明系数 C 的性质,现推导一个理想化的 C 值公式。以丝绕式应变计为例,从双向应力状态来分析。将应变计贴在承受双向应变的试验件上,整个坐标平面各点应变状态均相同,主应变 ε_1 与 ε_2 方向如图 3-11(a) 中 Ox、Oy 所示。应变计轴向与 x 轴的夹角为 α,沿栅长方向的应变用 ε_α 表示,沿栅宽方向的应变用 ε_β 表示。应变计电阻变化按直线部分和弯头部分分别考虑。图 3-11(b) 为一半圆头的放大,其半径为 r。分析一微段 $r\mathrm{d}\theta$ 的应变情况,当 $\mathrm{d}\theta$ 很小时,可用过 B 点的一段切线 $\mathrm{d}L$ 代替 $r\mathrm{d}\theta$。它与 x 轴夹角为 $\alpha+\theta$,其承受的应变为

$$\varepsilon_{\alpha+\theta} = \frac{1}{2}(\varepsilon_1 + \varepsilon_2) + \frac{1}{2}(\varepsilon_1 - \varepsilon_2)\cos 2(\alpha + \theta) \tag{3-20}$$

整个半圆部分受到应变后的伸长为

$$\Delta I_s = \int_0^{\pi r} \varepsilon_{\alpha+\theta}\mathrm{d}L_s = \int_0^{\pi} \varepsilon_{\alpha+\theta}r\,\mathrm{d}\theta = \frac{\pi r}{2}(\varepsilon_1 + \varepsilon_2) = \frac{\pi r}{2}(\varepsilon_\alpha + \varepsilon_\beta) \tag{3-21}$$

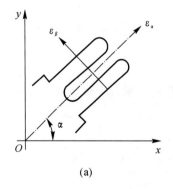

(a)

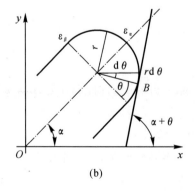

(b)

图 3-11　双向应力状态分析

若应变计敏感栅直线部分为 n 条,则半圆头有 $n-1$ 个,其总伸长为 $(n-1)\Delta L_s$。直线部分伸长为 $n\Delta L_l = nL_l\varepsilon_a$。敏感栅的总伸长为

$$\Delta L = n\Delta L_l + (n-1)\Delta L_s = nL_l\varepsilon_a + (n-1)\frac{\pi r}{2}(\varepsilon_a + \varepsilon_\beta) =$$
$$\frac{2nL_l + (n-1)\pi r}{2}\varepsilon_a + \frac{(n-1)\pi r}{2}\varepsilon_\beta \qquad (3-22)$$

于是

$$\frac{\Delta R}{R} = \frac{\Delta L}{L}\lambda = \left[\frac{2nL_l + (n-1)\pi r}{2L}\lambda\right]\varepsilon_a + \left[\frac{(n-1)\pi r}{2L}\lambda\right]\varepsilon_\beta \qquad (3-23)$$

令

$$\lambda_a = \frac{2nL_q + (n-1)\pi r}{2L}\lambda, \quad \lambda_\beta = \frac{(n-1)\pi r}{2L}\lambda \qquad (3-24)$$

则

$$\frac{\Delta R}{R} = \lambda_a\varepsilon_a + \lambda_\beta\varepsilon_\beta \qquad (3-25)$$

故在平面应变场中,应变计敏感栅电阻变化率由两部分叠加,一部分是受轴向应变 ε_a 的作用,另一部分是受横向应变 ε_β 的作用。根据敏感系数的含义,称 λ_a 为应变计的轴向灵敏系数,称 λ_β 为横向灵敏系数。

横向效应系数 $C = \lambda_\beta/\lambda_a = (n-1)\pi r/[2nL_l + (n-1)\pi r]$,是敏感几何形状与尺寸的函数。

3. 横向效应的影响

当用应变计在横向应变场进行测量时,由于有横向效应,从应变仪上读得的应变 ε' 不是真正的 ε_a。因 $\Delta R/R = \lambda_a\varepsilon_a + \lambda_\beta\varepsilon_\beta$,而 $\lambda_\beta/\lambda_a = C$,则

$$\frac{\Delta R}{R} = \lambda_a s_a\left(1 + C\frac{s_\beta}{s_a}\right) \qquad (3-26)$$

令

$$\frac{\varepsilon_\beta}{\varepsilon_a} = a \qquad (3-27)$$

则

$$\frac{\Delta R}{R} = \lambda_a(1 + aC)\varepsilon_a \qquad (3-28)$$

式中:a 表征了应变场的特征和应变计的安装方位。若令 $K' = \lambda_a(1 + aC)$,则 $\Delta R/R = K'\varepsilon_a$,这说明在双向应变场中,应变计的 K' 值不仅取决于金属丝材料和几何形状,还取决于应变计在应变场中的方法。

若以灵敏系数 K 作为测量应变时的依据,则由应变仪读得的应变为

$$s' = \frac{1 + aC}{1 - \mu_0 C}\varepsilon_a \qquad (3-29)$$

式中:μ_0 为标定梁的泊松比。ε' 与 ε_a 的相对误差为

$$r = \frac{\varepsilon' - \varepsilon_a}{\varepsilon_a} = \frac{(a + \mu_0)C}{1 - \mu_0} \qquad (3 - 30)$$

可见,引起误差的根源是横向效应。若 $C = 0$,则 $r = 0$;若 $C \neq 0$,而 $a = -\mu_0$,则 $r = 0$;否则误差总存在。而当 μ_0、C 一定时,r 只与 a 有关,且是正比关系。计算表明,只要测点是单向应力状态,且 $a = -\mu$ (μ 为构件材料泊松比),即使 $\mu \neq \mu_0$,则其所造成的误差也不大。如某类应变计的 $C = 5\%$,并在 $\mu_0 = 0.33$ 的梁上标定,当在钢 ($\mu = 0.28$)、铸铁 ($\mu = 0.24$)、铜 ($\mu = 0.34$)、有机玻璃 ($\mu = 0.40$)、混凝土 ($\mu = 0.17$) 和橡胶 ($\mu = 0.47$) 等材料的构件上使用时,读数误差均不超过 $\pm 1\%$。当 $a = -\mu$ 时则不同。图 3 - 12 为用应变计测量简单拉伸试验件的横向应变,若 $C = 5\%$,标定梁 $\mu_0 = 0.30$,对于图上的应变计安装方位,有

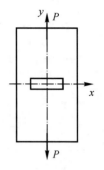

图 3 - 12　测横向应变

$$a = \frac{\varepsilon_\beta}{\varepsilon_a} = \frac{\varepsilon_y}{\varepsilon_x} = -1/\mu \qquad (3 - 31)$$

若试验件材料的 $\mu = 0.30$,则据式 (3 - 30) 误差计算得

$$|r| = \left| \frac{0.05 \times \left(0.30 - \frac{1}{0.30}\right)}{1 - 0.30 \times 0.05} \right| \times 100\% = 15\% \qquad (3 - 32)$$

误差太大,需要进行修正。

4. 横向效应的修正

当横向效应引起的读数误差太大时,需进行修正。修正的方法是在试验件的被测点贴两枚互相垂直的应变计,在应变仪上的读数为 ε'_1 和 ε'_2。有

$$\varepsilon_a = \varepsilon_x, \quad \varepsilon_\beta = \varepsilon_y \qquad (3 - 33)$$

$$\varepsilon'_1 = \frac{\varepsilon_a + C\varepsilon_\beta}{l - \mu_0 C}, \quad \varepsilon'_2 = \frac{\varepsilon_\beta + C\varepsilon_a}{l - \mu_0 C} \qquad (3 - 34)$$

解上面的联立方程得

$$\varepsilon_a = \frac{1 - \mu_0 C}{1 - C^2}(\varepsilon'_1 - c\varepsilon'_2), \quad \varepsilon_\beta = \frac{1 - \mu_0 C}{1 - C^2}(\varepsilon'_2 - C\varepsilon'_1) \qquad (3 - 35)$$

[例 3 - 1]　测定某材料的泊松比,已知应变计的 $C = 5\%$,测得的轴向应变 $\varepsilon'_a = 1\,000\mu\varepsilon = \varepsilon'_1$,横向应变 $\varepsilon'_\beta = -300\mu\varepsilon = \varepsilon'_2$。

解

$$\mu' = \frac{\varepsilon'_\beta}{\varepsilon'_a} = -\frac{300}{1\,000} = -0.30$$

考虑横向效应,进行近似修正后的应变为

$$\varepsilon_a = \varepsilon'_a - C\varepsilon'_\beta = 1\,000\mu\varepsilon - 0.05 \times (-300\,\mu\varepsilon) = 1\,015\mu\varepsilon$$

$$\varepsilon_\beta = \varepsilon'_\beta - C\varepsilon'_a = -300\mu\varepsilon - 0.05 \times (1\,000\mu\varepsilon) = -350\mu\varepsilon$$

材料的泊松比为

$$\mu = -\frac{350}{1\,015}\mu\varepsilon = 0.35$$

误差

$$\gamma_{\mu} = \left| \frac{0.30 - 0.35}{0.35} \right| \times 100\% = 14.3\%$$

5. 应变计的特性参数

应变计是应变测量中的传感原件,它的性能直接影响测量精度。应变计的种类很多,随着材料、敏感栅形状、加工工艺等的不同,其性能各异。

常温应变计的特性参数除前面介绍的灵敏系数、横向效应系数外,还有应变计电阻、机械滞后、零漂、蠕变、绝缘电阻、应变极限、疲劳寿命及几何尺寸等。下面逐项做出说明。

(1)应变计电阻(R)。其指在应变计未安装,不受外力的情况下,在室温下测定的电阻值。应变计的生产日趋标准化,我国应变计名义阻值一般取 120 Ω(也有取 60 Ω、250 Ω、350 Ω、500 Ω、1 000 Ω 等阻值)。制造厂家对应变计逐个测量,并按阻值封装,注明每包中应变计的平均阻值及单个阻值与平均阻值的最大偏差值。

(2)机械滞后。在温度不变的情况下,对安装有应变计的试验件加载和卸载。当试验件到大同一应变水平时,应变计在相应过程中的两个指示应变的最大差值,即为这批应变计的机械滞后量。如图 3-13 所示,$\Delta\varepsilon$ 为滞后量。新安装的应变计,第一次承受载荷后,常常产生较大的滞后,但经过多次的加载、卸载之后,机械滞后量明显减少并趋于稳定。因此在正式测试前要预先进行几次加载、卸载,以减少机械滞后。

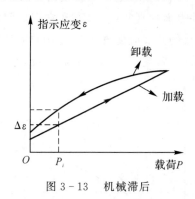

图 3-13　机械滞后

机械滞后主要是敏感栅、基底和黏结剂在承受载荷后留下的残余变形所致。

(3)零漂和蠕变。对于已安装在试验件上的应变计,当温度恒定时,被测试验件未承受载荷,应变计的指示应变随试验件的增加而逐渐变化,这一变化称为零漂。如果温度恒定,那么应变计承受恒定的机械应变,这时指示应变随试验件的变化则称蠕变。

零漂和蠕变所反映的是应变计的性能随试验件的变化规律,只当应变计使用时测量时间较长才起作用。零漂和蠕变是同时存在的。

应变计在常温下使用。零漂主要是敏感栅通以工作电流后的温度效应、制造和安装过程中所造成的应力,以及黏结剂固化不充分等所致,零漂的数值一般都不太大。

产生蠕变的主要原因是,胶层在传递应变的开始阶段出现"滑动"。胶层愈厚,弹性模数愈小,机械应变量愈大,"滑动"现象愈甚,产生的蠕变也愈大。图 3-14 为应变计的蠕变曲线,途中受拉与受压的蠕变符号相反。

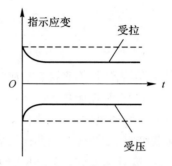

图 3-14   应变计的蠕变

(4)绝缘电阻(R_{m})。绝缘电阻是指敏感栅及引线与被测试验件之间的电阻值。一般要求 $R_{m} > 1\ 000$ MΩ,以保证应变测量的正常进行和测量精度。它也是检查应变计粘贴质量、黏贴剂是否完全固化的重要标志。

(5)应变极限。应变极限是在室温下已安装在试验件上的应变片所能承受的最大应变,亦即指示应变与被测试验件的真实应变的相对误差不超过一定数值时的真实应变值。

在图 3-15 中,实线 2 是指示应变随真实应变的变化曲线,虚线 1 为规定的误差限。随着真实应变的增加,曲线 2 由开始时基本上呈一直线而逐渐变弯,这说明此时应变片的指示应变已不能线性地反映试验件表面的真实应变,直到它们之间的相对误差达到规定的数值(曲线 2 和直线 1 相交时),此时的真实应变即为应变片的应变极限。应变极限是表明应变片在不超过规定的非线性误差(通常规定为 10%)时,所能承受的最大真实应变值。

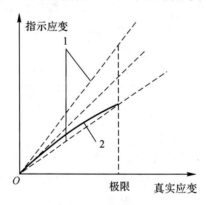

图 3-15   应变极限

(6)疲劳寿命。已安装的应变片,在恒定的交变应力作用下,应变片连续工作,直到产生疲劳损坏时的循环次数,称为该应变片的疲劳寿命。

(7)几何尺寸。它表明应变片敏感栅的有效工作面积。基长 L 是应变片敏感栅在其轴向方向的长度,基宽 B 是与轴向垂直方向上敏感栅外侧之间的距离。一般常用的应变片基长 L 为 2~150 mm,基宽 B 为 0.3~10 mm。目前最小的敏感栅约为 0.2×0.2 mm^2。

此外,还有最大工作电流及热输出等,不再一一介绍。

3.3.4 常规使用技术

多数静力试验的应变测量是在常温下进行的,其测试过程与一般工程静力试验的应变测试过程(即是常规应变测量)相似。下面从应变计的粘贴开始对此测试过程进行介绍。

常温静力试验中,几乎全是用黏结的方法将应变计固着在试验件上。由于黏结剂承担了试验件与敏感栅之间的变形传递,合理地选用黏结剂(又称胶水)和正确地掌握粘贴工艺,是保证应变电测质量的重要环节。

粘贴应变计的黏结剂,分为有机合成和无机合成两种。在常温和低温环境中工作的应变计,多用有机合成黏结剂粘贴。

有机合成黏结剂,按主要成分分类有树脂类、橡胶类和混合类。各种纤维素胶、乙烯类聚合物、环氧树脂、酚醛树脂、聚酰亚胺、氰基丙烯酸酯等均属树脂类。树脂类黏结剂黏结力强、性能稳定、品种齐全,可针对不同试验条件的要求选用适当的品种。合成橡胶类黏结剂的黏结力大、塑性好,但蠕变大,多用于塑性应变测量。

有机合成黏结剂按黏结剂的固化形式可分为溶剂挥发型、化学反应型和热熔型。应变计的制作和粘贴只用前两种。

粘贴应变计应具备的特性:一是应与基底材料一样或类似,避免因线膨胀系数不同而引起附加应变。二是为了保证及时而真实地传递变形,要求黏结剂有较高的剪切强度。三是要求粘贴固化工艺简单易行。四是干燥固化后,要求有较高的绝缘度,并具有较高的化学稳定性(无腐蚀性)和物理稳定性(湿度、温度、收缩率)。

下面简单介绍几种黏结剂。

1. 丙酮赛璐珞胶

丙酮赛璐珞胶(又称硝化纤维素胶)制造简便,主要成分是丙酮和赛璐珞,最简单实用的配方是 100 g 丙酮溶解 6～8 g 赛璐珞。

这种胶贴片在常温下自然干燥 12 h 即可使用。温度过高或过低时,最好在 40～60 ℃ 温度中烘烤 4 h,烘烤升温不宜过快,烘烤后应随即做防潮处理。

2. α-氰基丙烯酸酯胶(快干胶)

国产 501、502 胶均属 α-氰基丙烯酸酯胶。目前,此胶已成为常温结构静力试验中应变计粘贴的主要黏结剂。

其主要特点是固化快,黏结力大,其强度超过 20 N/mm^2,可达到 1 000 $\mu\varepsilon$ 下不脱胶,在 196 ℃ 环境中仍有良好的传递性。但此胶固化后会因易吸潮而降低黏结力和电绝缘性。故若在较长时间内进行测试或在较潮湿的环境中使用,则应进行防潮处理。

501 胶和 502 胶在室温存放会发生缓慢固化现象,因此应存放在 10 ℃ 以下密闭环境中。

3. "914"胶

"914"胶为双组分环氧胶,其中 A 组分为环氧树脂,B 组分为固化剂,使用时按 A 与 B 体积比为 3～5：1 调配均匀。"914"胶混合前可长期存放。粘贴应变计时,不需加压,在室温条件下固化(一般在 25 ℃ 放 3 h 或在 20 ℃ 放置 5 h)。该胶抗剪强度高、耐大气老化和耐介质性能都比较好。其缺点是混合后固化较快,对大批贴片不利。

4."DW-3"胶

"DW-3"胶的主要成分是四氢呋喃聚醚环氧和固化剂,需在20 kPa压力下,30 ℃时固化30 h或60 ℃时固化4 h。此胶呈紫黑色,有较好的流动性,在-196 ℃、-253 ℃、-269 ℃环境下其黏结力和传递性都是比较理想的。该胶的缺点是黏度比较大,多余的胶液不易从应变计下挤出,达不到加压固化的条件时,黏结效果很差。这种胶多用于粘贴在低温环境下工作的应变片。

(1)准备工作。在准备工作中需要了解试验方案,试验件的材料、结构、尺寸,加载方法和级别,明确测试点数及在试验件上的分布情况、布片方式(轴向、环向等),应变计的环境(温度、湿度、压力等),了解所要求数据的测量级数、精度及归档格式,试验场地的设备、环境、电源配备、照明条件及有无噪声、电磁等其他射线的辐射干扰等。

根据以上情况,确定物质准备的详细内容,包括应变计、黏结剂以及粘贴应变计全部工艺过程所必需的工具和材料,还有防护材料、信号传递线以及仪器配备等,进而确定工作程序、安排具体工艺和参试人员。

(2)选点和布片。选点和布片根据强度分析确定。电测工作要求测量位置与实物尺寸统一。若为单向应力状态,则沿应力方向贴片;若为平面应力状态且主方向已知,则沿主应力互为垂直的方向贴片;若主应力方向不知,则需粘贴45°或60°夹角的应变花。不同变形状态组桥形式也各不相同。

(3)应变计的粘贴。贴片技术包括表面处理、粘贴应变计和黏结剂的固化处理。

1)表面处理。黏结对象要有一个洁净且粗糙度适当的黏结面。对于有涂层的金属试验件的表面,首先除去表面涂层,然后用砂纸交叉打磨,一般表面粗糙度要达到 Ra 6.3～Ra 3.2,有效面积应大于所要粘贴的应变计的基底面积。对于粗糙度高于 Ra 3.2 的表面也应用砂纸打磨。对于砂纸粒度应视被打磨的材料及表面的原有粗糙度而定,较软的材料不能用粗砂纸,以防严重损坏试验件表面。如果试验件的表面已做发蓝、阳极化、镀锌或镀铬等工艺处理,打磨时不必完全磨去表面层。选点时应尽可能避开表面有较大凹凸变化的位置。

打磨后用丙酮和酒精(或四氯化碳)棉球分别擦下贴片部位至没有油污为止。之后不应再用手摸,当然应变计的粘贴面也不应用手摸,以防油污的污染。

2)粘贴方法。粘贴应变计时应在保证对准位置的情况下,使胶层的厚度薄而均匀,并掌握好挤压技术。

3)黏结剂的固化处理。它包括加压、加温和时效三个方面,应严格按黏结剂的要求进行。在试验无特殊要求的情况下,尽量使用常温常压自然固化的黏结剂。

(4)温度补偿。在常规结构静力试验中,环境温度变化会使贴在试验件表面的应变计有应变信号,称为应变计的温度视应变,也称为"热输出",用 ε_t 表示。多采用温度补偿措施消除温度变化对测试结果的影响。

在某些试验件的测试中,每个测量位置需同时粘贴两片或四片应变计,以供组成半桥或全桥。其中的应变计既是工作片又是温度补偿片,都贴在一个试验件上,材料、温度相同,补偿效果良好。

但在绝大多数的静力试验中,应变计是逐片接入应变仪进行测量的,这就需要另设温度补偿片作为组成电桥桥臂的电阻。补偿试验件应选取与试验件材料特性完全相同的材料制成，并采用与用于试验件上相同的应变计、黏结剂及黏结工艺将补偿应变计贴在补偿试验件上。温度补偿方法有以下四种。

1）单片补偿。这种方案是一测量片配一补偿片，如图 3 - 16 所示。

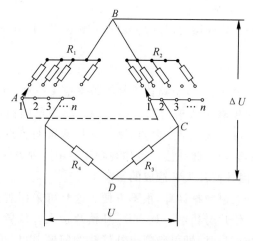

图 3 - 16　半桥单片补偿

这种方法由于测量片与补偿片温度场很接近，补偿效果比较好，多用于环境温差较大而且要求较高的试验中。

应变计接入电桥后，流经应变计丝栅的电流要产生热量，对热传导性能差的非金属材料热平衡时间较长，采用单片独立补偿为好，以避免公共补偿中由测量片和补偿片热平衡时间不一致而造成的示值漂移现象。

2）公共补偿。对全部测量片或按试验件进行分区，在同一区域内的数个测量片配用一个补偿片的方法称为公共补偿。这种方法较单片独立补偿法可节省大量补偿应变计，同时节省导线和工时，是常规试验测量中应用较普遍的方法。其组桥电路如图 3 - 17 所示。

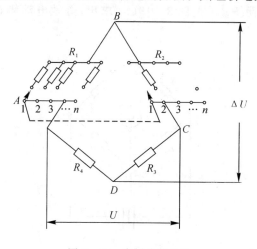

图 3 - 17　半桥公共补偿

分区配备补偿片的原则是使补偿片和测量片在同一温区，以使其补偿效果更好。补偿片的数量与采样箱的结构有关，一般在照顾分区的同时，保证每 10 点有一个补偿片。

3）轮换补偿。其指轮换使用数个补偿片为全部测量片做温度补偿。如选用 10 个补偿片（0～9），凡编号个位是"0"号的测量片，如 00、10、20、… 都用"0"号的补偿片补偿，依此类推。

此法兼有单独补偿和公共补偿的优点，补偿片时轮换使用，有恢复等待状态，其通电间隔时间可依实际需要而定。

4）观测片修正和比较。以上三种方法都无需对数据进行计算来消除温度对测试线路的影响。但如果补偿片发生了问题，就会对许多数据带来很大影响，这种影响有时在试验中难以察觉。这时可采用观测片修正法来消除这种影响。此法是用稳定的标准电阻代替补偿片，把补偿片当成一个测量片，接入某一测点，测量时将测得的各点数据减去此补偿片的读数，这样，就能消除温度的影响。此补偿片也称观测片。用这种方法可以监视观测片的变化规律是否正常，从而避免因补偿片失常造成的影响。

观测片修正法要进行大量数据计算，很不方便。这时可采用观测片比较法判断补偿的可靠性。此法是在每个补偿片旁边贴一观测片，补偿片接入补偿臂，观测片接入某一测点，测试时如发现观测片的数据失常，即可判断出补偿片的问题，以便进行故障排除，保证测试工作正常进行。

3.4 测量电路的原理

3.4.1 测量电桥及其输出电压

图 3-18 所示为直流惠斯通电桥，它是最基本的测量线路。在直流电源电动势 U 的作用下，由于 R_x、R_2、R_3、R_4 的作用，B、D 两点之间会产生电位差，检流计 G 的指针遂偏转。根据二端网络的戴维宁定理，可用图 3-19(a) 的等效电路来求出通过 G 的电流 I_g（图中 R_g 为 G 的直流电阻）；等效电阻 R_0 可按图 3-19(b) 求出；等效电动势 U_0 则可按图 3-19(c) 求出。

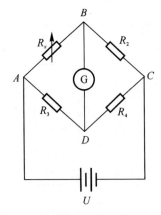

图 3-18　测量电桥及其输出电压

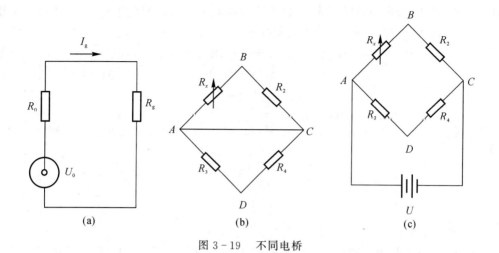

图 3 - 19　不同电桥

有

$$R_0 = R_{BD} = \frac{R_x R_2}{R_x + R_2} + \frac{R_3 R_4}{R_3 + R_4}$$

$$U_0 = U_{BD} = U\left(\frac{R_x}{R_x + R_2} - \frac{R_3}{R_3 + R_4}\right)$$

$$I_g = U_0/(R_0 + R_g) = \frac{(R_x R_4 - R_2 R_3)U}{R_g(R_x + R_2)(R_3 + R_4) + R_x R_2(R_3 + R_4) + R_3 R_4(R_x + R_2)}$$

$$(3 - 36)$$

欲使 $I_g = 0$，需有

$$R_x R_4 = R_2 R_3$$

检流计偏转角的大小是与 I_g 成正比的。通常电桥的电源是稳压电源，可以认为 U 为常量，而检流计所消耗的功率正比于 I_g^2。为获得最大的灵敏度，应使该功率为最大，并以此来决定检流计内阻。可以证明，这时应有 $R_g = R_0$。但这种方法只能在四个桥臂的电阻已经确定的条件下采用，而不能在使用不同组织的电阻应变片的情况下，使指示器都能获得最大的灵敏度。

电阻应变仪通常具有放大器，这时 R_g 是放大器的输入电阻，一般是相当大的。而当 $R_g \gg R_i(i = x, 2, 3, 4)$ 时，式(3 - 36) 可简化为

$$I_g = U\frac{R_x R_4 - R_2 R_3}{R_g(R_x + R_2)(R_3 + R_4)} \tag{3 - 37}$$

于是有

$$U_g = I_g R_g = U\frac{R_x R_4 - R_2 R_3}{(R_x + R_2)(R_3 + R_4)} \tag{3 - 38}$$

电阻应变仪在使用时，电桥四臂的电阻一般有两种情况：四臂初始阻值相等（全桥接法）、每相邻两臂阻值相等（半桥接法）。

设初始阻值 $R_x = R_2 = R'$，$R_3 = R_4 = R^3$，并把 R_x 用贴在试验件上的、初始阻值为 R_x 的

电阻应变片来代替。那么,当应变片未变形时,$U_g = I_g = 0$;当试验件变形 R_x 变为 $R_x \pm \Delta R = R' \pm \Delta R$ 时,则式(3-37)与式(3-38)变为

$$I_g = \frac{\pm U \cdot \Delta R}{2R_g(2R' \pm \Delta R)}$$

$$U_g = \frac{\pm U \cdot \Delta R}{2(2R' \pm \Delta R)}$$

当初始阻值 $R_x = R_2 = R_3 = R_4 = R$ 时,$I_g = U_g = 0$;如 R_x 变为 $R \pm \Delta R$,则

$$I_g = \frac{\pm U \cdot \Delta R}{2R_g(2R \pm \Delta R)}$$

$$U_g = \frac{\pm U \cdot \Delta R}{2(2R \pm \Delta R)}$$

由以上分析可知,I_g、U_g 与 ΔR 之间呈非线性关系。

假定 $\Delta R \ll R$(或 R'),则可略去分母中的 ΔR 项。那么,不论是 $R_x = R_2 = R'$,$R_3 = R_4 = R''$,还是 $R_x = R_2 = R_3 = R_4 = R$,均得到

$$I_g = \pm K\varepsilon U / 4R_g \qquad\qquad (3-39)$$

$$U_g = \pm K\varepsilon U / 4 \qquad\qquad (3-40)$$

式(3-39)和式(3-40)说明,$I_g(U_g) \propto \varepsilon$,但要求 U、K 及 R_g 均保持为常数。应该指出,这个线性关系的成立,是假定 $\Delta R \propto R$(或 R')的条件成立而得到的。故欲使 $I_g(U_g)$ 与 ε 呈线性关系,则 ΔR 宜小;而若 ΔR 值小,则 $I_g(U_g)$ 也小。为提高指示器的灵敏度及测量精度,需将 $I_g(U_g)$ 放大,而不能在电桥的 B、D 两端装置的检流计上直接读数了。对于半导体应变片,由于它的 K 值极大,可以不予放大而直接测量。

提高供桥电压 U 值固然可以提高测量灵敏度,但需注意,应变片的工作电流随 U 的增大而增大,随应变片阻值的减小而增大,应变片的阻值确定后,必须限制供桥电压,以确保应变片中的工作电流不超过许可值。

3.4.2 测量电桥的平衡

从上面的讨论可知,在一定的条件下,I_g 或 U_g 是与 ε 成正比的,只要能读出 I_g 或 U_g 值即可推算出 ε 值。换言之,ε 即被测定。利用这种原理来测量的电桥,称为不平衡电桥,这种测量方式称为直读法。直读法要求检流计有很大的读数范围,而且它无法避免掉 I_g 或 U_g 与 $\frac{\Delta R}{R}$ 不严格保持线性的误差,仪表刻度误差,供桥电压不稳定以及测量线路中元件、导线等阻抗的变化(在交流电桥中,此项因素更为显著)等引起的误差。要保证测量准确,必须对桥路及仪表有较高的精度与灵敏度的要求。

为避免直读法的上述缺点,现代的电阻应变仪大都采用所谓平衡电桥与零读法的方式,下面对此进行讨论。

$R_x R_4 = R_2 R_3$ 指出,电桥平衡时应满足 $R_x R_4 = R_2 R_3$。当 R_x 变化时,我们可以变更其他桥臂的阻值使 I_g 或 U_g 仍为零值。图 3-20 示出了平衡电桥的原理,图中 R_x 代表工作电阻片未受力时的阻值,R_2 和 R_4 由一个滑动电阻代替。设电桥原先处于平衡状态,则

$$R_3/R_4 = a/b = R_x/R_2$$

若 R_x 变为 $R_x \pm \Delta R$，则使 D 点向右移动一距离 z，并使电桥再度平衡。此时有

$$\frac{R_3'}{R_4'} = \frac{a+z}{b-z} = \frac{R_x + \Delta R}{R_2}$$

解得

$$z = b \wedge R / (R_x + R_2 + \Delta R)$$

当 $R_x = R_2$，且 $\Delta R \propto R_x$ 时，即有

$$z = \frac{b}{2} \cdot \frac{\Delta R}{R_x} = \frac{b}{2} K \varepsilon$$

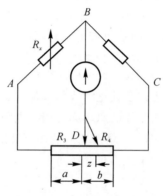

图 3-20　平衡电桥

可见 z 与 ε 成正比，只要在滑动电阻(亦称电桥平衡装置)上标出应变刻度，即可读得应变。用这种测量方式时，检流计仅仅用来判别电桥平衡与否，故可避免直读法的缺点。由于检流计始终指零，故称零读法。当然，严格来说，z 与 ε 的线性关系是近似的，但实际上它已具有足够的精确度了。

3.4.3　测量电桥的基本特性与温度补偿

前面曾经述及，温度效应必须消除，现在就来讨论消除温度效应的办法，通常称此为温度补偿。应当指出，这里所谈论的温度效应系指温度变化很缓慢的情况，即温度变化速率在 $0.2\,℃/s$ 以下的所谓温度静态状态。温度变化速率较大时，呈现出温度瞬态状态，此时应变片的温度往往不同于试验件的温度。

我们知道，电桥平衡时应有 $R_x R_4 = R_2 R_3$。如在半桥接法($R_x = R_2, R_4 = R_3$)下，假定 R_x 由于温度变化产生了 ΔR。如果我们用与工作电阻丝片性能一样的贴在与试验件相同材料上、放在与试验件相同环境下的电阻丝片来代替 R_2，那么 R_2 也必然产生与 R_x 相等的、由温度变化而产生的阻值变化 ΔR，从而电桥仍处于平衡状态。这一种电阻丝片通常称为补偿电阻丝片，这种方法称为桥路补偿法。

对于半导体应变片，可利用它本身的特性来补偿温度效应。例如，P 型硅 $[1,1,1]_P$ 其灵敏系数 $K > 0$，将此两半导体应变片敷在同一基底上，接桥时将其中之一接在 R_x 臂上，另一则接在 R_2 臂上。当试验件发生应变时，两元件的 $\Delta R/R$ 值符号相反，电桥输出增大。只要

控制好比阻,使其当温度变化时,两元件的电阻变化率$(\Delta R/R)_t$符号相同、大小相等,即可起到温度补偿的作用。这种半导体应变片称为互为补偿的双半导体应变片。由于两元件灵敏系数的非线性方向相反,这种应变片还能减小非线性的影响。

近年来,又制造出一种温度自动补偿半导体应变片,现将其原理简述如下:由前面的介绍可知$(\Delta R/R)_t = [\rho_t + K(\alpha_{t_1} - \alpha_{t_2})](t - t_0) = \beta(t - t_0)$,对于某种材料的试验件,设其线膨胀系数已知,则可利用 N 型硅取某一晶向,使半导体应变片的 $K < 0$ 并满足 $\beta = 0$,亦即使 $K = -\rho_t/(\alpha_{t_1} - \alpha_{t_2})$,这里假定 $\alpha_{t_1} > \alpha_{t_2}$。不过,这种半导体应变片只适用于某种特定材料的试验件。

同理,利用电阻丝材料电阻温度系数有正有负的特性,电阻丝片可制成所谓组合式自补偿应变片。它是由电阻温度系数一为正一为负的电阻丝栅串联而成的应变片,并满足$(\Delta R_1)_t = -(\Delta R_2)_t$,故两段丝栅的阻值可按下式确定:

$$\frac{R_1}{R_2} = \left| \frac{(\Delta R_2/R_2)_t}{(\Delta R_1/R_1)_t} \right|$$

就某一种电阻丝材料而言,当改变其化学成分或加工工艺时,其电阻温度系数即随之改变。因此,温度自动补偿半导体应变片的原理亦可用于电阻丝片,制成所谓选择式自补偿应变片。它应满足 $K = -\rho_t/(\alpha_{t_1} - \alpha_{t_2})$,不过它只能用于特定材料的试验件上。

温度补偿的方法还有多种,这里就不再介绍了。

3.5　静态应变的测量

3.5.1　测量的一般步骤

静态应变仪的测量可按下述步骤进行:

(1)选点贴片。根据测量目的,选择测点位置和布片方案,如要获得构件上的应力分布规律,需要在构件表面粘贴若干应变片。在估计应力变化比较剧烈的地方增加贴片密度。若检验构件强度,应找出最危险点并在该处贴片。总之,应根据不同的测量目的,选择测点位置。

选好测点后,在决定布片方案时,要考虑测点的应力状态和总体受载情况,应利用结构与载荷的对称与反对称性来布片及组桥。

(2)选择应变片和测量仪器。应根据测量精度和构件的几何尺寸、材质(如金属或混凝土)的粗细以及应力梯度来选择应变片。考虑测量准确度和测点数目,以及是在现场还是在实验室进行测试,来选择应变仪。要对仪器特性进行检测,做到对这些工具的误差范围有确切的了解。

(3)贴片、布线、防护和检查线路。这项工作是应变测量现场的准备工作。贴片质量直接影响测量精度。根据应变片的基底,选用合适的黏结剂,严格按规定的工艺操作和固化。对不合要求的应变片必须去掉,重贴。

导线的布置,要考虑其电阻、温度变化和分布电容等可能造成的影响,力求做到同一桥路的导线相同,并固定在一起,在测量过程中避免移动。

(4)应变仪调试和加载测量。将全部测点与应变仪连好,逐点进行预调平衡。对那些不能平衡的点,查找原因,并采取措施做到平衡。

在一切准备确认无误后,进行三次预加载,以减小和消除机械滞后。最后正式加载并记录测量数据。

(5) 分析测量数据的规律性和改进实验。在多次重复加载的情况下,测试数据应有较好的重复性。数据随载荷的变化有明显的规律性。若对重复性和规律性有疑问,则要检查和改进试验各环节。在确认数据可靠后,测试方可结束。

3.5.2　简单受力状态下的应变测量

结构受单向力作用下的应变测量是最简单的,但有时却是最危险的。现在我们讨论单向受力状态下的应变测量,图 3-21 为试验件受拉伸力 P 的作用(对压缩也一样讨论)。

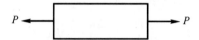

图 3-21　试验件受拉伸力 P 的作用

这种受力状态为轴向拉伸(压缩),有几种布片接桥方式。

(1) 半桥单臂工作,如图 3-22(a) 所示。工作片 R_1 感受的应变为由外力 P 造成的拉(压)应变 ε_P 和温度效应而致的应变 ε_t,即 $\varepsilon_1 = \varepsilon_P + \varepsilon_t$;补偿片 R_2 只有温度效应引起的应变 ε_t。按图 3-22(c) 接桥,电桥输出为

$$U_g = \frac{U}{4}K(\varepsilon_1 - \varepsilon_2) = \frac{U}{4}K(\varepsilon_P + \varepsilon_t - \varepsilon_t) = \frac{U}{4}K\varepsilon_P$$

(2) 半桥双臂工作,如图 3-22(b) 所示。将补偿片也贴到构件上,靠近 R_1 并与其垂直,电桥接法仍按图 3-22(c)。此时,R_1 处应变状态不变,而 R_2 处的应变为 $\varepsilon_2 = (-\mu\varepsilon_P) + \varepsilon_t$,电桥输出为

$$U_g = \frac{U}{4}K\varepsilon_P(1 + \mu)$$

可见,此方案既能做到温度补偿,又可使电桥的输出电压提高到方案(1)的 $1 + \mu$ 倍,有利于提高测量精度。将应变仪读数除以 $1 + \mu$,即得真实拉压应变 ε_P。

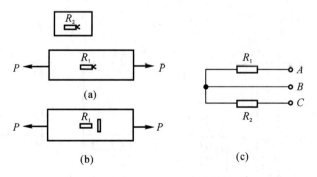

图 3-22　简单受力状态下应变测量和连接方法

如果受的是偏心载荷,那么有如图 3-23(b) 所示的应力分布。为排除由一载荷偏心引

起的附加弯矩影响,可采用下述几种贴片方式:

方案 1 取四枚应变片,按图 3-23(a) 的方式粘贴,接桥方式如图 3-23(c) 所示。杆受力后,R_1、R'_1 的电阻变化分别为 ΔR_1 和 $\Delta R'_1$,当 $R_1 = R'_1$ 时,桥臂 AB 的电阻变化率为

$$\frac{\Delta R}{R}\bigg|_{AB} = \frac{\Delta R_1 + \Delta R'_1}{R_1 + R'_1} = \frac{1}{2}\left(\frac{\Delta R_1}{R} + \frac{\Delta R'_1}{R}\right)$$

这表明,当两片相同应变片串联在一臂内使用时,这一臂的电阻变化率为各片电阻变化率的算术平均值。这一结论在多片串联时也适用。工作片 R_1 和 R'_1 的电阻变化,包括由纯拉(压)应变 ε_P 引起的 ΔR_P,以及附加弯曲应变引起的 ΔR_m 两部分,故

$$\frac{\Delta R}{R}\bigg|_{AB} = \frac{1}{2}\left(\frac{\Delta R_{P1} + \Delta R_{m1}}{R} + \frac{\Delta R'_{P1} + \Delta R'_{m1}}{R}\right)$$

若 $\Delta R_{P1} = \Delta R'_{P1}$,$\Delta R_{m1} = -\Delta R'_{m1}$,则有

$$\frac{\Delta R}{R}\bigg|_{AB} = \frac{\Delta R_P}{R} = K\varepsilon_P$$

将 R_2 和 R'_2 串联后接入 BC 臂为补偿片,故电桥输出 $U_g = \dfrac{U}{4}K\varepsilon_P$,则载荷偏心影响得以消除。

方案 2 如图 3-23(d) 所示贴片,即把补偿片 R_2 和 R'_2 也贴在构件上,使 $R_1 \perp R_2$、$R'_1 \perp R'_2$,接桥方式仍如图 3-23(c) 所示。此时,BC 臂的电阻变化率为

$$\frac{\Delta R}{R}\bigg|_{BC} = K(-\mu\varepsilon_P)$$

电桥输出为

$$U_g = \frac{U}{4}K\varepsilon_P(1+\mu)$$

这种贴片接桥不仅消除了载荷偏心的影响,且使测得的读数是 ε_P 的 $1+\mu$ 倍。将读数除以 $1+\mu$ 即得应变 ε_P。

方案 3 将四片接成全桥,如图 3-23(e) 所示(注意轴向片位于相对桥臂),则电桥输出为

$$U_g = \frac{1}{2}K\varepsilon_P(1+\mu)$$

这样既排除了载荷偏心的影响,又使电桥输出为方案 2 的两倍。

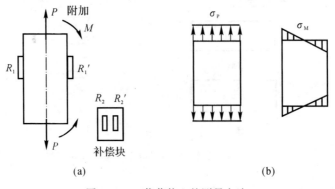

图 3-23 载荷偏心的测量方法

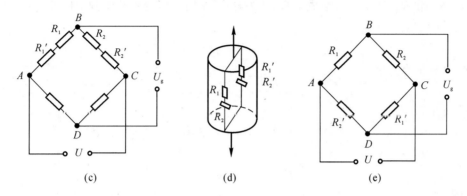

(c)　　　　　　　(d)　　　　　　　(e)

续图 3-23　载荷偏心的测量方法

3.5.3　复合受力状态下的应变、应力测量

前面介绍了杆件在单一受力状态下的应变测量。试验测量中所遇到的构件经常有两种或两种以上的力作用其上,即处于复杂的受力状态。人们往往需要测定其中某一外力造成的应变,而排除其他外力的影响。解决这一问题的基础是:构件变形很小,叠加原理仍然适用。

例如,一圆轴同时承受扭转、弯曲和拉伸(见图3-24)。如欲测由轴向力 P 引起的应变,则在轴的上、下表面对称位置沿轴向各贴一片应变片 R_1 和 R'_1,接入电桥相对两桥臂。R_2 和 R'_2 为补偿片,接入另一相对桥臂,形成全桥接法[见图3-24(b)]。此时,R_1 处的应变 $\varepsilon_1 = \varepsilon_P + \varepsilon_M$,$R'_1$ 处的应变 $\varepsilon'_1 = \varepsilon_P - \varepsilon_M$,电桥输出为

$$U_g = \frac{U}{4}K(2\varepsilon_P) = \frac{U}{2}K\varepsilon_P$$

将读数除以 2 即得到 ε_P。

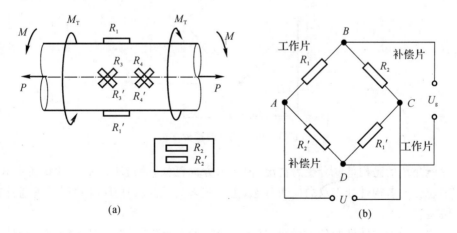

(a)　　　　　　　　　　　(b)

图 3-24　圆轴两侧面对称粘贴与轴线成 ±45° 四枚应变片

若要测定扭矩,则在圆轴两侧面对称粘贴与轴线成 ±45° 的四枚应变片,如图 3-24(a)

— 43 —

中的 R_3、R_3' 和 R_4、R_4' 所示,接成全桥,互为补偿,这时各应变片感受到的应变为:

R_3 处的应变

$$R_3 = \varepsilon_P + \varepsilon_{MT} + \varepsilon_M$$

R_4 处的应变

$$R_4 = \varepsilon_P - \varepsilon_{MT} + \varepsilon_M$$

R_3' 处的应变

$$R_3' = \varepsilon_P + \varepsilon_{MT} + \varepsilon_M$$

R_4' 处的应变

$$R_4' = \varepsilon_P - \varepsilon_{MT} + \varepsilon_M$$

故电桥输出为

$$U_g = \frac{U}{4} K (\varepsilon_3 - \varepsilon_4 - \varepsilon_3' + \varepsilon_4') = UK\varepsilon_{MT}$$

将读数除以 4 就可得到扭矩引起的应变 ε_{MT}。由广义胡克定律得

$$\tau_{max} = \frac{E}{1+\mu} \varepsilon_{MT}$$

再根据 $\tau_{max} = \dfrac{M_T}{W_T}$ 可注出 M_T,其中 W_T 为轴的抗扭断面模数。

欲测弯矩引起的应变仍可用图 3-24(a) 中的 R_1 和 R_1' 两片接相邻两桥臂,接桥方式如图 3-25 所示,此时,电桥输出为

$$U_g = 2\left(\frac{U}{4} K \varepsilon_M\right) = \frac{U}{2} K \varepsilon_M$$

只要将读数除以 2,即可得弯曲应变。

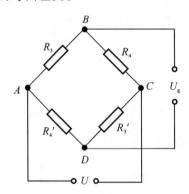

图 3-25　例中的接桥方式

上面所介绍的是构件复合受力情况,但受力方向已知,通过不同的贴片组桥方式,可测出所需的应变。若构件处于双向应力状态,主方向未知时,应如何贴片接桥?现通过实际案例予以说明。

为测定液压机的铸铁制件上横梁(见图 3-26)的最大应力,在梁的比较薄弱的位置选择了一些测点,在测点处粘贴应变花。以图 3-26 上的 O 点为例,在 O 点贴 45° 应变花,并在与梁同样材料的平衡块上,粘贴温度补偿片,分别测得 $\varepsilon_0 = 52\mu\varepsilon$,$\varepsilon_{45} = 169\mu\varepsilon$,$\varepsilon_{90} = -117\mu\varepsilon$。

已知梁材料 $E = 1.1 \times 10^6$ kgf/cm^2 (1 kgf $\approx$ 9.8 N)，$\mu = 0.25$。将所测值代入 45° 应变花的计算公式求出 σ_1、σ_2、τ_{max} 及 α。接桥方式如图 3-27 所示。

$$\sigma_2^1 = \frac{E}{2}\left[\frac{\varepsilon_0 + \varepsilon_{90}}{1-\mu} \pm \frac{\sqrt{2}}{1+\mu}\sqrt{(\varepsilon_0 - \varepsilon_{45})^2 + (\varepsilon_{45} - \varepsilon_{90})^2}\right] = \begin{cases} 144 \\ -240 \end{cases} \text{kgf/cm}^2$$

$$\tau_{max} = \frac{\sigma_1 - \sigma_2}{2} = \frac{144 - (-240)}{2} = 192 \text{ kgf/cm}^2$$

$$\alpha = \frac{1}{2}\arctan\frac{2\varepsilon_{45} - \varepsilon_0 - \varepsilon_{90}}{\varepsilon_0 - \varepsilon_{90}} = 33.7°$$

当然，也可以用 60° 应变花测量。

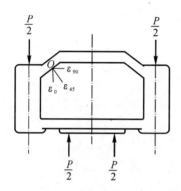

图 3-26　液压机铸铁制件的横梁测量

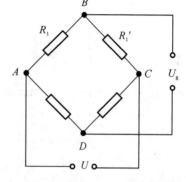

图 3-27　液压机铸铁制件的横梁测量的接桥方式

不论用单轴应变片还是应变花测量，如果要求测量精度高，或应变片横向效应大到不能忽视时，对测量结果要进行横向效应误差修正。单轴应变片横向效应的修正已介绍过，这里不再赘述。对应变花横向效应的修正列于表 3-2 中。表中 ε' 为应变仪读数。

表 3-2　应变花考虑横向效应的修正公式

应变花类型	修正公式
直角应变花	$\varepsilon_{0°} = Q(\varepsilon'_{0°} - H\varepsilon'_{90°})$ $\varepsilon_{90°} = Q(\varepsilon'_{90°} - H\varepsilon'_{0°})$
三片 45°应变花	$\varepsilon_{0°} = Q(\varepsilon'_{0°} - H\varepsilon'_{90°})$ $\varepsilon_{45°} = Q[(1+H)\varepsilon'_{45°} - H(\varepsilon'_{0°} + \varepsilon'_{90°})]$ $\varepsilon_{90°} = Q(\varepsilon'_{90°} - H\varepsilon'_{0°})$

续表

应变花类型	修正公式
三片 60°应变花	$\varepsilon_{0°}=Q[\varepsilon'_{0°}-H(\varepsilon'_{60°}+\varepsilon'_{120°})]$ $\varepsilon_{60°}=Q[\varepsilon'_{60}-H(\varepsilon'_{120°}+\varepsilon'_{0°})]$ $\varepsilon_{120°}=Q[\varepsilon'_{120°}-H(\varepsilon'_{0°}+\varepsilon'_{60°})]$
四片 45°应变花	$\varepsilon_{0°,90°}=Q(\varepsilon'_{0°,90°}-H\varepsilon'_{90°,0°})$ $\varepsilon_{45°,135°}=Q(\varepsilon'_{45°,135°}-H\varepsilon'_{135°,45°})$
四片 60°应变花	$\varepsilon_{0°,90°}=Q(\varepsilon'_{0°,90°}-H\varepsilon'_{90°,0°})$ $\varepsilon_{60°,120°}=Q[(1+H)\varepsilon'_{60°,120°}-H(\varepsilon'_{0°}+\varepsilon'_{90°})]$

注：$H=C$；$Q=\dfrac{1-\mu_0C}{1-C^2}$。

3.5.4 贴片方位和应、变应力换算

一个测点上的贴片数和方位问题，由该点的应力状态而定。如能明确断定测点处于单向应力状态，则只要沿应力方向贴一个应变片就够了。但测量的数据是这个方向的应变值，要用胡克定律（$\sigma=E\varepsilon$）求出该点的应力。

若测点处在双向应力（平面应力）状态，主方向已知，则沿两个主要方向粘贴两枚应变片，测得两个主应变 ε_1、ε_2。由广义胡克定律得

$$\left.\begin{array}{l}\sigma_1=\dfrac{E}{1-\mu^2}(\varepsilon_1+\mu\varepsilon_2)\\[2mm]\sigma_2=\dfrac{E}{1-\mu^2}(\varepsilon_2+\mu\varepsilon_1)\\[2mm]\gamma_{xy}=0\end{array}\right\}\tag{3-41}$$

若主方向无法预先判断，就必须在测点处沿三个不同方向贴三枚应变片，才能得到三个独立的数据，以确定该点的应力。图 3-28 为主方向未知的双向应力状态的测点 B，沿其任

意三个方向 θ_1、θ_2 和 θ_3（与 x 轴夹角从小到大依次为 θ_1、θ_2 和 θ_3）贴三枚应变片,测出三个方向的应变 ε_{θ_1}、ε_{θ_2} 和 ε_{θ_3},则有

$$\varepsilon_{\theta_i}=\frac{\varepsilon_x+\varepsilon_y}{2}+\frac{\varepsilon_x-\varepsilon_y}{2}\cos2\theta_i+\frac{\gamma_{xy}}{2}\sin2\theta_i \quad (i=1,2,3) \tag{3-42}$$

可解出三个未知量 ε_x、ε_y 和 γ_{xy},再由 ε_x、ε_y 和 γ_{xy} 求出主应变 ε_1、ε_2 和方向(ε_1)与 x 轴的夹角 α:

$$\left.\begin{array}{l}\varepsilon_{1,2}=\dfrac{\varepsilon_x+\varepsilon_y}{2}\pm\dfrac{1}{2}\sqrt{(\varepsilon_x-\varepsilon_y)^2+\gamma_{xy}^2}\\[3mm]\alpha=\dfrac{1}{2}\arctan\dfrac{\gamma_{xy}}{\varepsilon_x-\varepsilon_y}\end{array}\right\} \tag{3-43}$$

实际上,为了简化计算,三个应变片与 x 轴的夹角 θ_1、θ_2 和 θ_3 选用特殊角,如 0°、45°和 90°,或 0°、60°和 120°角,即常用的应变花。

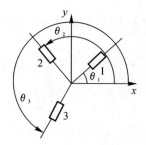

图 3-28 主方向未知的双向应力状态

由于采用了特殊角,计算公式标准化了。

45°应变花的计算公式为

$$\theta_1=0°, \quad \theta_2=45°, \quad \theta_3=90°$$

代入式(3-42)得

$$\varepsilon_x=\varepsilon_0, \quad \varepsilon_y=\varepsilon_{90}, \quad \gamma_{xy}=2\varepsilon_{45}-\varepsilon_0-\varepsilon_{90}$$

将此值代入式(3-43),可得

$$\left.\begin{array}{l}\varepsilon_{1,2}=\dfrac{\varepsilon_{0°}+\varepsilon_{90°}}{2}\pm\dfrac{\sqrt{2}}{2}\sqrt{(\varepsilon_{0°}-\varepsilon_{45°})^2+(\varepsilon_{45°}-\varepsilon_{90°})^2}\\[3mm]\gamma_{max}=\sqrt{2}\sqrt{(\varepsilon_{0°}-\varepsilon_{45°})^2+(\varepsilon_{45°}-\varepsilon_{90°})^2}\\[3mm]\alpha=\dfrac{1}{2}\arctan\dfrac{2\varepsilon_{45°}-(\varepsilon_{0°}+\varepsilon_{90°})}{\varepsilon_{0°}-\varepsilon_{90°}}\end{array}\right\} \tag{3-44}$$

由广义胡克定律,可求出双面应力(平面应力)状态的主应力及主方向:

$$\left.\begin{array}{l}\sigma_{1,2}=\dfrac{E}{2}\left[\dfrac{\varepsilon_{0°}+\varepsilon_{90°}}{1-\mu}\pm\dfrac{1}{1+\mu}\sqrt{(\varepsilon_{0°}-\varepsilon_{90°})^2+(2\varepsilon_{45°}-\varepsilon_{0°}-\varepsilon_{90°})^2}\right]\\[3mm]\tau_{max}=\dfrac{\sqrt{2}E}{2(1+\mu)}\sqrt{(\varepsilon_{0°}-\varepsilon_{45°})^2+(\varepsilon_{45°}-\varepsilon_{90°})^2}=\dfrac{\sigma_1-\sigma_2}{2}\\[3mm]\alpha=\dfrac{1}{2}\arctan\dfrac{(\varepsilon_{45°}-\varepsilon_{90°})-(\varepsilon_{0°}-\varepsilon_{45°})}{(\varepsilon_{45°}-\varepsilon_{90°})+(\varepsilon_{0°}-\varepsilon_{45°})}\end{array}\right\} \tag{3-45}$$

α 由 $\varepsilon_{0°}$ 处算起，以逆时针为正，顺时针为负。

三片 45°应变花适用于主方向大致知道的情况。将互相垂直的两片沿估计的主方向粘贴，对比其他形式的应变花，它对贴片方位不准的误差不甚敏感。三片 60°应变花主要用于主方向无法估计的情况。四片 60°应变花能给出四个应变读数，其间有如下关系：

$$\frac{1}{2}(\varepsilon_{0°}+\varepsilon_{90°})=\frac{1}{3}(\varepsilon_{0°}+\varepsilon_{60°}+\varepsilon_{120°})$$

即

$$\varepsilon_{90°}=\frac{2}{3}(\varepsilon_{60°}+\varepsilon_{120°})-\frac{1}{3}\varepsilon_{0°}$$

故多余的一个应变读数可用作校验。四片 45°应变花也有类似情况。

若贴片方位不准，即应变片轴线偏离原定贴片方向，将引起测量误差。如原定方向为 θ，偏离为 $\Delta\theta$，如图 3-29 所示，因

$$\varepsilon_\theta=\frac{1}{2}(\varepsilon_1+\varepsilon_2)+\frac{1}{2}(\varepsilon_1-\varepsilon_2)\cos2\theta$$

$$\varepsilon_\theta+\Delta\theta=\frac{1}{2}(\varepsilon_1+\varepsilon_2)+\frac{1}{2}(\varepsilon_1+\varepsilon_2)\cos(\theta+\Delta\theta)$$

故误差为

$$\Delta\varepsilon_\theta=\varepsilon_\theta-\varepsilon_{\varepsilon_\theta+\Delta\theta}=(\varepsilon_1-\varepsilon_2)\sin(2\theta+\theta)\sin\Delta\theta \tag{3-46}$$

由图 3-29 可以看出，粘贴方位不准造成的误差不仅与角偏差 $\Delta\theta$ 有关，还和预定粘贴方位与该点主方向(ε_1)的夹角 θ 有关。预定方位与主方向的夹角越大，则角偏差造成的误差就越大。这就是三片 45°应变花用于主方向大致知道的情况，而三片 60°花用于主方向不知的情况的原因。后者的三个应变片等角排列，各片与主方向的最大可能的夹角为 30°时各种应变花中的最小者。

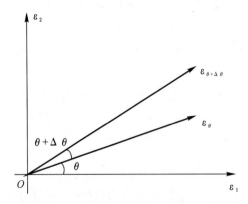

图 3-29　应变片轴线偏离原定贴片方向引起的误差

设测点为单向应力状态，应变片沿主方向粘贴($\theta=0°$)，粘贴角偏差 $\Delta\theta$。根据式(3-46)，并考虑到 $\varepsilon_1-\varepsilon_2=(1+\mu)\varepsilon_1$，得

$$\Delta\varepsilon_\theta=(1+\mu)\varepsilon_1\sin^2\Delta\theta$$

相对误差为

$$\gamma_\theta = \frac{\Delta\varepsilon_\theta}{\varepsilon_1} = (1+\mu)\sin^2\Delta\theta$$

若 $\mu = 0.3, \Delta\theta = 5°$，则

$$\gamma_\theta = (1+0.3)\times\sin^2 5° = 0.009\ 89 < 1\%$$

若应变片不是沿主方向粘贴，而是 $\theta = 45°$，其他条件不变，则

$$\Delta\varepsilon_\theta = (1+\mu)\varepsilon_1 \times \frac{1}{2}\sin(2\Delta\theta)$$

在 $\theta = 45°$ 方向上的真实应变为

$$\varepsilon_{45°} = \frac{1}{2}(1-\mu)\varepsilon_1$$

相对误差为

$$\gamma_\theta = \frac{\Delta\varepsilon_\theta}{\varepsilon_{45°}} = \frac{1+\mu}{1-\mu}\sin 2\Delta\theta$$

当 $\Delta\theta = 1°$ 及 $5°$ 时，可得相对误差 $\gamma_\theta = 6.84\%$ 及 32.4%。可见粘贴方位远离主方向时，应变测量的误差对粘贴角偏差是非常敏感的。

依照上述步骤，不难求出各种应变花的计算公式。现将各计算公式列于表 3－3 中。

表 3－3　不同应变花的计算公式

应变花类型	主应变和主应力计算公式	σ_1 与 0°轴线的夹角
三片 45°应变花	$\varepsilon_{1,2} = \dfrac{\varepsilon_{0°}+\varepsilon_{90°}}{2} \pm \dfrac{1}{2}\sqrt{(\varepsilon_{0°}-\varepsilon_{90°})^2 + (2\varepsilon_{45°}-\varepsilon_{0°}-\varepsilon_{90°})^2}$ $\sigma_{1,2} = \dfrac{E}{2}\left[\dfrac{\varepsilon_{0°}+\varepsilon_{90°}}{1-\mu} \pm \dfrac{1}{1+\mu}\sqrt{(\varepsilon_{0°}-\varepsilon_{90°})^2 + (2\varepsilon_{45°}-\varepsilon_{0°}-\varepsilon_{90°})^2}\right]$	$\dfrac{1}{2}\arctan\dfrac{2\varepsilon_{45°}-\varepsilon_{0°}-\varepsilon_{90°}}{\varepsilon_{0°}-\varepsilon_{90°}}$
三片 60°应变花	$\varepsilon_{1,2} = \dfrac{\varepsilon_{0°}+\varepsilon_{60°}+\varepsilon_{120°}}{3} \pm$ $\sqrt{\left(\varepsilon_{0°}-\dfrac{\varepsilon_{0°}+\varepsilon_{60°}+\varepsilon_{120°}}{3}\right)^2 + \dfrac{1}{3}(\varepsilon_{60°}-\varepsilon_{120°})^2}$ $\sigma_{1,2} = E\left[\dfrac{\varepsilon_{0°}+\varepsilon_{60°}+\varepsilon_{120°}}{3(1-\mu)} \pm\right.$ $\left.\dfrac{1}{1+\mu}\sqrt{\left(\varepsilon_{0°}-\dfrac{\varepsilon_{0°}+\varepsilon_{60°}+\varepsilon_{120°}}{3}\right)^2 + \dfrac{1}{3}(\varepsilon_{60°}-\varepsilon_{120°})^2}\right]$	$\dfrac{1}{2}\arctan\dfrac{\varepsilon_{60°}-\varepsilon_{120°}}{2\varepsilon_{45°}-\varepsilon_{0°}-\varepsilon_{90°}}$
四片 45°应变花	$\varepsilon_{1,2} = \dfrac{\varepsilon_{0°}+\varepsilon_{45°}+\varepsilon_{90°}+\varepsilon_{120°}}{3} \pm \dfrac{1}{2}\sqrt{(\varepsilon_{0°}-\varepsilon_{90°})^2 + (\varepsilon_{45°}-\varepsilon_{135°})^2}$ $\sigma_{1,2} = \dfrac{E}{2}\left[\dfrac{\varepsilon_{0°}+\varepsilon_{45°}+\varepsilon_{90°}+\varepsilon_{120°}}{2(1-\mu)} \pm\right.$ $\left.\dfrac{1}{1+\mu}\sqrt{(\varepsilon_{0°}-\varepsilon_{90°})^2 + (\varepsilon_{45°}-\varepsilon_{135°})^2}\right]$	$\dfrac{1}{2}\arctan\dfrac{\varepsilon_{45°}-\varepsilon_{135°}}{\varepsilon_{0°}-\varepsilon_{90°}}$

续表

应变花类型	主应变和主应力计算公式	σ_1 与 0°轴线的夹角
四片 60°应变花	$\varepsilon_{1,2} = \dfrac{\varepsilon_{0°}+\varepsilon_{90°}}{3} \pm \dfrac{1}{2}\sqrt{(\varepsilon_{0°}-\varepsilon_{90°})^2+\dfrac{4}{3}(\varepsilon_{60°}-\varepsilon_{120°})^2}$ $\sigma_{1,2} = \dfrac{E}{2}\left[\dfrac{\varepsilon_{0°}+\varepsilon_{90°}}{3(1-\mu)} \pm \dfrac{1}{1+\mu}\sqrt{(\varepsilon_{0°}-\varepsilon_{90°})^2+\dfrac{4}{3}(\varepsilon_{60°}-\varepsilon_{120°})^2}\right]$	$\dfrac{1}{2}\arctan\dfrac{2(\varepsilon_{60°}-\varepsilon_{120°})}{\sqrt{3}(\varepsilon_{60°}-\varepsilon_{90°})}$

3.6 动态应变的测量

3.6.1 动态应变及其频谱

载荷随时间变化或构件本身运动都可产生动态应变。汽车在山路行驶时,底盘大梁上的应变就是由载荷变动引起的动态应变;飞机发动机的某些构件,直升机上的旋翼、尾桨等的动应变,是由构件运动造成的。

动态应变可分为确定性的和非确定性的两类。应变随时间变化的规律能够用明确的数学关系式表达的,为确定性的,否则就是非确定性的。确定性的动应变又可分为周期性的和非周期性的两种。非确定性的动态应变又称随机应变。

1. 周期性动态应变

复杂周期性应变可用傅里叶级数表示为

$$\varepsilon(t) = \varepsilon_0 + \sum_{n=1}^{\infty}\varepsilon_n\cos(2\pi n\omega_1 t - \theta_n) \quad (n=1,2,3,\cdots) \tag{3-47}$$

其可看作是由一个静态分量 ε_0 和无限个谐波分量(振幅为 ε_n,相位为 θ_n)所组成的。各谐波分量的频率都是基频 ω_1 的整数倍。$n=1$ 的谐波称为基波或一次谐波;$n=2$ 称二次谐波;依此类推。

实际分析中,相位角 θ_n 常不予考虑,且仅研究有限个谐波分量。故式(3-47)可用如图 3-30 所示的振幅-频率图来表示。图中以垂直线段表示频率为 ω_1、振幅为 ε_i 的第 i 次谐波分量,纵坐标轴上的线段则表示频率为零、幅值为 ε_i 的静态分量。振幅-频率图又称为频谱图,它清楚地描述了复杂周性应变中各分量的频率和振幅。上述频谱图称为离散谱。

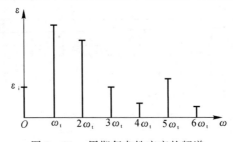

图 3-30 周期复杂性应变的频谱

若式(3-47)的 $\varepsilon(t)$ 基波中所有高次谐波及常量 ε_0 都等于零,则

$$\varepsilon(t) = \varepsilon_n \cos(2\pi n\omega_1 t - \theta_1)$$

是一简单周期性应变。当式(3-47)中所有的谐波都等于零而仅存 ε_0 时,则

$$\varepsilon(t) = \varepsilon_0$$

是一静态应变情况。

2. 非周期性应变

当一台机组有几个转速比不是有理数的发动机同时工作时,引起的合成振动或振动应力(应变)就不是周期性的。这种非周期性应变又称为准周期性应变。它的频谱如图 3-31 所示,也是离散谱,但各谐波的频率分布是无规律的。

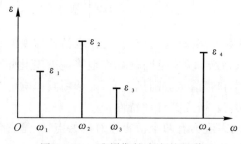

图 3-31　准周期性应变的频谱

构件还可能受到一种非周期性的突加载荷,如飞机着陆时的撞击、受拉构件的突然断裂,如图 3-32 所示。这种载荷引起的应变是非周期性瞬变应变,也可称为冲击应变。不能用离散谱表示。这种瞬变性的时变函数经傅里叶变换后呈连续谱形式,高频分量占的比例可以相当大,应予以重视。

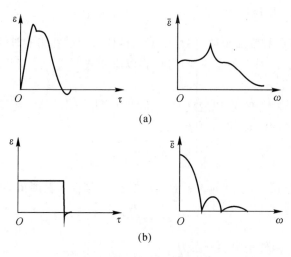

(a)

(b)

图 3-32　瞬变性应变频谱
(a)冲击应变;　(b)突加应变

3. 随机应变

动应变随时间的变化规律在无论多长时间以后,也不会精确地重复的,称为随机应变,

如图 3-33 所示。这种情况在工程中经常遇到,如地震时地面结构物的应变、飞机在空中遇到突风时零构件上的应变等。这种应变不能用明确的数学关系式表示,但可以用概率统计的方法来描述和研究。

图 3-33　随机应变

从应变测量的观点来看,对确定性的应变,要注意估计应变的频谱内容。选择已有相应频率响应范围的测试记录系统,以求能比较真实地将应变变化记录下来;然后进行频谱分析,研究各谐波分量的频率和幅值。对随机应变,要选用频率响应范围足够宽的测试记录系统,进行必要的大量重复试验,研究其统计特性。

从强度的观点来看,动态应力有两个值得注意的特点:一是它包含着因速度变化而产生的惯性力的影响,致使其数值往往比静应力大若干倍;二是由于应力是交变的,它能使零件在低于屈服极限的应力时发生疲劳破坏。据统计,70%～80%的机械零件的断裂是由疲劳引起的。因此动应力的研究,就成为工程实际中的迫切问题。但是,由于动载荷难以精确估计,动应力理论计算又受到更大的局限,故用电测法测定零部件上的动应力,便成了目前解决机械疲劳问题的重要方法之一。

3.6.2　应变片的动态响应

由于应变片的基底和胶层很薄,估计应变从构件传到敏感栅的时间约为 $0.2\ \mu s$,故可认为响应是即时的。因此,对于动态应变,考虑它以应变波形式沿应变片栅长方向传播时应变片的动态响应问题。

设频率为 ω 的正弦应变波,以速度 v 在构件中沿长方向传播,在某一时刻,应变沿构件表面的分布如图 3-34 所示。图中横坐标 θ 为

$$\theta = \frac{2\pi}{\lambda}x \tag{3-48}$$

式中:λ 为应变波的波长。$\lambda = v/\omega$。令应变片栅长 L 等当于弧度角 2φ,代入式(3-48),得

$$2\varphi = \frac{2\pi}{\lambda}L \tag{3-49}$$

在时刻 t,应变沿构件表面的分布为

$$\varepsilon(\theta) = \varepsilon_0 \sin\theta$$

而应变片中点的应变为

$$\varepsilon_j = \varepsilon_0 \sin\theta_j$$

式中:ε_j 为时间 t 的函数。

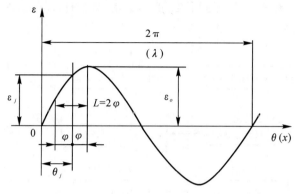

图 3 - 34　动态响应

由应变片测得的应变是栅长 2φ 范围内的平均应变 ε_P，其值为

$$\varepsilon_P = \frac{1}{2\varphi}\int_{\theta_j-\varphi}^{\theta_j+\varphi}\varepsilon_0\sin\theta\,\mathrm{d}\theta = \varepsilon_0\sin\theta_j\cdot\frac{\sin\varphi}{\varphi}$$

相对误差为

$$\gamma_\varepsilon = \frac{\varepsilon_j-\varepsilon_P}{\varepsilon_j} = 1-\frac{\varepsilon_P}{\varepsilon_j} = 1-\frac{\sin\varphi}{\varphi} \qquad (3-50)$$

φ 较小时，有

$$\frac{\sin\varphi}{\varphi} \approx 1-\frac{\varphi^2}{6}$$

代入式(3-50)得

$$\gamma_\varepsilon = \frac{\varphi^2}{6} \qquad (3-51)$$

从而有

$$\gamma_\varepsilon \approx \frac{1}{6}\left(\frac{\pi L}{\lambda}\right)^2 = \frac{1}{6}\left(\frac{\pi L\omega}{v}\right)^2 \qquad (3-52)$$

应变波在各种材料中的传播速度 v 是一常数，例如，对于钢材，$v\approx5\,000$ m/s。故式 (3-52)决定了 γ_ε、L 和 v 三者间的关系。当给定容许相对误差 γ_ε 和欲测应变的最高频率 ω_{max} 后，可算出应变片的允许最大基长 L_{max}。或者在给定 γ_ε 和 L 时，可用式(3-52)核算出该应变片允许的极限工作频率。例如，当 $\gamma_\varepsilon=\pm0.5\%$，$L=0.5$ mm 时，允许极限工作频率为

$$[\omega] = \frac{V}{\pi L}(6\gamma_\varepsilon)^{\frac{1}{2}} = \frac{5\times10^6}{\pi\times5}\sqrt{6\times0.005}\ \text{Hz} \approx 55\,000\ \text{Hz}$$

一般动态应变的频率远小于此值，故由应变片基长引入的响应误差可以忽略。

3.6.3　动态应变测量系统与波形记录

测量动态应变，需要获得应变的时间历程。故在测量仪器系统中，除动态应变仪外，还必须配以相应的记录装置。由于被测量应变的频率变动范围各异，而应变仪和记录器的频率适用范围又都有限，故必须根据测量频率来选择合适的测量系统。图 3-35 绘出了一种

系统的方框图,并标有有关仪器的适用频率范围。在仪器的组配上,除考虑频率外,还要注意仪器之间的阻抗匹配。

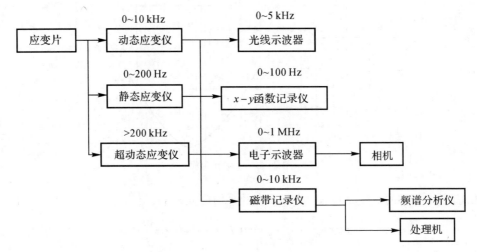

图 3-35　一种动态应变测量系统方框图

3.7　特殊条件下的应变测量

3.7.1　运动构件的应变测量

1. 概述

在研究机械强度时,往往要求在运动的构件上进行所谓在线应变测量。因为这可直接反映出真实工作情况,特别是对于一些载荷还不太清楚的结构或机械,更具有实际意义。

运动构件的应变可分为以下两类:

(1)静态应变。汽轮机叶轮由离心力所产生的应变在一定转速下是不变的,水轮机主轴在一定的功率与转速下,由扭矩产生的应变也是不变的。因此,有的构件虽然在运动,但就应变的性质而言,它们属于静态应变。

(2)动态应变有以下几种。

1)周期性动态应变:等速旋转机械的某些构件上所呈现的应变即属此类。

2)随机性动态应变:飞机在飞行中结构受到不稳定气流、火箭发动机喷射出的气流引起的振动、汽车以各种不同速度在路面上行驶、传动轴上的应变等属此类。

3)冲击式动态应变:构件受到突加载荷的作用、飞机着陆时的撞击等属此类。

测定运动构件的应变,先要对构件的应变状态进行分析,再采用相应的方法和设备。

从原理上来看,用应变片测量运动构件上的应变与测量静止构件应变并无多大差异。但测量运动构件的应变时,工作条件要复杂得多,要考虑到应变片的防护、温度补偿、信号传递等。

高速运动时,构件与空气或其他构件摩擦,会导致温度分布不均匀、不稳定。对温度补偿需要采取特殊措施。

高速运动构件上的应变片会受到惯性力和气流的作用,因此对应变片和引线要进行特殊防护。

旋转机械上的构件,因应变片贴在构件上随着构件旋转,应变仪又是固定不动的,应变片与应变仪之间的信号不能直接用导线传递,故需采用集流器(引电器)装置。可采用应变遥感技术,即以无线电发射方法把应变信号传递给测量仪器。

2. 旋转件上的应变测量

飞机和发动机上的一些重要零构件工作在旋转状态下,如直升机旋翼、尾桨叶,飞机上的螺旋桨,发动机上的涡轮叶片与盘,等等。很多旋转零件目前尚无准确的强度计算方法,因而需要进行应变测量来判断它的可靠性。

旋转构件应变测量有两个特殊要求:必须保证应变片和导线能在高离心力下安全可靠地工作,并能经受高温、高速燃气的作用等;要有能将转动件上应变片所感受到的应变,准确地传递到测量仪器上去的装置,即集流器。

集流器主要由两部分组成:一部分与应变片的引线连接,随构件转动,称为转子;另一部分与应变仪导线连接,静止不动,称为定子。转子与定子可相对运动,而又能传递构件上的应变信号。图 3 - 36 为旋转件应变测量示意图。

常用的集流器有四种,即拉线式、电刷式、水银集流器、感应式。前三种利用转子与定子滑动接触来传递应变信号,称为接触式集流器。第四种是利用电磁感应来传递应变信号,称为非接触式集流器。现仅对其中的两种进行一简单介绍。

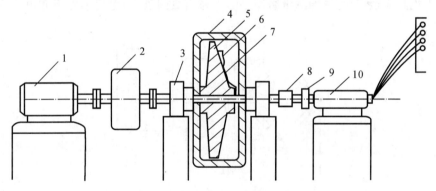

图 3 - 36　旋转件应变测量示意图

1—电动机头;　2—增速器;　3—支座;　4—罩壳;　5—叶轮;　6—应变片;
7—引线;　8—接头;　9—接线盘;　10—集流器;　11—应变仪

(1)电刷式集流器的电刷头是用含银石墨材料制成的。电刷按接触方式的不同,可分为周面接触和端面接触两种,如图 3 - 37(a)(b)所示,适用于圆周速度小于 15 m/s 的场合。由于一般集流器上所有轴承均有径向间隙,工作时会有跳动,被测的旋转轴在旋转面上的振动远大于轴向振动。这些都会给电刷的平稳工作带来影响。实践证明,端面接触式的接触电阻变化较小。

使用电刷式集流器,关键是要求电刷与滑环间的接触电阻小而稳定。影响接触电阻的因素有接触压力、滑环与炭刷的材质及结构加工的精度等。压力过低,炭刷产生振动,接触电阻变化大;压力过高,磨损增加,温度上升,绝缘变坏,工作不稳定。接触电压的变化一般随压力增大呈指数级下降。

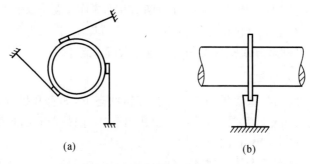

图 3-37 电刷式集流器电刷头

(a)周面接触; (b)端面接触

感应式集流器的工作原理如图 3-38 所示。应变仪交流桥电压由 A、C 端通过 S 线圈,传至 K_1 线圈,加到应变片组成的电桥 A、C 端。输出信号由 D、B 端通过 K_2 传至 S_2,再传至应变仪。K_1 和 K_2 线圈与应变片相连,并与构件一起旋转。S_1 和 S_2 线圈与机壳相连,静止不动。这样就实现了无接触式信号传递。显然,这种方式没有接触电阻及摩擦升温等问题。但由于动静线圈铁芯之间的间隙、变压器损耗等原因,使用感应式集流器测量应变时,必须进行标定。再者,这种集流器虽没有接触电阻,但有磁阻。静动线圈之间的间隙发生变化时,磁阻也相应地变化,影响测量结果。由于采用线圈耦合,电桥的电阻和电容不易做到预调平衡。

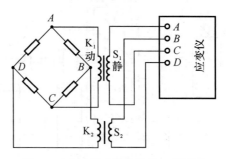

图 3-38 感应式集流器的工作原理

为了减小集流器测量时误差,可采高阻值或高灵敏系数的应变片。采用全桥接法,也可提高测量精度。

旋转件应变测量的温度补偿原理虽与静止构件测量时相同,但需把补偿片粘贴在与测点温度条件相同而不受力的位置,或应变情况已知的位置。考虑到构件的旋转,一般采用工作片补偿法(使用温度自补偿片),而不采用补偿块补偿法。若被测构件允许局部损坏,可在零件表面开槽,以清除由离心力产生的切应变,如图 3-39 所示。

由于构件高速旋转,会产生较大的离心力。为防止测量导线被甩掉,对已贴好的应变片及其导线表面应有防护措施。一般可用固定金属箔片的方法加以保护,也可以用涂胶的方法保护。应变片的连接导线不应沿径向引出,而应呈曲线引出。例如,图 3-40 中的 *a* 表示不正确的引线方式,正确的方式如图 3-40 中的 *b* 引线。现将几种集流器性能的比较列于表 3-4 中。

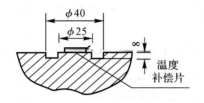
图 3-39　构件表面开槽贴温度补偿片

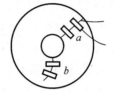
图 3-40　测温度导线的布置

表 3-4　各种集流器性能

	拉线式集流器	电刷集流器	水银集流器	感应式集流器
接触电阻/Ω	10^{-2}	10^{-2}	10^{-2}	10^{-2}
热电势	较大	较大	小	无
安装位置	轴通	轴端 轴通(小直径)	轴端 轴通(小直径)	轴端 轴通(小直径)
工作寿命	每次使用得更换拉线	较长	工作 40 h 或不工作 3～6 月清洗一次	长期
最大转速 或线速度	4 m/s	4 000 r/min; 15 m/s	4 000 r/min; 15 m/s	3 000 r/min

3.7.2　高(低)温条件下的应变测量

1. 概述

飞行器上某些零件是在非常温下工作的。例如,飞机发动机上的涡轮盘、涡轮轴、叶片等。而用 H_2、O_2 作为原料的氢氧发动机,其液氧和液氢容器又处在极低温的条件下。温度的影响会使试验件材料及应变片原材料的性能发生变化。随着温度升高,一般结构材料的弹性模量减小,线膨胀系数增大,敏感栅材料在高温下发生氧化或相变;黏结剂和基底材料在低温下弹性模量增大而延伸率减小,甚至变脆;在高温下剪切强度及电阻率下降;等等。因此,温度变化对于应变测量会产生下列影响:

(1)应变片的某些工作特性发生变化,如灵敏系数随温度发生变化。在高温下,热输出、热滞后、蠕变和零漂变大,绝缘电阻下降。在高温和低温下,疲劳寿命和应变极限变小。

(2)应变片在不同热循环时的热输出、零漂与蠕变性能不重复,因而应变片性能的稳定性变差。

(3)在高温下,应变片原材料某些性能的分散性较大,导致应变片的某些工作特性(灵敏系数、热输出、零漂和蠕变)的分散度变大。

(4)黏结剂及基底材料在高温下的绝缘电阻下降,产生零点漂移并使测量灵敏度下降,引起较大的测量误差,有时甚至达到无法接受的程度。

由此可见,高(低)温条件下应变测量要比常温下困难得多,测量精度也会下降。

高(低)温应变片的工作特性,只在一定的温度范围内才比较稳定。因此,进行高(低)温应变测量时,必须根据使用温度范围、试验件材料及测量条件等选择合适的应变片,并采用相应的技术措施,才能得到满意的结果。

首先是适当的温度补偿。有三种方法,即曲线修正法、线路补偿法和各种形式的温度自补偿应变片。线路补偿法即补偿块补偿法。温度自补偿片可根据使用温度选用。表3-5给出了几种选择式温度自补应变片的工作温度及选用的构件材料。

其次,还有利用热电阻的半桥式温度自补片、利用热电偶的温度自补偿应变片、利用半桥或全桥焊接式温度自补偿应变片等的方法。

表 3-5 选择式温度自补偿应变片

最高工作温度/℃	安装方式	适用的构件材料(一种钛合金)	敏感栅材料
150	粘贴	普通钢材、铝合金	康铜箔
250	粘贴	铝合金、40CrNiMoA、CrnNi2、TC	6J22 丝
350	粘贴	普通钢材、不锈钢、铝合金、TC4	6J22 丝
400	粘贴	不锈钢、高温合金(GH83)、镍铬合金(CrnNi2)	6J22 丝
400	焊接	不锈钢	6J22 丝
700	粘贴	高温合金(GA30)	铁铬铝丝
800	粘贴	高温合金(GH37)	铁铬铝丝

目前,我国已研制出用于-100 ℃和-200 ℃的两种低温应变片。丝材以卡玛和铁铬铝合金较好;基底和黏结剂,前者用JSF-2胶,后者用J-06-2胶及浸胶玻璃布。在低温范围内,应变片基本实现自补偿。

选择高(低)温应变片用的黏结剂也很重要。要求在使用温度范围内有足够的黏结强度和韧性,能准确传递应变,易于涂刷,储存期长。高(低)温应变片的主要黏结剂性能。

表 3-6 高(低)温应变片的主要黏结剂性能

序号	名称牌号	大致成分	最低固化条件	使用温度范围/℃
1	酚醛-聚乙烯醇缩丁醛	酚醛聚乙烯醇乙醇溶剂	140~180 ℃,2 h	-100~+150
2	酚醛-缩醛-有机硅黏结剂204胶烯醇		180 ℃,2 h	-50~+200 短时250-300
3	酚醛环氧胶J-06-2	酚醛、环氧、石棉或云母粉、丁酮溶剂	150~250 ℃,2 h	-200~-250
4	聚酰亚胺J-25胶	聚酰亚胺、环氧树脂等	350 ℃,1 h	≤+350

续表

序号	名称牌号	大致成分	最低固化条件	使用温度范围/℃
5	有机硅黏结剂 J-26 胶	有机硅树脂等	400 ℃	+40～+450
6	有机硅黏结剂 F18	有机硅树脂、SiO_2、磷酸锌等	400 ℃,4 h	-50～+400
7	有机硅黏结剂 D19	有机硅树脂、SiO_2、石棉粉等	300 ℃,3 h	-50～+450
8	GJ-14 胶	磷酸二氢铝、二氧化硅、氧化铝、CrO_3	400 ℃,1 h	+500(～+700)

　　高(低)温应变测量中,对导线的选择及连接也应给予足够的重视。要求导线材料的电阻率低,电阻温度系数小面且均匀性好,在高温下不氧化,有足够的强度和柔性,焊接性好,便宜。

　　低温测量导线材料一般用聚酰亚胺或氟塑料包覆的铜导线,可用于 -196～+250 ℃。温度再高,可采用浸有有机硅树脂的玻璃丝布包覆的康铜线,耐温度可达 350～400 ℃;如用瓷管或石英管绝缘,用直径为 0.4～0.6 mm 的镍铬丝、卡玛丝或铁铬铝丝作为栅丝,耐热可达 800～900 ℃,但电阻率较高。

　　为消除导线由于温度变化产生的热输出,对于导线的连接方法应加以注意。如采用补偿片,导线应采用对称连接,以使测量片和补偿片导线的热输出自行抵消。如用温度自补偿片,可用三线接法。

第4章 飞行器结构静力试验

4.1 概 述

静力试验技术,是用试验的方法观察和研究结构或构件在静载荷作用下的强度、刚度、稳定性,以及应力、变形分布情况的一门实用工程学科。飞行器结构静力试验,就是在实验室的条件下,用试验装置再现飞行器承受的载荷及其边界条件,观测和研究飞行器结构产生的弹性变形、永久变形,结构中的应力分布规律和结构的最大承载能力的。它不仅是验证结构形式的合理性和结构静力分析正确性的重要手段,而且为建立新的分析模型和结构分析理论提供了试验依据,为研制新型飞行器结构积累了设计资料,在改进结构设计降低结构质量与提高产品可靠性等方面均起着重大作用。

本节介绍飞行器结构静力试验的任务、分类、基本内容、工作程序等方法。

4.1.1 飞行器结构静力试验的任务

试验与理论分析是解决结构强度问题的两种不同途径。理论必须以试验为基础,一个新的理论计算方法的提出,必须以试验为前提,其计算所得的结果,又要经过试验加以验证。同样,试验必须由理论指导,在制定试验方案和分析试验结果时,必须以理论为依据。在实际工作中,只能在简化和假设的条件下拟定计算模型,其所得结果是近似解,必须通过试验加以验证。在飞行器结构设计中,新结构、新材料、新工艺的不断出现,使得强度分析工作日趋复杂、困难,往往需要在理论计算之前即进行强度试验,以提供计算假设和拟定计算模型所需的参数,而在强度计算之后,又需进行强度试验加以验证。

实践证明,在飞行器设计过程中,只有通过对静力试验结果的分析,才能决定结构的形式及基本尺寸。因此,可以说,静力试验技术在解决强度问题方面,有其独特的作用。它不仅对理论分析有贡献,而且能有效地解决许多理论分析所不能解决的实际工程问题,因而不可能被理论分析所代替。

飞行器结构既要求有足够的强度、刚度和稳定性,也要求结构质量小。因此,设计时结构的强度、刚度问题更为突出。此外,从安全与经济角度考虑,对飞行器的可靠性要求高,因此,要经过一系列的结构强度试验(包括静、动、热、疲劳、断裂等试验),才允许进行飞行试验。静力试验不局限于保证静强度以有助于结构静力分析,而且还是研究动、热、疲劳、断裂等强度的基础。

总而言之,飞行器结构静力试验的任务主要是解决下列问题:

(1)在设计过程中,测定模型中的应力和变形,根据测定的结果来选择零部件最合理的尺寸和结构形式。

(2)测定真实结构中零部件的应力状态,找出最大应力的位置,从而评定产品结构的可靠性,并为提高产品的承载能力提供了科学依据。

(3)对破坏或失效的产品进行结构分析,提出改进措施,防止类似的破坏或失效现象再次出现。

(4)对产品的新工艺、新材料、新结构的应用进行考核。分析新工艺、新材料能否达到设计要求。对于成熟的工艺方法,在成批生产中进行抽检,判断产品能否交付使用。

(5)对理论计算进行校核,并从试验中探索规律,为创造新的理论计算方法提供试验依据。

4.1.2　飞行器结构静力试验的分类

飞行器结构静力试验可以从不同的角度进行分类:

(1)按试验载荷分类。按照设计的强度原则,静力试验一般分为以下三类:

1)使用载荷试验。最大试验载荷为使用载荷,卸载后,结构不产生残余变形。该种试验可使试验件反复受载,从而进行多次性能测量和分析。

2)设计载荷试验。最大试验载荷为设计载荷,用以考察结构在设计载荷作用下强度是否满足设计要求,并通过性能测量分析其实际受载情况。

3)破坏载荷试验。通过试验确定发生总体破坏的最大载荷及结构的剩余强度系数值。

(2)按试验对象的类型分类。

1)全尺寸试验,也称 1∶1 的试验。采用真实弹(箭)结构的零部件或组合件作为试验对象。在正确的试验条件下,全尺寸试验可对弹(箭)结构设计的合理性、强度计算的准确性进行考核,并对制造工艺质量给予评价,也是判断结构强度的最可靠的依据。

2)模型(或缩比)试验。其试验对象通常选用廉价的并易于加工的材料,运用相似理论,选取适当的几何尺寸、典型化的结构形式。这类试验具有经济、周期短等优点,多用于研究工作及实物试验难以实现的情况。

3)结构元件试验。从方便理论分析着眼,选取试验件的结构形式、几何尺寸和材料。可将模拟研究的参数,人为地予以改变,以便于将理论分析和试验结果加以比较。

(3)按试验的目的分类。

1)研究性试验。其目的是测定结构的承载特性(如强度、刚度、稳定性等),为建立和验证理论假设、计算方法提供必要的依据,并从强度的观点对结构形式、工艺水平等给予评价。

2)鉴定性试验。通过对正在研制的新产品进行结构静力试验,研究其设计的可行性。

3)验收性试验。其主要用于弹(箭)批生产的抽样试验,对结构材料、工艺、生产技术水平等因素作全面考核,以控制产品质量。

(4)按试验载荷的类型分类:①分布载荷试验。②单一载荷试验。③组合载荷试验。

4.1.3　航天器结构静力试验的基本内容

航天器结构静力试验的基本工作通常分为三个阶段,即试验前技术文件(包括试验大纲等)和试验方案的制定阶段,试验技术工作的具体实施阶段以及试验结果的处理分析阶段。而静力试验的基本内容则可概括为三个主要方面,即载荷的简化和实施、边界条件的模拟以及数据采集和处理。

1. 载荷的简化和模拟

实现试验载荷是结构静力试验工作重要的一环。由于产品在存放、运输、发射、飞行等各种状态条件下载荷的复杂性,要给飞行器结构真实、准确地加载(就如同产品受载的情况),通常是不可能的或不必要的。因此,结构试验常常是用比较容易实现且给出的结果是可以接受的载荷来模拟真实载荷,这就要对真实载荷进行必要的简化和模拟。

载荷简化一般指略去那些对强度、刚度和稳定性影响不大的载荷,或将分布载荷简化为集中载荷。载荷简化的原则如下:

(1)保证试验件检验部位(或称危险部位——强度计算结果中剩余系数最小的部位)载荷的真实。例如,翼面上分布的法向空气动力载荷,常用杠杆系统和帆布拉片来模拟,此时需保证翼面根部的弯矩、扭矩及合力中心,杠杆系统的分布也应符合法向空气动力载荷的分布规律。

(2)不致引起非检验部位产生过大的变形或提前破坏。例如,横向载荷在导弹弹身上产生的弯矩是通过在弹身施加横向集中力实现的。传递集中力的加载卡箍应安装在隔框或结构较强处。

(3)从提高可靠性的观点出发,一般按偏于安全、保守考虑。

为了说明上述原则的应用,下面举出一些实际案例。

导弹头部稳定裙 n_{ymax}(最大横向过载)试验情况,其横向气动载荷为图 4-1(a)所示。在整个头部和稳定裙各横截面的下半部受有按余弦分布的气动载荷。由于试验目的是检验头部和稳定裙对接面螺栓及稳定裙壳体的弯曲强度,故将横向气动载荷简化图为 4-1(b)所示形式。其要求是保证头部和稳定裙对接面及稳定裙壳体被检验截面的弯矩符合真实情况,且将 180°按余弦分布的气动载荷简化为 90°的均匀分布气动载荷后,局部加大的气动载荷不能引起壳体的局部破坏。

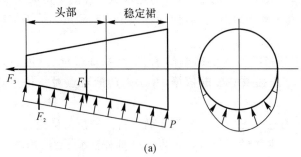

(a)

图 4-1　头部稳定裙 n_{ymax} 情况试验载荷

(a)简化前

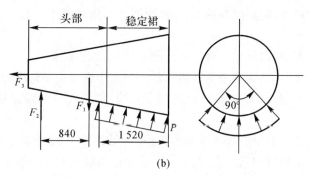

(b)

续图 4-1　头部稳定裙 n_{ymax} 情况试验载荷

(b)简化后

2. 边界条件的模拟

边界条件系指结构边界(或端部)的支持、连接和运动自由度的约束,即指试验件真实内力和外力之间的联系条件。边界条件的模拟包括边界(或端部)、对接(如连接形式、所用材料及尺寸大小)载荷传递和刚度的模拟。

连接部位为静不定结构时,模拟支持设备的刚度将影响结构的受力。在这种情况下,对支持设备应进行刚度的模拟,最好使用相应的弹(箭)结构作为边界支持设备。连接部位为静定结构时,其支持设备只要求保证其连接形式和强度要求,不必进行刚度模拟。特殊情况下可用模拟件代替真实的支持设备,但模拟件在几何形状、尺寸、强度和刚度方面应能模拟真实的支持设备。

设计一种边界支持设备,它能将真实的飞行载荷传递给试验件,或者平衡施加于试验件的载荷,要求有相当高的技术和对结构特性及载荷传递有透彻的了解。如果支持设备满足边界对接面的约束条件和刚度要求,它将对试验件提供真实的载荷分布,体现试验件和相应飞行器结构之间的相互作用,并能测得真实的应变、位移等参数。当用边界支持设备不能模拟相应的飞行器结构,从而提供不了真实的应力、位移分布时,应使用相应支持处飞行器结构件作为边界支持设备。

由于试验设备要多次使用,尤其当进行破坏试验时,一般均以试验的最大载荷(如预计的破坏载荷)作为支持设备的使用载荷,并要求在多次重复使用时设备不发生永久变形。因此,边界支持设备比相应的飞行器结构要强得多,其刚度模拟难以实现。为保证产品的可靠性,在设计模拟边界支持设备时,常从安全保守的角度考虑,其结果可能导致试验件承载能力的降低。当进行使用载荷试验或设计载荷试验时,尽可能用相应的飞行器结构作为边界支持设备,或进行部件的组合试验,以保证边界条件的真实性,得到可靠的试验结果。

3. 数据采集和处理

结构静力试验测量的参数主要是载荷、应力(或应变)和位移。

按结构设计所做的试验,一般总是希望在试验结构上再现设计计算方案中的结构应力状态或变形结果,以确定结构设计的强度和安全度,验证强度计算方法的合理性和可靠性。

对试验件上应变、位移测量的位置和级别,在试验任务书中应有明确的规定。应变、位移测量的方法很多,详见 4.2 节。下面仅提出几个值得注意的问题:

（1）制定试验方案时，应同时考虑加载方法、测量方法及所用设备，以便协调试验安装的空间位置，避免相互干扰。

（2）各种参数的测量，最好选用直接测量的方法，以减小误差。

（3）选择测量方法时，其测量精确度应满足任务书中提出的精确度要求。

（4）对理论计算不准（或无计算）区域的测量，选择测量仪器和传感器的量程时，应适当加大，留有余地。

（5）测量级别的多少主要取决于试验的类型、测量目的和试验件的特性。例如，若需从载荷-应变曲线中确定材料的屈服点，则需有足够多的测量级别；再如，若只需要使用载荷或设计载荷下的数据，则测量级别可适当减少。

（6）为了解试验件在整个试验过程中的状况，在试验前、试验中和试验后，应用照相和录像的方法记录试验件在各种载荷下的状况。

4.1.4 结构静力试验的工作程序

结构静力试验的工作程序一般可分为 7 个阶段，其具体的工作流程如图 4-2 所示。

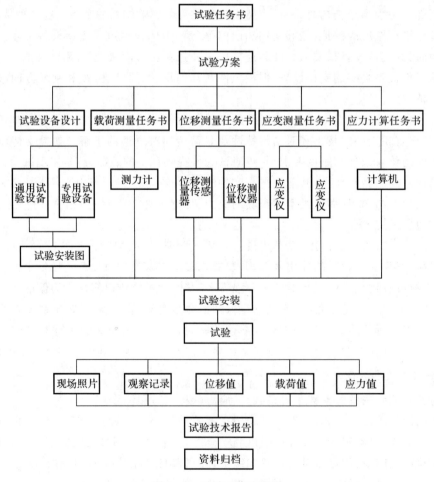

图 4-2 试验工作流程图

4.1.4.1 讨论并会签试验任务书

试验任务书的内容包括试验目的、试验情况、试验次序、试验载荷、边界支持条件、应变和位移测量等。其中,主要讨论试验内容要求的必要性和实现的可能性,重点是讨论试验载荷的简化、模拟及实现方法,边界条件的模拟和应变、位移的测量等问题。

4.1.4.2 制定试验方案

试验方案是实现试验任务书中载荷,边界支持条件及应变、位移测量的基本方案,它综合反映出试验工作进行的全貌,是试验的指令性技术文件,以试验方案简图和必要的文字说明形式完成。制定试验方案必须全面、仔细考虑,充分利用实验室现有试验设备、仪器、传感器的条件,使试验方案具有可靠性、先进性和经济性。

试验方案主要包含载荷的简化和模拟、边界条件的要求与模拟、测量点的布置、加载顺序的确定等内容。

为了说明制定试验方案以实现试验载荷的方法,举例如下:

试验载荷如图 4-1(b) 所示,集中力 F_1 是遥测系统的质量力,分布力 P 是试验件受到的气动力,集中力 F_2 和 F_3 是试验过程中平衡试验件的反力。F_1 和 P 是主动力,要按试验任务书的要求予以保证。

为了实现载荷 F_1 和 P,将头部稳定裙放置在钢托架和放橡皮囊的液压箱上。F_1 由与产品连接的设备框,通过产品打孔穿过拉杆用作动筒加载实现,P 由电动试压泵将水打入皮囊进行加载。试验件在铅垂方向的合力由中支座的支撑反力来平衡,载荷产生的水平分力则通过连接于头部的圆板和调节拉杆来平衡。其载荷实现的具体方案如图 4-3 所示。

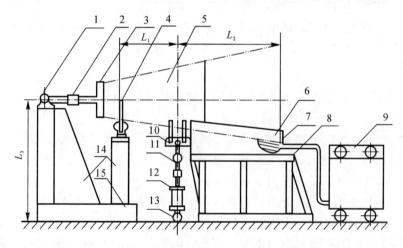

图 4-3 头部稳定裙 n_{ymax} 情况试验方案

1—前支座; 2—调节拉杆; 3—连接板; 4—中支座; 5—试验件; 6—液压箱; 7—橡皮囊; 8—框架; 9—电动试压泵; 10—加载组合件; 11—测力计; 12—作动筒; 13—承力点; 14—铸块; 15—铸块连接座

4.1.4.3 试验设备设计

试验设备可分为通用设备和专用设备两大类。通用设备的设计工作量大,生产周期长,一般在产品的初步设计阶段进行,且应考虑标准化、规格化和通用化。专用设备的设计工作,只能在试验任务书会签后并提供了产品的结构图纸才能进行。由于通用设备是多次重复使用的,与专用设备相比,其精确度要求应适当提高,设计安全系数应适当加大。

4.1.4.4 编写试验技术文件

试验技术文件常用的有载荷测量任务书、位移测量任务书、应变测量任务书、应力计算任务书、试验安装图、载荷记录表、试验指挥口令卡、位移记录表、应变记录表、观察记录表等。

4.1.4.5 试验安装工作和安全措施

试验安装的准备工作包括:检查试验件的供应状态,并进行详细记录;粘贴电阻应变计;进行试验设备的清点、配套和预装。

指导安装工作的技术文件是试验安装图和安装工艺规程。在试验件及试验设备安装完成后,即可安装位移、载荷传感器,并连接测量导线,布置测量设备。由于试验件和试验设备尺寸和质量大,应特别重视技术安全工作,如试验件和设备的起吊、运行,试验件和设备、设备和设备的对接,试验件破坏时零件碎片的飞出等,都是容易出现安全问题的地方,应有相应的安全措施,以保证人员、试验件、仪器设备的安全。

4.1.4.6 试验组织

1. 预备性试验

一般正式试验前均需做预备性试验,其目的是:①检查试验设备及测量仪器、传感器的工作状况是否正常;②消除试验件与设备、设备与设备之间的间隙;③对测量数据进行初步分析。

预备性试验的程序同正式试验一样,只是加载、测量级别较少,一般预备性试验的最大载荷为设计载荷的 30%~40%。根据需要,预备性试验可重复进行。

2. 正式试验

正式试验必须在检查分析各系统工作均正常的情况下进行。下面讨论正式试验中的几个问题:

(1)分级加载。为便于测量和观察,应分级加载,一般每级载荷不超过设计载荷的20%;在到达设计载荷后接近破坏载荷时,载荷分级应适当减小(如 5%~10%的设计载荷为一级),以便准确地确定试验件的破坏载荷值。

(2)单调、缓慢加载。结构静力试验对载荷的要求是随时保持试验件的受力处于静平衡状态。因此,加载应缓慢进行,在加载过程中各加载点应按比例协调。为减小测量误差,加、卸载应单调进行,试验载荷到达后,不应上下反复调整。由于载荷在传递过程中存在着滞后效应,在载荷稳定后,才能进行应变、位移测量。

(3)根据试验中试验件的变形情况,应随时观察并记录试验件的变形及响声,拍摄现场照片,或对整个试验过程照相和录像,以便详细记录试验件变形的全部过程。

4.1.4.7 编写试验技术报告

试验技术报告是试验单位向设计单位提供的静力试验结果的正式文件,内容包括试验目的,试验载荷和边界支持条件的实现方法,载荷、应变、位移测量所用的仪器、传感器及其精确度,试验载荷,试验件变形及破坏的状况,分析和给出试验获得的主要数据、现场照片以及绘制的有关试验曲线,提出简短的结论,等等。下面讨论几个有关的问题。

(1)试验件的破坏载荷。当用电阻式测力计测量载荷时,是通过同测力计配套的二次仪表(如应变仪或数字电压表)指示的应变来控制加载的,试验件破坏时,得到的也是从二次仪表上读得的应变值。将该值代入测力计的载荷-应变换算公式,得到相应的载荷值,再将该值加上(或减去)设备重力,即为试验件的实际破坏载荷。

(2)试验数据的修正。在计算载荷时,若试验设备质量较大,则设备重力不能忽略。在试验安装后,该设备重力已作用于试验件上,而测量数据是在正式试验时才进行的。因此,在正式试验中,测量的应变、位移各级数据中均未包括设备质量作用的结果。为便于数据的处理和修正,在试验的第一级载荷中,应包含设备重力,实加载荷较小,其结果反映在载荷-应变、载荷-位移曲线不过零点。这些曲线在横坐标轴(载荷)上的截距代表设备重力,曲线向左延长,在纵坐标轴(应变或位移)上的截距代表设备重力对应的应变值或位移值(见图4-4)。所谓试验数据的修正,就是指在各级载荷下测量的应变、位移数据中,均应加入设备重力引起的应变或位移值。

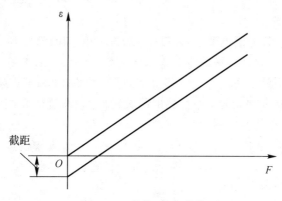

图 4-4　载荷-应变曲线

(3)试验应力计算。在试验中,一般通过传感器测量的都是应变值,需要通过有关公式计算应力。

(4)试验数据处理和曲线绘制。静力试验在大多数情况下只进行一次,数据处理主要是根据已知规律(如胡克定律)和误差分析确定数据的取舍。

试验曲线一般包括两种类型:一是载荷-应变曲线和载荷-位移曲线,绘制这种曲线可以判断试验件的屈服载荷和得到应变、位移的修正值;二是应力曲线和变形曲线,这种曲线用作试验结果分析,主要是了解试验件某些截面或零构件上的应力或变形分布,以便同理论计算结果进行比较。

(5)试验结果、结论及相关讨论。试验技术报告除阐述试验是如何做的以及获得的试验结果外,还应对试验结果进行详细的分析并提出相应的改进建议。至于对试验件下强度结论(如合格或不合格),则应全面分析结构设计、生产工艺等因素,同设计单位、生产单位共同讨论确定。如果制定了强度规范,规范中有明确的验收合格标准,那么验收单位可根据强度规范中规定的验收标准,在试验技术报告中给出强度结论。

4.2　静力试验测量技术

在静力试验中位移的测量也是一个重要内容,线位移测量是最基本的测量,也是本节将要介绍的主要方面。

位移测量与载荷测量类似,通过位移传感器将非电量的位移转换成电量,再由各种测记仪表对这种电量进行测量,得到相应的位移量。位移传感器是位移测设中的关键部分,按其敏感元件分类可分为电阻应变式、可变电阻式、电感式、电容式等,其中电阻应变式和电感式在静力试验中应用较多,效果较好。

4.2.1　电阻应变式位移传感器

1. 工作原理及结构

电阻应变式位移传感器也是利用弹性元件和粘贴在其上的转换元件——电阻应变计将被测位移量转为电量。其按弹性元件结构分为单弹性元件结构(见图 4-5)和组合弹性元件结构(见图 4-6)两种。

位移传感器弹性元件的刚度要小,以减小对试验件附加的测量力。另外,弹性元件都有较大变形,如图 4-5 所示结构,弹性体上端位移达 25 mm。一般材料力学中所用的小变形计算公式在有些情况下就不适用了。位移 Δ 与应变之间的非线性比较明显。因此满足位移传感器的线性度指标设计成为位移传感器的关键问题,通过研究试验和选取适当形式的弹性元件,以达到高的线性度。图 4-5 就是一个线性度很高(非线性误差<0.3%),灵敏度也很高(高于 3 mV/V)的弹性元件结构。而图 4-6 的结构线性度就差一些,在灵敏度 1~2 mV/V 内,非线性误差达 0.5%。但通过改变悬臂梁的形状(如由直梁变成折线形梁)可达到如图 4-5 所示结构的指标。

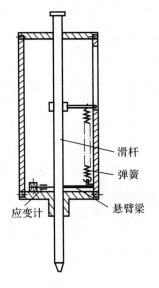

图 4-5　单弹性元件结构

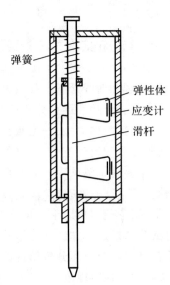

图 4-6　组合弹性元件结构

2. 设计与计算

(1)单弹性元件。单弹性元件结构通常采用 Π 形、Ω 形及双 Ω 形,如图 4 - 7 所示。

1)Π 形弹性元件。由于这种弹性元件多是用厚度为 0.3~0.5 mm 的薄金属片制成的,其刚度比较小,支撑的约束作用较弱。为了便于分析,将 Π 形弹性元件简化成受纯弯曲的简支梁,其力学模型如图 4 - 8(a)所示。

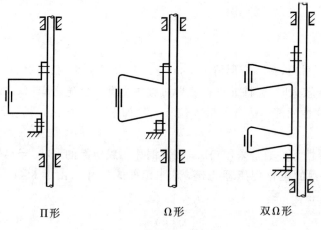

Π形　　　　　Ω形　　　　　双Ω形

图 4 - 7　单弹性元件简图

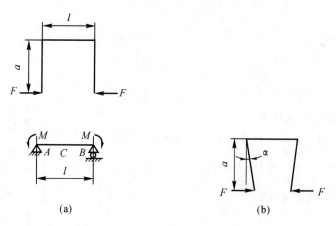

(a)　　　　　　　　　　(b)

图 4 - 8　Π、Ω 形弹性元件力学模型

由材料力学知,B 点的转角

$$\theta_B = \frac{Ml}{2EI}$$

式中:M 为力矩,Pa;l 为应变梁长度;E 为弹性模量;I 为截面惯性矩。

当位移 Δ 较小时,有

$$\frac{\Delta}{2} = \theta_B a$$

$$\Delta = \frac{Fa^2 l}{EI} = \frac{12Fa^2 l}{Ebh^3}$$

$$F = \frac{Ebh^3}{12a^2l}\Delta \qquad\qquad (4-1)$$

式中:b 为弹性元件宽度;h 为弹性元件的厚度;F 为位移传感器的测量力。

弹性元件粘贴应变计的应变为

$$\varepsilon = \frac{\sigma}{E} = \frac{6Pa}{Ebh^2} \qquad\qquad (4-2)$$

将式(4-1)代入式(4-2)得

$$\varepsilon = \frac{h}{2la}\Delta \qquad\qquad (4-3)$$

从式(4-3)可看出,在小变形情况下,ε 与 Δ 呈线性关系,仅与弹性元件的几何尺寸有关。但是当位移 Δ 较大时,弹性元件在变形过程中力臂 a 也随之变化,这就破坏了上述线性关系。因此 Π 形弹性元件不适合测量大位移,设计成 $5 \sim 10$ mm 量程的位移传感器较为理想。

Π 形及 Ω 形弹性元件通常采用 QBe_2 铍青铜片制成所需的形状,经热处理定形后即可使用。以 10 mm 量程的位移传感器为例,弹性元件的尺寸为:$a = 35$ mm,$l = 25$ mm,$b = 10$ mm,$h = 0.3$ mm。

由式(4-3)得

$$\varepsilon = \frac{h}{2la}\Delta = 1\ 714 \times 10^{-6}$$

由式(4-1)得

$$F = \frac{Ebh^3}{12a^2l}\Delta = 0.96 \text{ N}$$

此计算结果与实测的应变值 $1\ 660 \times 10^{-6}$ 比较接近,作为设计计算精度是足够的。

2)Ω 形弹性元件。Ω 形的计算与 Π 形基本相同,只是力臂 a 与应变梁成 $90° - \alpha$ 角。当 Δ 比较小时,有 $\frac{\Delta}{2} = \theta_B a\cos\alpha$。

与 Π 形元件相似,可推得

$$F = \frac{Ebh^3}{12a^2l\cos^2\theta}\Delta$$

$$\varepsilon = \frac{h}{2la\cos\theta}\Delta$$

双 Ω 形弹性元件可按 Ω 形进行计算,只是 Δ 取总位移的一半。此种结构的弹性元件可制成 25 mm 量程的位移传感器。

3) 组合弹性元件。组合弹性元件是由两个线性弹性元件——拉伸弹簧和悬臂梁串联而成的,如图 4-9 所示。

当测量杆产生位移时,带动拉伸弹簧使悬臂梁产生弯

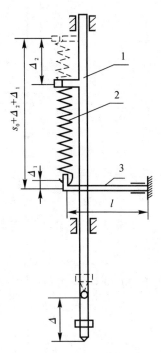

图 4-9　组合弹性元件简图

1— 测量杆;　2— 弹簧;　3— 悬臂梁

曲变形,悬臂梁根部的弯曲应变与测量杆的位移呈线性关系。

从图 4-9 可看出,测量杆的位移 Δ 包括悬臂梁端部位移 Δ_1 和弹簧货伸长 Δ_2,即

$$\Delta = \Delta_1 + \Delta_2 \tag{4-4}$$

由材料力学知

$$\Delta_1 = \frac{Fl^3}{3EI} = \frac{4Fl^3}{Ebh^3} \tag{4-5}$$

$$\Delta_2 = \frac{8FnD^3}{Gd^4} \tag{4-6}$$

式中: l 为悬臂梁长度; h 为悬臂梁厚度; b 为悬臂梁宽度; E 为悬臂梁材料的弹性模量; F 为使弹簧、悬臂梁产生 Δ_1、Δ_2 的拉力; n 为弹簧圈数; D 为弹簧直径; d 为弹簧丝直径; G 为弹簧剪切模量。

将式(4-5)、式(4-6)代入式(4-4),得

$$\Delta = \left(\frac{4Fl^3}{Ebh^3} + \frac{8FnD^3}{Gd^4}\right)F \tag{4-7}$$

设悬臂梁 F 力作用点到粘贴应变片位置的距离为 a,则

$$F = \frac{bh^2}{6a}E\varepsilon \tag{4-8}$$

将式(4-8)代入式(4-7),得

$$\Delta = \left(\frac{2l^3}{3ah} + \frac{4nbh^2b^3E}{3aGd^4}\right)\varepsilon \tag{4-9}$$

从式(4-9)可看出,测量杆位移 Δ 与悬臂梁根部应变 ε 呈线性关系,其比例系数大小与弹性元件的尺寸和材料性能有关,此种结构的弹性元件可制成 $50 \sim 100$ mm 量程的位移传感器。

3. 输出标准化补偿

由于位移传感器的弹性元件多采用弹簧片或铍青铜片制成,其几何尺寸公差较大,应变计的粘贴位置也不可能完全一致,应变计灵敏系数也有差异等一系列原因,同一结构和规格的位移传感器的实际输出灵敏度不完全一致。这给位移传感器的互换性实现和配用仪器选择带来了困难,特别是几十个位移传感器配用一台仪器时更是如此。因此有必要使同一型号和规格的位移传感器有一致的标准化输出,通常取 1 mV/V、1.5 mV/V,2 mV/V、2.5 mV/V、3 mV/V 或 200 $\mu\varepsilon$/mm、500 $\mu\varepsilon$/mm、1 000 $\mu\varepsilon$/mm,其公差由位移传感器的精确度等级而定。

此项工作在校准时进行,根据校准结果选配高精确度电阻,将两个电阻分别串联在电桥的输入端。

为保证每个传感器都进行输出标准化补偿,设计的灵敏度必须比标准的高 15%。

4.2.2　位移测量支架

位移测量支架是静力试验位移测量的基准,位移传感器安装在位移测量支架上,此支架的刚度直接影响位移测量的精确度。因此设计一个结构合理、组装方便、刚度较大的位移测

量支架是十分重要的。

结构静力试验种类繁多,要求测量的位置也各不相同。例如:有集中也有分散;有分布在一个截面上,也有分布在几个截面上;有在地面上,也有在 15 m 以上的空中;测量点少则几个,多则几十个;等等。因此位移测量支架必须具备通用、灵活(可随时移动或增加测量点)、可靠等特点。根据上述要求设计制作一套位移测量支架,支架以立柱为基础,由主杆、支杆、固定夹头、转向夹头、转向夹套、传感器安装杆及夹头等组装而成,如图4-10 所示。

立柱通常固定在试验件附近的承力地板或承力地轨上。

主杆是位移测量支架的主要连接件,可在其上再连接主杆、支杆,也可安装转向夹头,直接装夹位移传感器。它有 $\phi40$ mm $\times 2.5$ mm $\times 4\,000$ mm、$\phi40$ mm $\times 2.5$ mm $\times 2\,000$ mm 和 $\phi30$ mm $\times 2$ mm $\times 2\,000$ mm 等四种规格,均用负公差冷拔钢管制成。

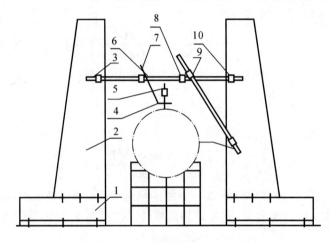

图 4-10　位移测量支架简图

1—底座;　2—斜立柱;　3—主杆;　4—传感器夹头;　5—位移传感器;　6—小转向夹套;
7—传感器安装杆;　8—转向夹头;　9—转向夹套;　10—固定夹套;　11—支杆

支杆是支架的辅助连接件,其作用是增加主杆刚度,也可在其上安装位移传感器。它有 $\phi30$ mm $\times 2$ mm $\times 1\,500$ mm 和 $\phi30$ mm $\times 2$ mm $\times 1\,000$ mm 两种规格。

固定夹头如图4-11 (a)所示,有 $\phi40$ mm 和 $\phi30$ mm 两种规格。用其将主杆或支杆连接在立柱上。

转向夹头如图4-11(b)所示,有 $\phi40$ mm/$\phi40$ mm,$\phi40$ mm/$\phi30$ mm、和 $\phi30$ mm/$\phi30$ mm 三种规格。用其转向连接主杆与支杆,也可套在主杆上直接安装位移传感器。

转向夹套如图4-11(c)所示,有 $\phi40$ mm/$\phi40$ mm、$\phi40$ mm/$\phi30$ mm、$\phi30$ mm/$\phi30$ mm 和 $\phi30$ mm/$\phi15$ mm 四种规格;能按任何角度连接主杆与支杆,并使测位支架构成一封闭系统,位移传感器安装杆由 $\phi5$ mm $\times 1.5$ mm $\times 400$ mm 的钢管制成;其与带有 $\phi8$ mm 夹持孔的传感器夹头相连接,如图4-11(d)所示;与 $\phi30$ mm/ $\phi15$ mm 的转向夹角及转向夹头配用,具有六个自由度,保证任何位置和任何方向的测量点都能正确地安装位移传感器。

在使用中,只要立柱固定牢固,各主杆、支杆的转向夹头与夹套紧固,保证主杆与支杆的刚度,传感器安装杆悬臂小于 300 mm 等,就能取得比较理想的测试结果。

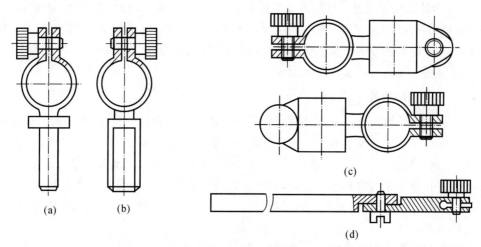

图 4 - 11　夹头、夹套结构图

(a) 固定夹头;　(b) 转向夹头;　(c) 转向夹套;　(d) 传感器夹头

4.2.3　位移传感器的安装

位移传感器结构较为复杂,位移是通过位移传感器的滑杆或其他部件传递到弹性元件上,产生与被测物相同或成比例的位移的。因此,对位移传感器的使用和安装提出了较高的要求。一般位移传感器的安装应遵循下列基本原则:

(1)位移传感器应安装在刚度足够大的固定支架系统上,支架各杆件及连接接头应固定牢靠。

(2)用立柱、主杆、支杆及连接接头组装位移测量支架时,应形成一个封闭结构,使传感器不受其他方向位移的影响,保证测量点的准确。

(3)位移传感器的轴线应与被测位移方向一致,保证传感器滑杆的垂直位置,使之传递的位移准确。

(4)对位移传感器的夹持力要适当,不能影响传感器滑杆的自由移动。

(5)位移传感器的安装应使其滑杆移动方向与被测物位移方向一致,如无法达到时应使传感器的滑杆有足够的预压量,以避免滑杆的触头脱离被测点。但应注意不要使预压量产生超量程或使传感器受损。

4.2.4　位移传感器的校准

电阻应变式位移传感器须经正式校准才能使用。校准的目的是确定位移传感器所感受的位移量和输出量的关系,以及其性能和精度。根据传感器的量程和精度可采用不同的校准设备。通常采用以下三种设备进行校准:

(1)万能工具显微镜。将位移传感器用特制夹具安装在万能工具显微镜的台面上,进行分级校准。一般从额定量程的 10% 开始,在全量程内取 5 个以上的间隔相等的校准点,按校准程序至少反复进行 3 次。万能工具显微镜的精度为可满足一般测试要求。

(2)螺旋测微校正仪。这是一种专门用以检定百分表的仪器,同样也可以用来校准位移传感器,其精度也是 0.01 mm。

(3)平台块规校准装置。将位移传感器用特制夹具安装在平台上,用不同厚度的标准块规使位移传感器感受位移,进行校准。其精度可达到 0.002 mm,可用来校准高精度位移传感器。

根据校准数据就可确定位移传感器的输出灵敏度、非线性、重复性等各项技术指标。详细的指标规定和算法与载荷传感器大致相同。

4.2.5 线位移测量

线位移测量是研究试验件在外载荷作用下弯曲或扭转变形的特性,即结构刚度特性的。刚度是飞行器设计的主要参数之一。这是因为飞行器的刚度不仅包括了各主要承力件的刚度特性,而且还包括它们之间的连接刚度及工艺质量等。此外,刚度对于导弹来说还具有特别的意义。导弹是无人驾驶的飞行器,它的各种飞行姿态是由安装在弹上的控制仪器来实现的,为了保证这些仪器的正常工作,对弹体的刚度提出了比较严格的要求,所以导弹比飞机更注意刚度特性。

下面介绍在静力试验中常用的测量位移的设备及方法。

1. 百分表(千分表)

百分表的构造如图 4-12 所示。它的工作原理是将触头抵在测量点处,顶杆的轴线与被测位移的方向一致,借助弹簧的弹力与试验件顶紧,当试验件受载变形时便推动顶杆一起移动(或借弹簧的弹力推动顶杆与试验件一块移动),顶杆上的齿条推动小齿轮转动,小齿轮推动大齿轮转动,大齿轮又带动指针齿轮和量程齿轮转动,这样顶杆的位移量(即被测点的位移量)就由大指针和量程指针的转动量表示出来了。百分表的顶杆沿轴向移动 1 mm,大指针就转一周,每周等分 100 格,每格即代表顶杆移动 1 mm。大指针转一周就推动量程指计转一格。即量程指针转一格说明顶杆位移为 1%00 mm。百分表的量程常见的有 0~5 mm、0~10 mm 的两种。在更精密的测量中,有时还使用千分表,它的外表与百分表相似,原理相同。安装百分表时应注意使顶杆的轴线方向与测点位移方向一致。

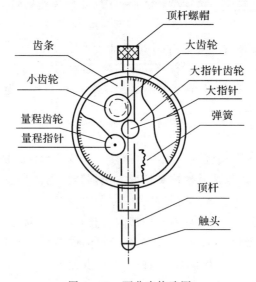

图 4-12 百分表构造图

2. 标杆-水平仪

如图 4 - 13 所示,使用时将水平仪用螺栓固定在专用三脚架上,调节三角架和水平仪的水平调节旋扭,使水平仪处于水平状态。将物镜对准标杆,调焦距直至从望远镜中能清楚地看到标杆上的刻度,这时水平仪中的十字线与标杆刻度重合的部位即为初读数。加载时标杆随同试验件的变形而做铅垂移动,加到指定载荷后,水平仪中的十字线又对准标杆上某一判度值,该值与初始值之差就是被测点的位移值。但应注意有时试验件不仅有弹性变形而且可能伴随有刚性位移,在数据处理时应注意将其消除。例如图 4 - 13 中所示的试验件的支持夹具 A,它的拉(压)变形或相对地基的转角都会影响测量读数,必要时需测这个影响量以便从测量读数中消除。

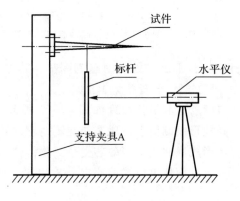

图 4 - 13　标杆-水平仪

3. 线位移传感器

线位移传感器种类很多,这里只介绍比较常用的几种。

(1)电位器式线位移传感器。它有滑线位移式和线绕电位器式两种。前者的结构原理如图 4 - 14(是电阻丝端电压)所示,当拉杆随待测物体往返运动时,电刷在电阻丝上亦往返滑动,从而使输出端输出跟位移量成正比的电压。后者的结构原理如图 4 - 15(是电位器端电压)所示,当电刷连接待测运动物体时,物体位移使输出电压改变,从而输出端输出跟位移成正比的电压 U_o。

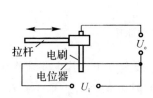

图 4 - 14　滑线位移传感器的结构原理图

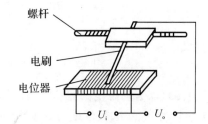

图 4 - 15　线绕电位器式位移传感器的结构原理图

电位器式线位移传感器的优点是结构简单,性能稳定;缺点是分辨率不高,易磨损。其主要性能如下:动态范围为 1～300 mm,线性度为 0.1～0.1%,分辨率为 0.01 μm。

（2）电阻应变计式线位移传感器。其结构原理如图 4-16 所示，其中悬臂梁是等强度的弹性元件。当悬臂梁自由端承受待测物体的作用力 F 而产生位移 δ 时，粘贴在悬臂梁上的应变片产生跟位移 δ 成正比的电阻相变化（$\Delta R/R$），通过桥式检测电路将电阻相对变化转换成电压或电流输出，这样即可检测物体的位移量。

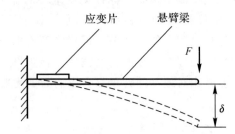

图 4-16　电阻应变主式线位移传感器的结构原理图

这种传感器的优点是精度高，不足之处是动态范围窄。其主要性能如下：动态范围为 $1\sim500$ mm，线性度为 $0.1\%\sim0.5\%$，分辨率为 1 μm。

（3）差动电感式线位移传感器。其结构原理如图 4-17 所示。两个螺管形线圈跟电桥的两臂相连，并对接在同一圆柱形线圈筒上。磁芯能在不锈钢的导向管中自由移动，磁芯与套筒均由导磁材料构成，二者形成磁回路。当磁芯受待测物体位移产生的力作用时，磁芯在导向管中移动使电桥失去平衡，从而使电桥式检测电路输出跟待测物体位移成正比的电压或电流。

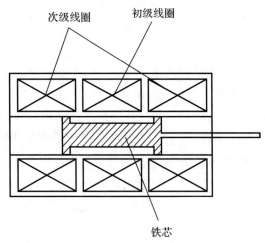

图 4-17　差动电感式线位移传感器的结构原理图

这种传感器有动态范围宽和线性度好等优点，缺点是有残余电压。其主要性能如下，动态范围为 $1\sim200$ mm，线性度为 $0.1\%\sim1\%$，分辨率小于 0.01 μm。

（4）差动变压器式线位移传感器。上述差动电感式线位移传感器是将被测量（位移）转换成线圈自感变化。下面介绍的差动变压器式线位移传感器则是将被测量转换成线圈的互感变化，其结构原理如图 4-18 所示。初级线圈（L_1）由交流电源励磁，交流电的频率称为励磁频率或载波频率。两个次级线圈（L_2、L_3）接成差动式，如图 4-19 所示。它们反向串接，

输出电压 Δe 是两次级线圈感应电压的差值,故称之为差动变压器。当磁芯处于整个线圈中心位置时,两个次级线圈的磁阻相等,由于互感作用,两个次级线圈感应的电压(e_1、e_2)大小相等,相位相反,故输出电压 $\Delta e = e_1 - e_2 = 0$。当磁芯由线圈中心位置向左(负向)移动时,次级线圈上 L_2 的磁路中空气隙减小,故磁路的磁阻减小。由于互感作用,L_2 与初级线圈 L_1 耦合的互感系数增加,L_2 的感应电压增大。同时,L_3 的磁路中空气隙增加,磁路的磁阻增加,L_3 与初级线圈 L_1 耦合的互感系数减小,L_3 的感应电压变小,故输出申电压 $\Delta e = e_1 - e_2 > 0$。同理,当磁芯向右端(正向)移动时,输出电压 $\Delta e = e_1 - e_2 < 0$。输出电压 Δe 的大小在一定范围内跟磁芯的位移呈线性关系。输出电压是交流的,故不能给出磁芯位移的正、负方向。经过放大和相位解调,则可得到正、负极性给出的输出电压,从而给出磁芯位移的正、负方向。

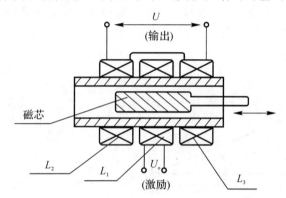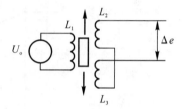

图 4-18　差动变压器式线位移传感器的结构原理图　　图 4-19　差动变压器的电路图

这种传感器分辨率高,线性度好,缺点是有残余电压。其主要性能如下:动态范围为 $1 \sim 1\,000$ mm,线性度为 $0.1\% \sim 0.5\%$,分辨率为 $0.01\ \mu\mathrm{m}$。

4.2.6　角位移测量

1. 激光测转角

角位移也是结构试验中经常被测的参数之一,测量方法很多,这里只简单介绍利用激光测转角的方法。

用激光测量转角,具有下述优点:

(1)测量精度高。一般情况测量转角可达到分"′"级,在试验场地许可的情况下,光臂越长,测量精度越高。

(2)结构简单、镜片安装尺寸小。测转角时,只需在试验件上安装若干个直径为 $10 \sim 20$ mm 的镜片,或直径为 2 mm 的镜片支架,因而受试验件的结构限制较小,所测转角也基本反映"试验件被测剖面"上的转角(如用一般测角仪,因其体积较大,不但在结构上有时不好安装,而且其所测转角也只能反映"一段结构上"的转角)。

(3)测量数值稳定,重复性好

(4)实现了无接触、远距离测量,读数方便迅速。

2. 测量原理

测量原理是根据光学中的反射定律,如图 4-20 所示,在试验件被测剖面上,安装一块反射镜片,在离镜片一定距离 L 处设置一读数屏幕,激光束从 A 点沿镜面法线向镜片入射,照射到 O 点上,反射光束将由 O 点反射到 B 点,因镜面没有转动,反射光束与入射光束之间的夹角为零。

在试验加载后,试验件因受力将在被测剖面上产生一定的转角 α,则镜面及其法线也转动一个角度 α,从而 ON 变到 ON' 的位置。此时,如果激光束仍沿 AO 方向入射,那么反射光束应反射到读数屏幕上的 C 点,反射光束与镜面法线间的夹角亦为 α。故加载后反射光束与加载前反射光束之间的夹角为 2α。从而得到

$$\tan2\alpha = \frac{H}{L}$$

式中:L 为镜面至读数屏幕的距离,在上述情况下,即光臂长度;H 为加载后反射光斑(光束在读数屏幕上的截面叫光斑)至加载前反射光斑的高度差。

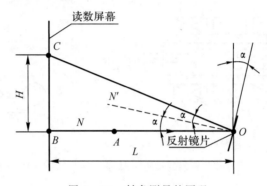

图 4-20 转角测量的原理

可见,只要测量时,读出 H(L 在屏幕位置确定后是定值),便可求得试验件被测剖面的转角 α,即

$$\alpha = \frac{1}{2}\arctan\frac{H}{L}$$

当然,当 L 一定时,α 的大小随 H 的增大而增大;如 α 一定,则 L 越大,H 亦越大,故 H 的放大倍数与 L 有直接关系。L 可根据测量精度的要求和试验场地的大小选取。

现以 $H=2$ mm(此值在屏幕上,肉眼已很容易分辨)为例,对应于不同的 L 值,计算出转角 α,见表 4-1。

由表 4-1 可见,只要试验场地能提供足够的光臂长度 L(如 20 m),则可测出相当精确的转角 α 值($0.17'$)。

表 4-1 计算示例

H/mm	L/mm	$\alpha = \frac{1}{2}\arctan\dfrac{H}{L}$
2	10 000	$0.33'$
2	20 000	$0.17'$
2	30 000	$0.11'$

3. 光学系统

激光测量转角的光学系统,主要由激光源、分光镜(部分反射膜)、反光镜和读数屏幕等组成,如图 4-21 所示。

激光源发射出直线性好、发射角好和亮度适中的激光束,首先投射到分光镜 1 上,分光镜是部分反射(反射的百分比可以根据需要镀膜)部分投射的,分光镜 1 接收到的激光照射后,一部分反射(例如反射 10%)到分光镜 1′上,分光镜则是全反射镜,它即将接收到的光全部反射到读数屏幕上,从而可读出第一个测量点。

从分光镜 1 透射的光束投射到分光镜 2 上,同理,分光镜 2 又反射一部分激光到反射镜 2′,剩余部分透射到分光镜 3,反光镜 2′ 则接收到的激光,全部反映到读数屏幕上,可读出第二个测量点。

依此类推,可读出第 3,4,…,n 个测量点,由于光速甚大(3×10^{10} cm/s),这些反射光束是同时到达屏幕的。

分别读出各测量点在加载以前和加载以后光斑在屏幕上的位置读数,便可求得各测量点光斑的移动高度 H,按上述公式可算出各相应测量点的转角。

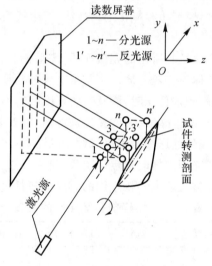

图 4-21　测量转角的光学系统

4.3　典型的结构静力试验

4.3.1　部件静力试验

4.3.1.1　概述

在飞行器结构试验计划中,结构静力试验属于最为基础的试验内容。结构静力试验的工作内容主要包括:制定试验方案,进行载荷简化和边界条件模拟;设计试验支持和加载设备;拟定测量方案;确定试验程序;组织试验和编写试验技术报告。

应当强调,在飞行器结构试验中,特别是导弹、运载火箭[简称弹(箭)]的结构静力试验中,其特点是试验项目多,精度要求高,工作难度大。例如试验载荷类型多,量值大。为了实现大的轴压、弯矩、剪力等集中载荷,承力地轨是难于满足要求的,必须在试验大厅的承力地板上,根据产品尺寸(如直径)和载荷大小,设计承受集中载荷的承力点;为了进行大容器的内压试验,需要设计大的承力坑,以便试验件破坏后储存和排出试验用水;由于载荷类型多,除了飞机试验所用的帆布拉片、杠杆系统等设备外,还要有施加内压、外压集中力等非标准加载设备。对于上述特点,在静力试验厂房的工艺设计中必须予以考虑。常见的有内压试验、外压试验、轴压试验、弯矩试验和剪力试验以及各种载荷不同组合的组合载荷试验。本节将以弹(箭)为例,将这些试验中的典型试验加以介绍。

4.3.1.2　内压和外压试验

弹(箭)受内压和外压的结构部件是很多的,如整流罩、头部、稳定裙、仪器舱、燃料贮箱等。对这些部件在研制、设计和生产过程中均需进行内压或外压的结构试验。

1. 内压试验

内压试验是以气体或液体为充压介质,模拟弹(箭)结构在某种工作状态下内部压力达到最大时的设计情况。如在燃烧剂箱和氧化剂箱加注后,用气瓶增压,使这些封闭结构的内压达到最高额定压力。

(1)充压介质的选择。内压试验所用的充压介质,需要满足试验压力及其精度要求。较大内压的试验,一般都用液体作充压介质。水是最方便、最便宜的液体介质,同气体介质相比,水有如下优点:①在注水和加低压时,能及时发现因密封不好而发生的渗漏;②试验件破坏时,可以直接观察并记录破坏部位;③试验件破坏后,及时卸载,可以防止破坏部位扩大,保留较完整的试验件;④液体的压缩量很小,试验件破坏时,其内的压力随着高压水的喷出而急剧下降,不会出现气体充压破坏时的爆破现象,使用安全。

(2)试验压力的模拟。液体火箭发动机常用的燃烧剂和氧化剂及其密度见表4-2。

表4-2　燃烧剂和氧化剂的密度

燃烧剂或氧化剂	酒精	煤油	硝酸	四氧化二氮	偏二甲肼	液氢	液氧
温度/℃	22	22	22	22	22	−252.7	−183
密度/(g·cm⁻³)	0.79	0.82	1.52	1.44	0.79	0.07	1.14

表4-2表明,液体火箭发动机所用推进剂的密度同水是不一样的,有的接近(如煤油),有的相差很大(如液氢)。对于使用密度同水接近的工作液体的大型结构,如燃烧剂箱和氧化剂箱,将试验件垂直放置,用水为加压介质模拟箱体下底的压力,上底的压力比实际压力高(设水的密度比工作液体稍大),这样偏于安全。对于小容器,如各种导管等,因为尺寸较小,一般都水平放置,静压差很小。以水为介质带来的误差很小,可忽略不计。对于所用推进剂密度同水相差很大的大型结构,如试验件仍垂直放置,并以水为介质进行加载,则误差是很大的,满足不了试验的要求。这时,可将试验件水平放置,以减小静压差。较为精确的方法是研究"加载溶液",模拟工作液体的密度。采用这种方法时,要求"加载溶液"对试验件

不起腐蚀或其他破坏作用,无毒且成本低。

(3)内压试验设备选择及其设计。

1)液压泵的选择。对于小试验件,注水和加压时补充的加压介质少,或者当试验压力大时,宜选用流量小、压力大的电动试压泵;对于大试验件,需要加注、加压介质多,且一般试验压力较小,宜选用流量大、压力小的大液压泵。

2)压力表的选择。为考虑加载中压力的冲击或过载,保证压力表的安全使用,压力表的最大工作压力不得超过压力表额定压力的 70%。为便于测量和记录,宜用压力传感器取代压力表。

3)孔口的设计和密封。对封闭结构进行内压试验时,下列孔口不可少:

a)加注孔:作填充加压介质用,一般孔径应大些,以缩短填充介质的时间。

b)排气孔:作填充加压介质时排出试验件内的空气用。该孔应放在试验件的最高点,以便将试验件内的空气排尽。

c)加压孔:供试验时向试验件内补充加压介质用,位置任意。

d)测压孔:供试验时测量试验件的压力用,位置根据测压点确定。如在测压点安排测压孔有困难,亦可安排在非测压点处,通过换算得到测压点的压力。

e)排出孔:供试验完成后排出试验件内的加压介质用,一般应安排在试验件的最低点,以便将加压介质排尽。

开孔处的密封有两种形式:一为橡胶板制成的密封圈,另一为标准的 O 形密封圈。其密封方法都是将密封圈放入法兰盘的凹槽和口盖的凸台之间,通过紧固螺栓压紧密封。

接管嘴和导管一般均选用标准件。

在试验件内壁测量应变时,需设计引线管,内壁测量导线从引线管引出,导线与引线管之间浇灌环氧树脂,固化后将引线管和导线之间密封。

4)内压试验场地。对于小试验件(如各种导管和小容器),为了安装方便,且无危险,一般可在试验厂房的地面上进行;对于大型试验件(如燃烧剂箱和氧化剂箱),因试验后要排出大量的加压介质,且破坏时整个箱体可能倾倒,为容纳和排除大量的加压介质并考虑到试验人员和仪器、设备的安全,试验应在厂房设有排泄通道的承力坑内进行。

(4)内压试验实例。内压试验的结构件有各种形式,如单一封闭形结构,单一非封闭形结构,共底式双封闭形结构,等等。下面分别介绍箱体结构内压试验的方法。

箱体一般为单一封闭形结构,试验方案如图 2-7 所示,箱体垂直放置,下端与笼形支撑对接,笼形支撑与试验平台连接,试验平台用地轨螺栓固定在承力坑的承力地轨上。为便于试验安装和破坏时的保护,上端亦装上笼形支撑,并采取保护措施,防止破坏时试验件倾倒。

常温下的箱体内压试验,通常用水作为加压介质。如果破坏压力大、容积大、需要充填水多,可选用离心泵加载。

进行箱体内压试验时,上、下底是主要考核对象,除测量应变外,均要求测量上、下底的位移。上、下底受载变形大,且要求测量到破坏,一般用标杆测量,在离试验件较远的安全区用水平仪读数。当需要转向或调整测量位置时,可用滑轮转向,将标杆放到便于测量的位置。

内压试验的加载系统如图 4-22 所示。

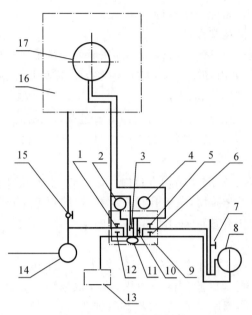

图 4-22　内压加载系统

1—排水阀；　2—管路压力表；　3—增压阀；　4—试验件压力表；　5—回水阀；　6—水泵阀；　7—水阀；

8—加压水泵；　9—水泵加压操纵台；　10—微调阀；　11—蓄压器；　12—调压泵阀；　13—电动试压泵；

14—排水泵；　15—排水闸阀；　16—承力地坑；　17—试验件

进行内压破坏试验时,通常试验件破坏严重,甚至会喷出水,声音很大,因此要特别注意安全,所有参加试验的人员应在远离试验件的安全区工作。尤其在较高压力时,不能靠近试验件观测,而应采用闭路电视和照相机观察和拍摄试验件变形情况。如国外某燃料箱内压试验时,用闭路电视进行观察,由八部照相机拍摄贮箱的周壁、四部照相机拍摄贮箱的箱底。在贮箱周围四个高度上设有跟踪装置,由小型电动机带动照相机沿滑轨移动,照相机可以平移,亦可以倾斜。整个操作均由试验厂房的另一个房间内的操作人员遥控。加压介质的软化水中含有少量的有色染料,每部照相机上都装有不可见光光源,将不可见光和染料颜色相结合就能很明显地显示出任何泄漏,而且这种效应可由照相机镜头上的滤光镜加以放大。

箱体内压试验的破坏部位,大多发生在箱底顶部口盖的焊缝区域,也有少数发生在箱壁壳段上。如箱体下底或下部壳段发生破坏,加压介质从下部流出时,箱体上部内腔会出现真空,可能出现上底凹陷的现象,这不是内压直接造成的破坏结果。试验完成后,从箱体向外排水时,应将上底上的排气孔打开,让空气进入箱体上腔,防止出现真空而造成凹陷,以便保留较完整的试验件。

2. 外压试验

外压试验就是以气体或液体为充压介质,模拟弹(箭)结构在某种工作状态下,承受的外部压力达到最大时的设计情况。外压包括弹(箭)在大气层中飞行时,仪器舱和头部各截锥壳承受气动力形成的外压,弹头返回大气层时承受的气动外压,液体火箭在发射井内发动机点火时产生的井内压力脉冲造成的箭体外压,二级发动机点火喷出的燃气对一级箱体前底造成的外压等。

外压载荷同内压载荷一样,属于分布载荷。因此,实现外压载荷的方法与实现内压载荷的方法类似,如充压介质的选择、气压或液压加载系统及其所用的设备的选择,基本上是相同的,这里不再重复。关于压力分布的模拟,按上述原则进行。下面重点介绍几种不同外压形式的具体实现方法。

(1)壳体侧表面均匀外压试验。稳定裙外压试验是壳体侧表面均匀外压试验的一个实例,试验件小端固定,大端自由,沿整个侧表面受均匀外压,如图 4-23 所示。

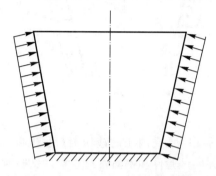

图 4-23　稳定裙侧表面均匀外压试验载荷

实现这种载荷的方法之一是依据试验件的形状和试验压力的大小设计一个液压筒,如图 4-24 所示。

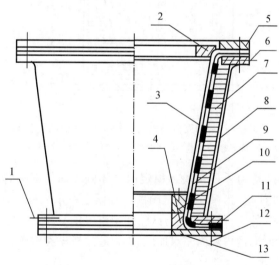

图 4-24　稳定裙侧表面均匀外压试验的液压筒
1—测压管；2—限制环；3—稳定裙；4—过渡环；5—上压板；6—出气管；7—水；
8—钢筒；9—橡皮筒；10—连接环；11—进水管；12—螺钉；13—下压环

钢筒由上、下圆环板和筒壳焊接而成,筒内放一个内径和试验件外径相同并带上、下翻边的橡皮筒,用上、下压环将橡皮筒上、下翻边压紧钢筒上,并用螺栓紧固连接(螺栓间距越小,越易保证密封),使橡皮筒和钢筒之间形成一个封闭的空间。为了方便试验时注水、加压、排气、排水和试验件的压力测量,在钢筒的相应位置应开孔并焊接管嘴。

试验时,试验件装于橡皮筒内,下端与连接环用螺钉连接,上端自由。当向钢筒和橡皮筒构成的空间注水、加压时,橡皮筒紧贴在试验件的整个侧表面上,将其液体压力传递给试验件,实现其载荷。如果试验件的侧表面有孔、大的缝隙、凸凹尖角等,应用油灰或泥填平,防止将橡皮筒割破或加压时橡皮筒因局部拉伸而破坏。

(2)封闭壳体侧表面、底面均匀外压试验。封闭壳体受载如图 4-25 所示。

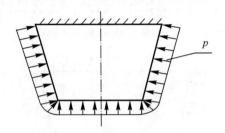

图 4-25 封闭壳体侧表面、底面均匀外压载荷

为了实现这种载荷,设计一个承受内压的液压筒(见图 4-26),试验件装于钢筒内,上端用连接框将试验件压紧,并同试验件和钢筒密封连接。试验时向钢筒内注水,水直接同试验件侧表面和底面接触以实现载荷。

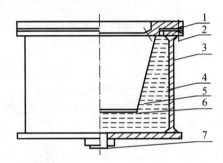

图 4-26 封闭壳体侧表面、底面均匀外压试验装置
1—连接框; 2—螺钉; 3—钢筒; 4—水; 5—试验件; 6—口盖; 7—引线管

(3)壳体侧表面局部均匀外压试验。稳定裙壳体侧表面局部均匀外压试验的载荷如图 4-27 所示,试验装置如图 4-28 所示,将试验件一端固定在承力柱上,呈水平状态,受压侧表面朝下。为实现局部均匀外压,设计一个与试验件受压包角一样大的橡皮囊,橡皮囊放在试验件和木模胎之间。试验时向橡皮囊内充水加压,压力通过橡皮囊传递给试验件。

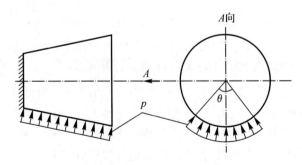

图 4-27 稳定裙侧表面局部均匀外压试验载荷

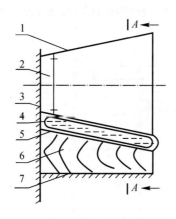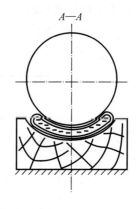

图 4-28　稳定裙侧表面均匀局部外压试验装置

1—试验件；　2—连接板；　3—承力柱；　4—橡皮囊；　5—水；　6—木模胎；　7—立柱

4.3.1.3　轴压、弯矩和集中力试验

轴压、弯矩和集中力试验，在弹（箭）结构静力试验中占有很大的比例，几乎涉及每个部段。这种类型的试验均以集中载荷的形式进行。

集中力加载系统，由拉杆系统、测力计、作动筒、油车（或油源系统）和固定承力设备等组成。拉杆系统包括螺帽、带肩衬套、拉杆、螺套、单耳接头、双耳接头、销子等，若集中力为压力，则系统比较简单，主要由压块、压式测力计、压式作动筒和油车（或油源系统）等组成。

根据试验载荷的大小，集中力加载系统可系列化设计。常用的系列有 10 kN、50 kN、100 kN、250 kN、500 kN、1 000 kN、2 000 kN、3 500 kN。

（1）轴压试验。轴压试验是指加载方向与试验件轴线一致的压缩试验，模拟弹（箭）部段在某种工作状态下轴向压缩载荷最大时的设计情况。轴压载荷由弹体重力、惯性力、发动机推力和气动阻力等引起，各主要部段均有。轴压试验载荷如图 4-29 所示。一般要求在试验件端部沿周向均匀分布。

根据不同的试验对象，实现轴压载荷的方法有以下 3 种：

1）直径较小的圆筒壳、截锥壳或杆、板、支架等的轴压试验，由于这类试验件尺寸小、载荷低，可以在小吨位压力试验机上进行。上、下压板的有效尺寸为 800 mm×800 mm，有效间距为 200～2 000 mm，载荷 100 kN，特别适合缩比模

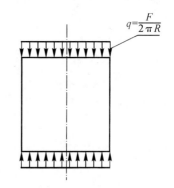

图 4-29　轴压实验载荷

型的试验。这种试验安装简单，能保证轴压沿试验件周向均匀分布，且精确度高。

2）大尺寸封闭结构的轴压试验，如箱体轴压试验，如图 4-30 所示。这种试验需设计专用的加载和支持设备，由于试验件是一个封闭结构，加载系统不能从试验件中心通过，轴压载荷需通过加力帽上的加载梁，用对称的两套集中力加载系统实现，加载梁和加力帽为球头、球窝配合，合力通过加力帽的中心，从而使试验件的轴向压缩载荷沿周向均匀分布。因

此,安装试验件下端的支持设备(笼形支撑、试验平台)的轴线同加载系统两承力点连线的垂直平分线应保证一定的同轴度要求。

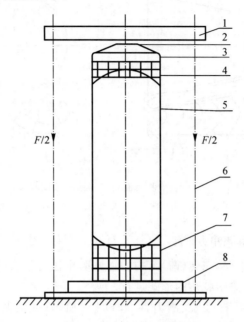

图 4-30 箱体轴压试验装置

1—加载梁； 2—球头、球窝； 3—加力帽； 4—笼形支撑；

5—拉力加载系统； 7—笼形支撑； 8—试验平台

3)壳段轴压试验。实现均匀轴压可以用上述方法,也可以用一套集中力加载系统,上连加力帽的中心孔,下连试验平台的中心孔,如图 4-31 所示。

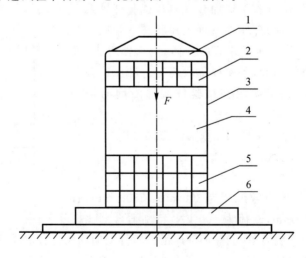

图 4-31 壳段轴压试验装置

1—加力帽； 2—笼形支撑； 3—壳段； 4—拉力加载系统； 5—笼形支撑； 6—试验平台

如果轴压载荷很大,上述两种加载系统可同时使用(见图 4-32)。

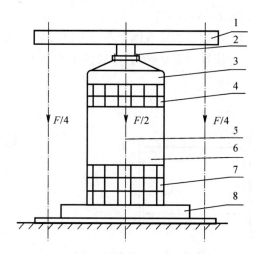

图 4-32　壳段轴压试验货置

1—加载梁；　2—螺钉；　3—加力帽；　4—笼形支撑；　5—拉力加载系统；

6—壳段；　7—笼形支撑；　8—试验平台

(2)弯矩试验。弯矩试验是指载荷使试验件轴线弯曲的纯弯试验,模拟弹(箭)部段在某种工作状态下弯矩载荷最大时的设计情况,如弹(箭)发射后受最大侧向风载引起的弯矩、弹(箭)在托架上运输时受到的弯矩等。弯矩试验的载荷如图 4-33(a)所示。

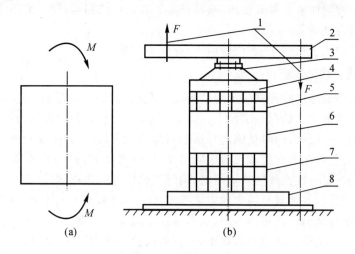

图 4-33　弯矩试验

(a)弯矩试验载荷；　(b)弯矩试验装置

1—拉力加载系统；　2—加载梁；　3—螺钉；　4—加力帽；　5—笼形支撑；

6—试验件；　7—笼形支撑；　8—试验平台

实现弯矩载荷一般有两种方案:

1)试验件呈垂直状态:下端通过笼形支撑、试验平台固定于承力地轨上,上端依次连于笼形支撑、加力帽(或加力帽和加载梁上)。在加力帽两侧耳(或加载梁两端)的对称加载孔上分别连接大小相等、方向相反的加载系统,向下的加载系统与承力点连接,向上的加载系统与龙门架的横梁连接[见图4-33(b)]。

2)试验件呈水平状态:一端通过连接板固定在承力柱或立柱、梁上,另一端连接加载环,在加载环的对称位置上,一边连接拉力系统,另一边连接相等的压力系统或大小相等、方向相反的拉力系统(见图4-34)。

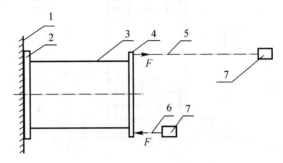

图4-34 弯矩试验装置

1—承力柱; 2—连接板; 3—试验件; 4—加载环; 5—拉力加载系统; 6—压力加载系统; 7—立柱

(3)集中力试验。集中力试验是指对试验件加一个或多个集中载荷的试验,模拟弹(箭)部段在某种工作状态下集中载荷最大的设计情况。如产品在运输和起吊时,支撑点和起吊点作用于产品的集中载荷,发动机的推力以集中力的形式作用于发动机架上,导弹在发射架上,全弹质量由发射架的四个支点支撑,支点给全弹的集中力,等等。

大的集中载荷的加载设备和轴压、弯矩试验的加载系统相同;较小的集中载荷可用手动螺旋加载器或砝码进行。

集中力试验的例子很多,一般比较简单,此处不赘述。

4.3.1.4 组合载荷试验

组合载荷试验是指试验件同时承受两种以上载荷的试验,模拟弹(箭)结构在某种工作状态下受组合载荷的设计情况。实际上:弹(箭)结构都是在各种组合载荷情况下工作的,如头部稳定裙返回大气层时,同时受侧向外压和内部质量力;在飞行中仪器舱同时受轴压和外压;燃烧剂箱和氧化剂箱在发射及飞行中同时受轴压、弯矩和内压;整流罩在大气层内飞行时,同时受轴压和外压,在大气层外飞行时,同时受轴压和内压;等等。

(1)组合载荷试验各种载荷的实现方法见4.3.1.2节和4.3.1.3节,这里仅举出几例:

1)轴、内压组合试验。以箱体为例,试验装置如图4-35所示。

2)轴、外压组合试验。以整流罩双锥壳为例,试验装置如图4-36所示。

3)轴压、弯矩组合试验。实现载荷可采用如下方法:轴压、弯矩载荷分别施加,其试验装置如图4-37所示。以偏心轴压实现轴压、弯矩组合载荷。设轴压为F,弯矩为M,L为加载梁上两加载点间的孔距,则两加载系统的载荷分别为

$$F_1 = \frac{F}{2} - \frac{M}{L}, \quad F_2 = \frac{F}{2} + \frac{M}{L}$$

如$\frac{F}{2} > \frac{M}{L}$,则加载装置如图4-38所示。

如$\frac{F}{2} < \frac{M}{L}$,则加载装置如图4-39所示。

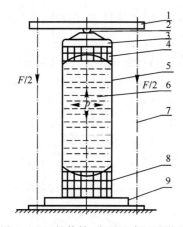

图 4 - 35　箱体轴、内压组合试验装置

1—加载梁；　2—球头、球窝；　3—加力帽；

4—笼形支撑；　5—箱体；　6—水；

7—拉力加载系统；　8—笼形支撑；　9—试验平台

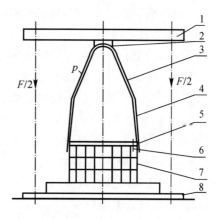

图 4 - 36　整流罩双锥壳轴、外压组合试验装置

1—加载梁；　2—加载块；　3—塑料罩；

4—双锥壳；　5—钢板；　6—抽气口；

7—笼形支撑；　8—试验平台

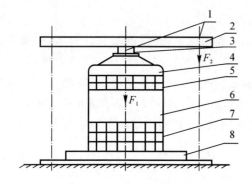

图 4 - 37　轴压、弯矩组合试验装置

1—拉力加载系统；　2—加载梁；　3—螺钉；

4—加力帽；　5—笼形支撑；　6—试验件；

7—笼形支撑；　8—试验平台

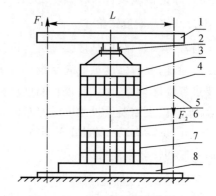

图 4 - 38　偏心轴压试验装置(1)

1—加载梁；　2—螺钉；　3—加力帽；

4—笼形支撑；　5—拉力加载系统；　6—试验件；

7—笼形支撑；　8—试验平台

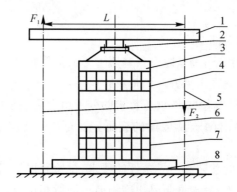

图 4 - 39　偏心轴压试验装置(2)

1—加载梁；　2—螺钉；　3—加力帽；　4—笼形支撑；　5—拉力加载系统；

6—试验件；　7—笼形支撑；　8—试验平台

（2）组合载荷试验同单一载荷试验相比,载荷类型多,试验比较复杂,在试验准备和试验过程中应注意下列问题:

1）载荷多,类型、大小不一,设计加载设备时,应注意设备（包括测量设备）间的协调,避免其相互干扰;在试验加载中,应考虑各载荷间的相互影响及其协调,防止超载,保持试验件受力的平衡。因此,采用多点自动协调加载装置,能较好地满足这一要求。

2）试验加载程序不一:有的要求各类载荷按相同比例逐级增加,直至破坏;有的是先按相同比例增加,加到某一级别后（如使用载荷或设计载荷）,其中一种（或两种）载荷保持不变,其余载荷继续增加,直至破坏;还有的是某一载荷先加到定值（如使用载荷或设计载荷）后保持不变,再逐级加其余载荷,直至破坏;等等。因此,应注意选择应变、位移测量的"零读数"级别,以便于修正测量数据。

3）做好预备性试验,目的在于发现问题（尤其是各载荷间相互影响和协调的问题）,摸索经验,找出规律,以保证正式试验的顺利进行和试验结果的准确、可靠。

4）安全问题。由于试验复杂,试验件的破坏部位有时难以预先确定,应适当扩大试验现场区域,保证试验设备、仪器和人员的安全。

4.3.1.5 刚度试验

通常,弹（箭）结构是按强度进行设计的。在一般情况下,强度满足设计要求,刚度也能满足。但是,有时强度虽能满足设计要求,由于结构变形太大,影响结构的工作性能,这时不但要进行刚度计算,而且要进行刚度试验加以验证。此外,在不少情况下,刚度是难以准确计算的,这就更需要通过刚度试验来测量刚度特性,以判断结构设计是否满足刚度要求。

刚度试验是验证和测量弹（箭）结构刚度特性的试验,如测定结构的影响系数、刚心线、弯曲刚度和扭转刚度等。

刚度试验的方法和所用的设备与强度试验基本相同,只是试验目的和测量内容有些差别。刚度试验着重于测量结构有关部位的变形量（如线位移、转角等）,同强度试验相比,要求测量点多,且测量精确度要求高。下面介绍一个刚度试验的例子。

仪器舱 $n_{x\max}$（轴向过载最大）情况刚度试验:试验载荷如图4-40所示,变形测点布置如图4-41所示。

测量要求如下:

1）A型梁在作用下的局部变形;

2）在载荷 $F_1 \sim F_9$ 作用下,测量陀螺仪基座上平面的转角,隧道管,前、后端框相对地面的垂直位移,以及前、后端框在水平方向的位移;

3）在全部载荷作用下,测量"2)"项所要求的变形值和后端框的局部轴向挠曲变形;

4）按上述要求分别测出随载荷增加的变形,直至加载到使用载荷,并重复进行三次试验。

根据试验任务书规定的载荷和边界条件的要求,试验装置如图4-42所示:仪器舱前端框和燃烧剂箱后过滤段相连;后端框与氧化剂箱前过滤段相连,再将其固定在有足够刚性的支持件上,支持件由固定于地基上的8个千斤顶支撑。燃烧剂箱后过渡段的前端框与加力帽均匀接触。载荷 F 通过连接于加力帽两侧的加载系统实现; F_1 由连接于A型梁上的加载系统实现，$F_2 \sim F_9$ 各载荷由中间的杠杆加载系统实现。

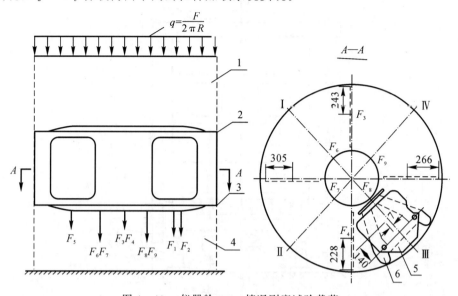

图 4 - 40　仪器舱 $n_{x\max}$ 情况刚度试验载荷

1—后过渡段；　2—前框；　3—后框；　4—前过渡段；　5—陀螺仪基座板；　6—A 型梁

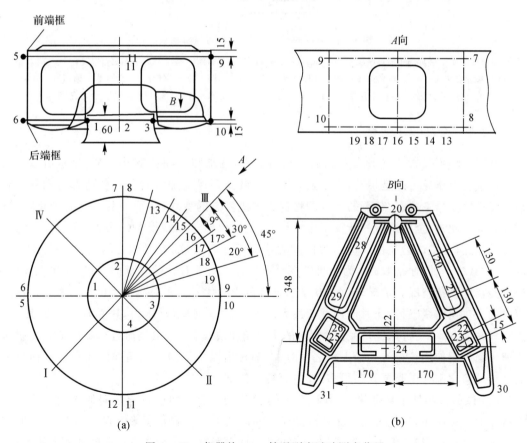

图 4 - 41　仪器舱 $n_{x\max}$ 情况刚度试验测点位置

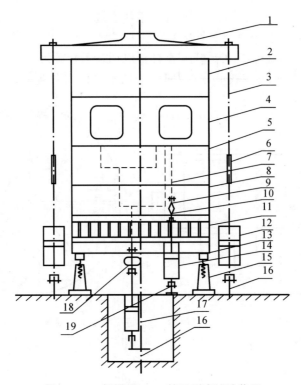

图 4-42　仪器舱 $n_{x\max}$ 情况刚度试验装置

1—加力帽；　2—燃烧剂箱后过渡段；　3—拉力加载系统；　4—仪器舱；　5—氧化剂箱前过渡段；　6—测力棒；
7—A型梁加力系统；　8—短壳；　9—中间杠杆系统；　10—测力计；　11—钢中段；　12—作动筒；　13—钢环；
14—作动筒；　15—千斤顶；　16—承力点；　17—作动筒；　18—测力计；　19—固定支座

4.3.2　全机(弹)试验

全机(弹)静力试验远比部件试验复杂,试验时的加载点往往有几十个,分别由液压动作筒加载。液压源可以是泵站,或由独立油泵供液。要保证加载时各点载荷都协调并不容易。飞机处于悬空状态,载荷的不协调将造成飞机姿态的变化,从而使受力状态变化,影响试验质量。此外,全机试验的计算工作量很大;测试仪器与加载设备的布置、安装工作量也很大。因此,全机试验往往只选一两种试验情况。一般地,陆上飞机在情况 A、A'、B 中选取,并取其中一种(通常取 A)为全机破坏试验项目。对于有特殊要求的飞机,如水上飞机,还可能选取其他情况。情况 A、A'、B 是强度规范中的代号。A 对应于飞机升力系数达最大值时的大攻角曲线飞行,此时使用载荷最大。A' 对应于速压(动压力,其值为 $\rho V^2/2$,其中 ρ 为空气密度,V 为飞行速度)达最大值时的小攻角曲线飞行,使用载荷也达最大值。B 对应于速压最大但使用载荷为其最大值之半时,大偏转副翼角下的小攻角曲线飞行。载荷导弹的全弹试验比部件试验要复杂得多,其主要特点如下:

(1)试验件多处于悬空状态,其在空中的姿态取决于各加载系统之间的协调情况。各加载点的加载顺序,对能否保持试验件处于安装时的平衡位置状态影响很大。因此,在制定试验方案时,应仔细考虑怎样配置加载点对试验件平衡有利。为减少载荷间的相互影响,加载点越少越好。

（2）载荷多，实现和协调载荷困难。加载点多，载荷作用的方向也多。在制定试验方案时应画出详细的加载点协调图，并采用多点自动协调加载装置进行加载。一般不宜各点同时加载，应先加垂直平面内各载荷，随后同时施加水平面内各载荷。先加大载荷，后加小载荷。

（3）同飞机试验类似，实现载荷的方法主要采用帆布拉片和杠杆系统。

全机试验在飞机结构试验中很有代表性。下面分别对试验中的几个主要环节进行简要介绍。

4.3.2.1　分布载荷的演化

作用在飞机上的气动力和结构惯性力，一般以分布载荷形式由设计单位给出。试验中要实现这种分布加载十分困难。通常将它演化成许多集中载荷，通过杠杆系统及胶布带加到试验件上。现以机翼上的气动载荷为例，说明演化过程。

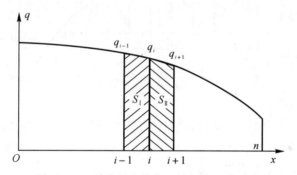

图 4 - 43　单位长度载荷 q 沿长度 X 的分布

图 4 - 43 给出单位长度载荷 q 沿长度 x 的分布。由图可见，当 $\Delta x_i = x_{i+1} - x_i$ 较小时，阴影面积 S_{I}、S_{II} 可近似以梯形面积代替，它们即可代表作用在各面积形心上的力。将它按杠杆比分配到相邻两点上，即得 i 点上的集中载荷为

$$P_i = \frac{1}{6}\left[\Delta x_{i-1}(q_{i-1} + 2q_i) + \Delta x_i(q_{i+1} + 2q_i)\right] \tag{4-10}$$

在端点 O 与 n 处有

$$\left.\begin{aligned}P_i &= \frac{1}{6}\Delta x_0(q_i + 2q_0)\\P_n &= \frac{1}{6}\Delta x_{i-1}(q_{n-i} + 2q_n)\end{aligned}\right\} \tag{4-11}$$

式中：$\Delta x_0 = x_i - x_0 = x_i$，$\Delta x_{n-i} = x_n - x_{n-i}$。

机翼气动力沿展向的分布，设计单位有时给出环量分布曲线 $\overline{\Gamma} - \overline{Z}$，如图 4 - 44 所示，图中 l 为翼展。它与 $q-z$ 曲线的差别仅在于一个常数，故演化计算雷同。先决定切面，即加载点的位置；再按式（4 - 10）、式（4 - 11）求出各切面由 $\overline{\Gamma} - \overline{Z}$ 曲线所分给的面积 S_1；最后定出各切面的载荷分配系数 $k_i = S_i / \sum_{i=1}^{n} S_i$，于是得各切面的集中载荷。

切面的集中载荷：

$$P_i = \frac{1}{2}k_i n_w G \quad (i = 1,2,3,\cdots,n) \tag{4-12}$$

式中：n_w 为试验情况下机翼的过载系数；G 为飞机的飞行重量。

切面1承受的 P_i 还应沿弦向分配，以模拟分布载荷的作用。设计部门给出的弦向分布曲线常以 $\overline{P}-\overline{x}$ 标出，其中 $x = \overline{x}/b$，b 为弦长。演化计算与展向演化相同。

故易得各点的载荷分配系数 $k_j = S_j/\sum S_j$ 及

$$P_{ij} = k_j P_i \tag{4-13}$$

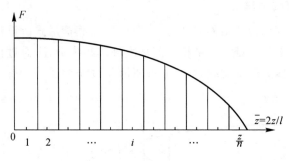

图 4-44　环量分布曲线

在计算 P_{ij} 的同时，还应求出它们合力的作用点（压力中心）、各切面对某一参考坐标系的扭矩。

确定加载点位置时应考虑以下方面：

(1) 要照顾到所有的试验情况；

(2) 蒙皮较薄处，承受集中力的能力较小，点应稠密；

(3) 分布载荷较大（曲线高峰）处，点应稠密；

(4) 根据结构的局部强度和胶布带、胶的承载能力，确定最大载荷值 P_{max}，各点载荷均应小于此值。

一次确定加载点的合理位置比较困难，可先根据各种试验情况下的载荷分布曲线，结合以往的经验，初步试算预定。试算时可用下式：

$$\left. \begin{array}{l} S_i = \overline{\Gamma} \times \Delta \overline{Z_i} \\ S_j = \overline{P_j} \times \Delta \overline{x_j} \end{array} \right\} \tag{4-14}$$

根据试算确定的加载点，再用式(4-10)、式(4-11)求出各点载荷，稍予调整即可。

当分布曲线上出现异常情况时，如曲线有突变，而该处又非加载点（见图4-45上 a 点），可先用式(4-11)第二式求出

$$P_{a1} = \frac{1}{6}(x_a - x_i)(q_i + 2q_{ai})$$

再用式(4-11)第一式求出

$$P_{a2} = \frac{1}{6}(x_{i+1} - x_a)(2q_{ai} + q_{i+1})$$

于是得

$$P_a = P_{a1} + P_{a2}$$

将 P_a 按杠杆比例分配到 i 和 $i+1$ 两点,再叠加上按式(4-10)和式(4-11)算得的该两点载荷即可。又如,曲线上有尖点(见图4-46上 b 点),但它又非加载点,则可按式(4-10)分别求出 P_1、P_b、P_{1+i},再将 P_b 按杠杆比例分配到 i 和 $i+1$ 两点。对于分离面(如中翼和外翼连接面),可按曲线有突变处理。当端点不能加载时可将载荷移到邻近的点上,但应注意力矩的等效,图 4-47 所示为一算例,例中稍端力矩数值较小,允许力矩不等效。

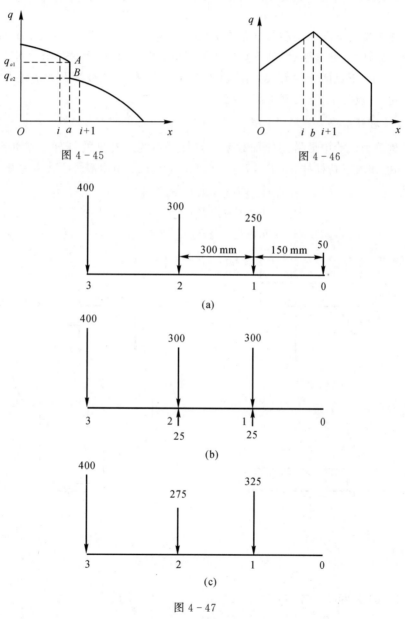

图 4-45   图 4-46

(a)

(b)

(c)

图 4-47

机翼试验任务书中给出的载荷均垂直于翼弦平面。实际飞行时,由于飞机的攻角及机翼初始安装角的存在,机翼上的合力既不垂直于翼弦平面,也非飞机坐标系中的 y 方向,而静力试验中的加载方向以飞机坐标系为准。如攻角和初始安装角均很小,可近似认为合力方向即 y 向。而当攻角很大(如情况 A 时),应将合力沿 x、y 向分解,试验时同时在 x、y 两方向上加载。

显然,加载点分布越密,每点载荷越小,越能模拟真实情况(大型飞机机翼半翼展方向可有 80 个切面,每切面有 30 个加载点)。但为简化试验,加载点宜少。全机试验的主要目的是检验飞机的总强度,点少载大是允许的,但不能造成试验件的局部破坏和总体受力状态的严重失真。

载荷演化中常将下翼面气动与分布质量惯性力在上翼面气动力中扣除,只设计一套向上加载系统。发动机、起落架、燃油等集中质量产生的惯性力,应单独加上。对于高速飞机,在某些攻角下,上、下翼面气动力大小相近,会形成严重的"拉破载荷",此时上、下翼面的气动力均应演化,并设计上、下两套加载系统。

4.3.2.2 杠杆系统

飞机结构静力试验中最常用的加载系统是杠杆系统。常见的杠杆形式如图 4 - 48 所示。图 4 - 48(a) 为三孔杠杆,当 P_A、P_B、l 已知时,P、a、b 易由静力平衡关系确定,即

$$\left. \begin{array}{l} P = P_A + P_B \\ a = P_B l / (P_A + P_B) \\ b = P_A l / (P_A + P_B) \end{array} \right\} \qquad (4-15)$$

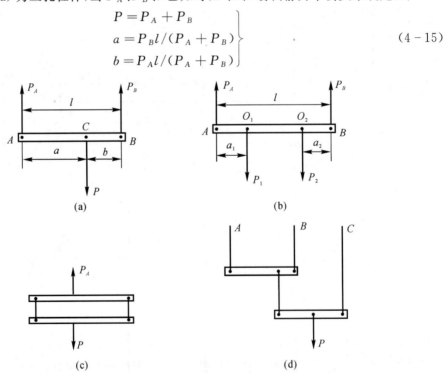

图 4 - 48   常见的杠杆形式

图 4 - 48(b) 为四孔杠杆,当 P_A、P_B、a_1、a_2 已知时,易得

$$\left. \begin{array}{l} P_1 = [P_A(l - a_1) - P_B a_2] / (1 - a_1 - a_2) \\ P_2 = P_A + P_B - P_1 \end{array} \right\} \qquad (4-16)$$

若采用图 4-48(c) 的杠杆对某点加载,则只需保证 $P = P_A$ 并作用在一直线上即可。

三点加载时,若用一根杠杆,则力的分配不能保证(对平面力系而言,将一个力分解为三个平行力是静不定问题,力的分配与刚度有关),应采取图 4-48(d) 的形式。

根据上述原理即可设计加载杠杆系统。首先根据加载点在坐标系的坐标值,求出某两点(欲加载之点)的距离,此即杠杆长度。然后再按静力平衡原理计算欲加载荷的大小及其作用点。例如,图 4—49 的系统可计算如下:

杠杆(一)的长度:

$$l_1 = \sqrt{(x_{12} - x_{11})^2 + (Z_{12} - Z_{11})^2}$$

杠杆(一)的合力作用点:

$$X_{21} = (P_1 X_{11} + P_2 X_{12})/(P_1 + P_2)$$
$$Z_{21} = (P_1 Z_{11} + P_2 Z_{12})/(P_1 + P_2)$$

同理,杠杆(四)的合力作用点:

$$X_{41} = [(P_1 + P_2 + P_3)X_{51} + (P_4 + P_5)X_{22}]/(P_1 + P_2 + P_3 + P_4 + P_5)$$
$$Z_{41} = [(P_1 + P_2 + P_3)Z_{51} + (P_4 + P_5)Z_{22}]/(P_1 + P_2 + P_3 + P_4 + P_5)$$

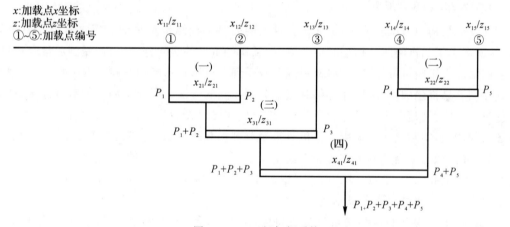

图 4-49　三级杠杆系统

常称(一)(二)为第一级杠杆,(三)为第二级杠杆,(四)为第三级杠杆,实际计算多列表进行。

杠杆系统的设计应注意以下方面:

(1) 通用杠杆和专用杠杆一般可根据其所承受的弯矩值和所需长度,查手册选用或设计(各试验单位通常备有这类资料)。自行设计的特殊杠杆,必须按双支点梁进行强度校核,安全系数应大于 2.5,载荷应取可能遇到的最大值。破坏试验用的杠杆,如不能预先估计出破坏载荷值,则以该情况设计载荷的 1.5 倍为杠杆设计时的使用载荷。

(2) 杠杆两力臂之比不宜超过 1:4,否则工艺误差会对实际载荷产生较大影响。

(3) 大长度、小载荷杠杆,应注意校核其侧向稳定性。

(4) 当集中力与力矩过大时,应改变杠杆的受力情况。例如,采用图 4-50 的方式时,当 $P_A = P_B = P/2$ 且 $a = b = 1/4$ 时,CD 杆在 C 及 D 的力亦为 $P/2$,AB 杆所承受的最大弯矩

为 $Pl/8$,且在杆中间一段弯矩为常数,使材料得以充分利用。如不用 CD 杆,则 AB 受到的最大弯矩为 $Pl/4$。

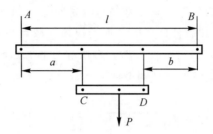

图 4-50　特殊杠杆系统

(5) 计算出杠杆长度后,还应按比例(一般取 $1:5$)画出杠杆系统图以校核计算是否正确、各杠杆之间是否会出现干扰。

(6) 杠杆系统设计时,应充分考虑由于试验件变形而引起杠杆间相互干扰的可能性。例如,在全机试验中,机翼挠度很大,翼尖处可达几米。

4.3.2.3　扣重和配重

在飞机结构静力试验中,施加在试验件上的力是不计结构重量的。但试验件是有重量的,从而产生了扣重问题。扣重时应注意:按试验件重量的实际分布进行,做到尽量合理;所产生的附加力矩应尽可能地小;局部强度不致受到严重影响;计算和安装工作量应小。根据上述原则容易推想到,可采用在各加载点上分别扣除的方法。但此法由于加载点甚多,计算工作量太大,特别是在飞机设计阶段(夹具设计应与飞机设计平行进行),结构的真实重量分布还不很清楚,实际上无法采用。将机身重量分到加载故隔框上扣除、机翼重量分到加载截面上扣除的方法,也因计算工作量庞大而很少采用。目前用得最多的方法是,分部件在杠杆合力作用点上扣除,分单点扣除、两点扣除和多点扣除几种。此法简便易行,计算与安装工作量最小。下面通过例题予以阐述。

[例 4-1]　某机机身结构重量拟在加载点①②③上扣除(见图 4-51)。根据结构重量的理论分布知:①应扣除前部结构及前起落架等结构重量 2 808 kg;②应扣除中部结构及短舱后部、整流罩主体等结构重量 2 773 kg;③应扣除后部结构及尾构架、平尾(试验时垂尾不装)、整流罩后部等结构重量 2 878 kg。故理论扣重为上述三者之和 8 459 kg。实际称重结果为 9 093.2 kg。引入修正系数 $J = 9\ 093.2 \times 2/8\ 459 = 1.075$。

解　从而各点扣重应为

$$G_1 = 2\ 808 \times 1.075 = 3\ 018.5 \text{ kg}$$

$$G_2 = 2\ 773 \times 1.075 = 2\ 981 \text{ kg}$$

$$G_3 = 2\ 878 \times 1.075 = 3\ 094 \text{ kg}$$

上述重量的理论中心 $x'_G = 3.105$ m(33 框向后),而秤重所得实际重心 $x'_G = 3.375$ m,从而产生附加的俯仰力矩

$$\Delta M_z = 9\ 093.2(x_G - x'_G) \approx 2\ 460 \text{ kg} \cdot \text{m}$$

此力矩拟在①③两点平衡之。已知①③在 x 轴上的坐标为:$x_1 = -6.776$ m;$x_3 =$

14.980 m。故得
$$\Delta G_3 = -\Delta G_1 = \Delta M_z/(x_3 - x_1) = 113 \text{ kg(向上)}$$

最后得各点的实际扣重为
$$G_1 = 3\,018.5 \text{ kg} + 113 \text{ kg} = 3\,131.5 \text{ kg}$$
$$G_2 = 2\,981 \text{ kg}$$
$$G_3 = 3\,094 \text{ kg} - 113 \text{ kg} - 2\,981 \text{ kg}$$

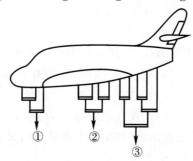

图 4 - 51　某机机身结构

[例 4 - 2]　某机右翼分中外翼和外翼两部分,有关数据如下(重量单位 kg,长度单位 mm):

中外翼重量 3 310 kg,作用点 $x_1 = 388$ mm,$z_1 = 3\,328$ kg

外翼重量 1 764.5 kg,作用点 $x_2 = 4\,937.9$ mm,$z_2 = 9\,891.5$ kg

加载坐标点:①$x_{11} = 325$,　$z_{11} = 3\,445$。

　　　　　　③$x_{33} = 2\,032$,　$z_{33} = 6\,037$。

　　　　　　⑤$x_{55} = 4\,588$,　$z_{55} = 10\,247$。

　　　　　　⑦$x_{77} = 7\,150$,　$z_{77} = 14\,244$。

　　　　　　⑪$x_{1111} = 3\,258$,　$z_{1111} = 7\,857$。

　　　　　　⑬$x_{1313} = 7\,582$,　$z_{1313} = 13\,391$。

实验加载值③$P_2 = 55\,488$,　⑤$P_5 = 53\,764$。

①点接近结构重心,中外翼重量若在①单点扣除,产生的附加力矩较小,重量分配上也比较合理。外翼重量的一半可在上翼面加载点③⑤⑦三点扣除;另一半在下翼面⑪⑬两点扣除。

①点单点扣除,故 $G_1 = 3\,310$ kg。附加力矩为
$$\Delta M_{z1} = 3\,310 \times (0.388 - 0.325) = 208.53 \text{ kg·m(抬头)}$$
$$\Delta M_{x1} = 3\,310 \times (3 \times 445 - 3 \times 328) = 387\,027 \text{ kg·m(左滚)}$$

此两力矩应在指定的加载点上予以平衡。

试验时,③应加载荷为 P_3,⑤为 P_5,合力作用的 e 点向坐标为
$$z_e = (55\,488 \times 6\,037 + 53\,764 \times 10\,247)/(55\,488 + 53\,764) = 8\,108.8 \text{ mm}$$

将扣重 176 4.5/2≈882 kg 分别在 e、⑦两点上扣除,由
$$G_7 + G_e = 882$$
$$G_e \times 8\,108.8 + G_7 \times 14\,244 = 882 \times 9\,819.5$$

得 $G_7 = 246$ kg,$G_e = 636$ kg。再将 G_e 分别代入③⑤两点上扣除。仿照上面做法,易得 $G_3 =$

$323 \text{ kg}, G_6 = 313 \text{ kg}$。

外翼另一半重量由下翼面两点扣除,则有 $G_{11} = 569 \text{ kg}, G_{13} = 313 \text{ kg}$。

由于扣重引起的附加力矩为

$$\Delta M_{z1} = 3 \times (1\,764.5 \times 4.937\,9) - (323 \times 2.032) - (313 \times 4.588) -$$

$$(246 \times 7.150) - 569 \times 3.259) - (313 \times 7.582) = 634.68 \text{ kg} \cdot \text{m} \quad (\text{抬头})$$

$$\Delta M_{xg} = (1\,764.5 \times 9.819\,5) - (323 \times 6.037) - (313 \times 10.247)$$

$$-(246 \times 14.244) - (569 \times 7.857) - (313 \times 13.391) = 3.21 \text{ kg} \cdot \text{m} \quad (\text{右滚})$$

此两力矩亦应在指定的加载点上平衡之。

以上两例说明,扣重方法多种多样,但基本计算方法在于求解平面力系中的平衡方程。单点扣除多用于小型飞机的机翼等。多点扣除时,首先要把静不定问题化为静定问题。可根据外载荷先求出某一或某一些合力作用点(见例 4-2 中 e 点),也可根据理论结构重量来分配[见例(4-1)],还可先定出某一点或几点的扣重值,再计算其他点的扣重值。附加力矩应在指定的加载点上平衡掉。还应注意,扣重只考虑试验时试验件的实际重量,未装的零部件重量不予考虑。

全机静力试验中,杠杆系统的重量很大,不容忽视。杠杆重量的扣除需加配重,因为杠杆的重心往往不与载荷的合力作用点重合,亦即重量与载荷的分布不一致,这将在下一小节中讨论。

4.3.2.4 平衡计算

为保证试验过程中全机处于平衡状态,需进行平衡计算。在给出理论载荷时,往往忽略某些次要因素,故理论载荷不一定平衡。一般地,平衡计算分两步进行:外载平衡计算,并予调整,直至平衡;全机试验安装完毕进行称重(包括杠杆系统)后,再进行实际情况的平衡计算、调整。当外载的不平衡度很小时,可一步完成。现以例说明之。

[例 4-3] 某机在 A 情况下,外载不平衡,$\Delta M_{z1} = 503.656 \text{ kg} \cdot \text{m}$(抬头)。全机称重结果与分部件称重后的理论计算结果存在差异:全机称重 $G = 62\,576 \text{ kg}, x_G = -2.651 \text{ m}$,$z_G = 0.029 \text{ m}$;理论计算 $G' = 59\,220 \text{ kg}, x_G = -2.633 \text{ m}, z_G = 0.048 \text{ m}$。外载不平衡度较小,不做单独处理。扣重计算时系按部件秤重结果进行,故应再次平衡。

引入修正系数 $J = 62\,576/59\,220 = 1.057$,故各加载点原扣重均应放大 J 倍。

不平衡力矩为

$$\Delta M_{z2} = 62\,576(2.633 + 2.651) = 1\,126.368 \text{ kg}(\text{抬头})$$

$$\Delta M_x = 62\,576(0.048 - 0.028) = 1\,188.944 \text{ kg} \cdot \text{m}(\text{左滚})$$

$$\Delta M = \Delta M_{z1} + \Delta M_{z2} = 1\,630.024 \text{ kg} \cdot \text{m}$$

决定在加载点⑯⑲上平衡。因 $x_{16} - x_{19} = 21.746 \text{ m}, \Delta p_{y19} = -\Delta p_{y16} = 1\,630.24/21.746 = 75 \text{ kg}$。

确定在加载点⑪⑫上平衡 ΔM_x。因 $z_{11} - z_{12} = 10.590 \text{ m}$,故 $\Delta p_{y12} = -\Delta p_{y11} = 1\,188.944/10.590 = 112 \text{ kg}$

所选取的平衡加载点一般多在该试验情况下的非试验段上。但应注意,不能造成局部强度不够的情况。

4.3.2.5 材料级别拉伸试验

材料在外力作用下产生变形,微观上其内部各晶粒之间因相对位置的变化而产生互相作用的力,称为内力。随着外力作用的增加,材料内部的内力也在变化,当达到某一极限时,材料发生破坏。这个极限与材料的强度有直接关系。除此之外,材料还有诸多力学指标都需要进行拉伸试验得到。拉伸试验是指在承受轴向拉伸载荷下测定材料特性的试验方法。利用拉伸试验测试得到的材料性能指标是开展其他分析的基础,如弹塑性分析、疲劳分析等。一般来说,在不考虑动态影响时,材料性能参数的测定需要使用进行静载拉伸试验,这是一种准静态的拉伸试验。为保证试验时,材料试验件承受单向拉应力,因此试样需要加工成圆柱样式,本小节所进行的材料拉伸试验根据 GB/T 228.1—2010《金属材料 拉伸试验 第 1 部分 室温试验方法》的规定进行试验件的设计与试验的开展,并对测得的数据进行相对应的处理。

1. 拉伸试样设计

拉伸试样的材料选用铝合金 2A12 - T4,常温下的拉伸试验采用圆柱试样,此牌号铝合金的成分见表 4 - 3。

表 4 - 3　2A12 - T4 铝合金的化学成分

元素	Si	Fe	Cu	Mn	Mg	Zn	Ti	Cr	Ni	Fe+Ni	Al
标准值/%	0.5	0.5	3.8～4.9	0.30～0.9	1.2～1.8	0.3	0.15	—	0.1	0.5	Bal
实际值/%	<0.5	<0.5	4.03	0.59	1.55	<0.3	<0.15	—	<0.1	<0.5	Bal

拉伸试样的具体的尺寸依照 GB/T 228.1—2010《金属材料 拉伸试验 第 1 部分 室温试验方法》的要求进行设计。为防止表面粗糙度过大对试验结果产生影响,试样的设计要求试验件表面粗糙度 Ra 为 0.8 μm,在机加工之后对试验件进行打磨,达到试样表面光滑度要求。试样的尺寸与三维模型如图 4 - 52 所示,拉伸试样标距段尺寸为 $\phi6$ mm×47 mm。

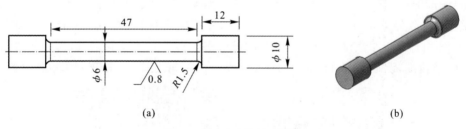

(a)　　　　　　　　　　　　　　　　(b)

图 4 - 52　试验件尺寸信息

(a)拉伸试样几何尺寸;　(b)拉伸试样三维模型轴测图

2. 力学性能指标

(1)屈服强度。在金属材料拉伸的过程中,当应力达到一定数值时,会出现应力微小的增加而应变却急剧增长的现象,称为屈服。屈服强度是金属材料发生屈服现象时的屈服极限,屈服强度代表材料抵抗微量塑性变形的能力,在金属的弹性变形达到极限后,其强度就会发生小范围的波动,塑性变形开始,此点即为屈服点,对应的材料上的应力叫屈服强度。对于无明显屈服现象出现的材料,规定以产生 0.2% 的残余应变量的应力值作为其屈服强度,其表达式为

$$\sigma_s = \sigma_{0.2} = \frac{P_s}{F_0} \qquad (4-17)$$

(2)抗拉强度。金属材料在拉伸过程中经过屈服阶段进入强化阶段,最终会发生拉伸断裂破坏,在拉断前与屈服后的这个阶段中,试样承受的最大应力值为材料的抗拉强度。对于塑性材料,它表征最大均匀塑性变形的抗力,在超出这个拉应力之后,金属材料向局部集中塑性变形过渡。其表达式为

$$\sigma_b = \frac{P_b}{F_0} \qquad (4-18)$$

(3)断面收缩率、延伸率。对于塑性材料,在强化阶段材料应变硬化使材料承载能力变化,此时的塑性变形均匀,应变硬化可以对试样截面减小导致的承载能力弱化做出补偿。在局部应力值达到抗拉强度 σ_b 之后,由于应变硬化跟不上塑性变形的发展,试样局部开始集中变形而产生颈缩现象,直至试样断裂。断面收缩率和延伸率则是材料的塑性指标之一,断面收缩率或延伸率越高,说明材料的塑性性能越好。其表达式分别为

$$\psi = \frac{F_0 - F_1}{F_0} \qquad (4-19)$$

$$\delta = \frac{l_1 - l_0}{l_0} \qquad (4-20)$$

以上各式中:P_s 为屈服点的载荷;P_b 为试样断裂前承受的最大载荷;ψ 为断面收缩率;δ 为延伸率;F_0 为试样(标距段)的原截面积;F_1 为试样拉断后颈缩处的截面积;l_0 为原始标距长度;l_1 为试样断裂后标距段的长度。

3. 拉伸试验数据分析

材料的拉伸试验地点为西北工业大学飞行器结构力学与强度技术国防重点科学实验室,使用 Instron8872 液压伺服疲劳试验机进行准静态加载。拉伸位移、载荷与加载时间等试验数据由试验系统软件采集,软件采集频率为 10 Hz,并额外配备了标距为 25 mm、测量范围为 ±5 mm 的引伸计以采集试样应变。试验的准静态加载方式为位移加载,即使用位移控制试验的拉伸速度,设定上作动缸的位移速度为 2 mm/min。图 4-53 展示了拉伸试验过程。

(a) (b)

图 4-53 试样拉伸过程

(a)拉伸前试样; (b)拉伸试验件装夹

(c)　　　　　　　　　　　(d)

续图 4 - 53　试样拉伸过程
(c)试验件承受拉伸载荷；　(d)试样拉伸断裂

从图 4 - 53(d)可以看出，试样的断裂部位在标距范围内，虽然从图片中没有看出试样出现明显的颈缩现象，但试验后对断面收缩率进行测定，发现试样断面面积还是出现了减小的现象，只是其缩小的程度不足以引发明显的颈缩现象。对试验采集的各项数据进行提取与分析，运用 Origin 软件绘制材料的工程应力-应变曲线，如图 4 - 54 所示。

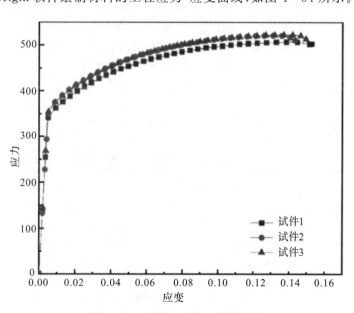

图 4 - 54　试样工程应力-应变曲线

从材料拉伸的工程应力-应变曲线也能看出断裂点离应力极值点不远，因此颈缩现象不明显。查看曲线的特征点可以得到材料的屈服强度、抗拉强度，并对拉伸后的试验件进行断面收缩率与延伸率的计算。三组试验件得到的各力学参数数据见表 4 - 4，对各参数取平均值见表 4 - 4。

表 4 - 4　铝合金 2A12 - T4 静力拉伸力学性能数据

试样	弹性模量/GPa	屈服极限/MPa	抗拉强度/MPa	断面收缩率/%	延伸率/%
1	71.08	353.09	507.48	16.3	13.3
2	71.82	366.92	521.53	15.9	13.1
3	74.98	365.65	523.00	16.8	14.3
均值	72.63	361.89	517.34	16.3	13.6

由表 4 - 4 可知,铝合金 2A12 - T4 的弹性模量均值为 72.63 MPa,屈服极限均值为 361.89 MPa,抗拉强度均值为 517.34 MPa,断面收缩率均值为 16.3%,延伸率均值为 13.6%,其塑性性能良好,材质均匀。

4.4　力矩法与载荷系数法

4.4.1　力矩法

图 4-55 所示为一杠杆 k,其重量 G_3,重心在 g 点。当要求 A、B 两点作用 P_A、P_B 时,其力作用于 o 点,如不计 G_3,则易得 $P = P_A + P_B$,作用于 o 点。如 g 与 o 重合,当计及 G_3 时有 $P = P_A + P_B - G_3$。不幸的是,g 很少与 o 重合,从而产生配平问题。当 P_A 与 P_B 已知时,易得不平衡力矩 $\Delta M = G_3 e$,若在 A 点加一向下配重 $\Delta G_A = \Delta M/a$,则 g 与 o 重合,称为正配重,此时 $P = P_A + P_B - G_3 - \Delta G_A$;若在 B 点加一向上(负)配重(通常需滑轮改变力的方向,故应考虑安装滑轮支架的可能性)$\Delta G_B = \Delta M/b$,g 也与 o 重合,此时 $P = P_A + P_B - G_3 + \Delta G_B$。

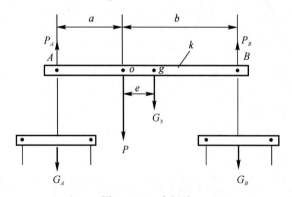

图 4 - 55　力矩法

现以 G_1 与 G_2 分别表示 k 的左、右端所有杠杆和连接件重量,并假定它们已配平,故 G_1 通过 A,G_2 通过 B。先列表求出不平衡力矩(逆时针方向为正),根据 ΔM 的大小和方向,可在 A 或 B 加正或反配重。表4-5中,对杠杆 k 可在 B 加正配重 $\Delta G_B = 375/150 = 2.5 \approx 3$ kg;或在 A 加反配重量 $\Delta G_A = 375/100 = 3.75 \approx 4$ kg。

表 4-5　力矩法配平过程

杠杆号	a mm	b mm	e mm	G_1 mm	G_2 mm	G_3 mm	$\Delta M_1 = G_1 a$ kg·mm	$\Delta M_2 = G_2 b$ kg·mm	$\Delta M_3 = G_3 e$ kg·mm	$\Delta M = \Delta M_1 + \Delta M_2 + \Delta M_3$ kg·mm
k	100	150	25	20	10	5	2 000	−1 500	−125	375
⋮	⋮	⋮	⋮	⋮	⋮	⋮	⋮	⋮	⋮	⋮

上面即为力矩法配平的过程。此法的缺点是,需逐级配平,如杠杆系统级数较多,计算甚为繁复。故一般用于切面杠杆系统的配平计算,因它通常只求其最后一级或两级杠杆的配平。

4.4.2　载荷系数法

图 4-56 所示杠杆 k,重量为 G_k,连接件重量左端为 g_a,右端为 g_b,外载 P_A 与 P_B,则 G_k、g_a、g_b 分到 A、B 的重量分别为

$$G_A = g_a + \frac{b-e}{a+b}G_k$$

$$\zeta_a = \frac{G_A}{P_A}$$

$$G_B = g_b + \frac{a+e}{a+b}G_k$$

$$\zeta_b = \frac{G_B}{P_B}$$

取 ζ_0 为公共值,由

$$\zeta_0 = (G_A + \Delta G_A)/P_A = (G_B + \Delta G_B)/P_B$$

算得

$$\Delta G_A = (\zeta_0 - \zeta_a)P_A$$

$$\Delta G_B = (\zeta_0 - \zeta_b)P_B$$

$$P = (1 - \zeta_0)(P_A + P_B)$$

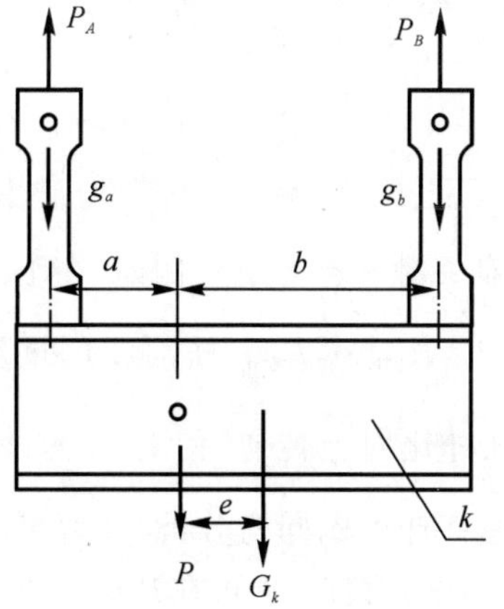

图 4-56　载荷系数法

式中：ΔG_i 为配重，$\zeta_i = G_i/P_i$ 称为载荷系数。当各 ζ_i 均达 ζ_0 时，$G_i + \Delta G_i = \zeta_0 P_i$，即加配重后的重量与载荷分布相同，亦即杠杆连同连接件的重心与合力作用点重合，配平即完成。以上方法称为载荷系数法。

载荷系数法可以毫无困难地用于杠杆系统。

如图 4-57 所示的杠杆系统，加载点为 ①～⑧，$P_1 \sim P_3$ 为各加载点载荷，（一）至（七）为杠杆号，$G_1 \sim G_7$ 为杠杆重量（假定连接件重量可不计），$a_1, b_1, e_1, \cdots, a_7, b_7, e_7$ 为对应杠杆的力臂和偏心距，a 表示航向的前段，e 在合力作用点右侧为正。

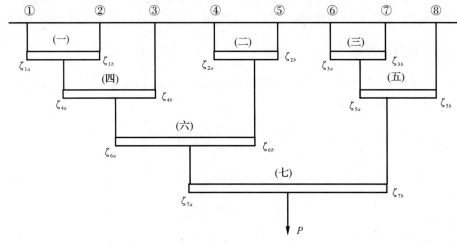

图 4-57　杠杆系统

先求出各杆的 ζ_i，例如，对（一）有

$$G_{1a} = \frac{b_1 - e_1}{a_1 + b_1} G_1, \quad \zeta_{1a} = \frac{b_1 - e_1}{a_1 + b_1} \times \frac{G_1}{P_1}$$

$$G_{1b} = \frac{a_1 + e_1}{a_1 + b_1} G_1, \quad \zeta_{1b} = \frac{a_1 + e_1}{a_1 + b_1} \times \frac{G_1}{P_1}$$

对（四）有

$$G_{4a} = \frac{b_4 - e_4}{a_4 + b_4} G_4, \quad \zeta_{4a} = \frac{b_4 - e_4}{a_4 + b_4} \times \frac{G_4}{P_1 + P_2}$$

$$G_{4b} = \frac{a_4 + e_4}{a_4 + b_4} G_4, \quad \zeta_{4b} = \frac{a_4 + e_4}{a_4 + b_4} + \frac{G_4}{P_3}$$

依此类推。各级杠杆的载荷系数相互影响。例如，在 7a 点，作用的载荷为 $\sum_{i=1}^{5} P_i$，它使 ①～⑤ 点受到的载荷恰好是 $P_1, P_2, \cdots, P_5$。杆（七）的重量 G_7 在 7a 点产生的附加力为 $G_{7a} = \zeta_{7a} \sum_{i=1}^{5} P_i$。此附加力按杠杆比向上传递，使 ①～⑤ 分别受到 $G_{7a}P_1$、$\zeta_{7a}P_2$、$\zeta_{7a}P_3$、$\zeta_{7a}P_4$、$\zeta_{7a}P_5$ 的附加力。对其他杠杆可做同样分析，从而可求得各级杠杆对各加载点的影响。如对 ① 的总附加力为

$$G_{7a}P_1 + G_{4a}P_1 + G_{6a}P_1 + G_{7a}P_1 = (G_{1a} + G_{4a} + G_{6a} + G_{7a}) \cdot \zeta_1 P_1$$

式中：$\zeta_1 = \zeta_{1a} + \zeta_{4a} + \zeta_{6a} + \zeta_{7a}$。同理，可求出其他 7 个加载点的 ζ 值。

从以上分析可知，杠杆（一）至（七）的重量 $\sum\limits_{j=1}^{7} G_j$，均分配到加载点 ① 至上，其值分别为

$\zeta_i P_i (i = 1, 2, \cdots, 8)$，即 $G_i = \zeta_i P_i$，且有 $\sum\limits_{j=1}^{7} G_j = \sum\limits_{i=1}^{8} G_i$。

现使各 ζ_i 均达公共值 ζ_0，则各加载点所加配重为

$$\Delta G_i = (\zeta_0 - \zeta_1) P_i \quad i = 1, 2, \cdots, 8$$

应加的总合力为 $P = (1 - \zeta_0) \sum\limits_{i=1}^{8} P_i$。

在实际计算中，常列表进行，现举例以明之。

[**例 4-4**]　求图 4-58 所示杠杆系统的配重，参数均注在图中。

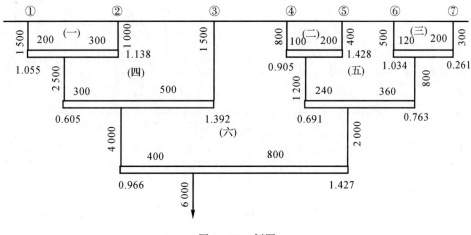

图 4-58　例图

解　先列表求出载荷系数（见表 4-6）。表中算得的 ζ_i 均注在图 4-59 中。各载荷点的总载荷系数列在表 4-7 中。为简化配重的施加，分两区间分别取两个 ζ_0，然后再取 3.451 作为系统 ζ_0，故应在 $6a$ 点上加配重 $\Delta G_{6a} = 4\,000 \times (3.451 - 2.552)/100 = 35.96 \approx 36$ kg。包括配重在内的总重为 $6\,000 \times 3.451/100 \approx 207$ kg。

表 4-6　载荷系数

项目					杠杆号					
					（一）	（二）	（三）	（四）	（五）	（六）
序号	名称	公式	运算	单位	a	a	a	a	a	a
					b	b	b	b	b	b
1	P_a / P_b			kg	1 500	800	500	2 500	1 200	4 000
					1 000	400	300	1 500	800	2 000
2	G_1			kg	9.5	1.55	1.55	24.4	13.2	64

续表

序号	名称	公式	运算	单位	杠杆号					
					（一）	（二）	（三）	（四）	（五）	（六）
					a	a	a	a	a	a
					b	b	b	b	b	b
3	e			mm	20	0	0	24	10	105
4	a			mm	200	100	120	300	240	400
5	b			mm	300	200	200	500	360	800
6	$a+b$		（4）+（5）	mm	500	300	320	800	600	1 200
7	$b-e$		（5）−（3）	mm	280	200	200	476	350	695
8	$a+e$		（3）+（4）	mm	220	100	120	324	250	505
9	C_a	$(b-e)/$ $(a+b)$	（7）/（6）		0.56	0.67	0.625	0.595	0.583	0.579
10	C_b	$(a+e)/$ $(a+b)$	（8）/（6）		0.44	0.33	0.375	0.405	0.417	0.421
11	G_{1a}	$C_a G_1$	（9）×（2）	kg	5.32	1.038 5	0.968 7	14.518	7.695 6	37.056
	G_{1b}	$C_b G_1$	（10）×（2）	kg	4.18	0.511 5	0.581 2	9.882	5.504 4	26.944
12	G_{2a}	连接件 重量		kg	0.5	0.2	0.2	0.6	0.6	1.6
	G_{2b}				0.2	0.2	0.2	1.0	0.6	1.6
13	G_{3a}	切面杠杆 重量		kg	10	6	4	0	0	0
	G_{3b}				7	5	0	10	0	0
14	G_a		（11）+（12） + （13）	kg	15.82	7.239	5.169	15.118	8.293	38.656
	G_b				11.38	5.712	0.781	20.882	6.104	28.544
15	$100\zeta_a$	G_a/P_a	（14）/（1）		1.055	0.905	1.034	0.605	0.691	0.966
	$100\zeta_a$	G_b/P_b			1.138	1.428	0.260	1.392	0.763	1.427

表 4-7 各载荷点的总载荷系数

序号	项目	加载点						
		①	②	③	④	⑤	⑥	⑦
1	$100\zeta_1$	2.626	2.709	2.358	3.023	3.546	3.224	2.450
2	$100\zeta_0$		2.552			3.451		
3	$\zeta_0 - \zeta_1$	−0.074%	−0.157%	0.194%	0.428%	−0.095%	0.227%	1.001%
4	$\Delta G_i = (\zeta_0 - \zeta_i)P_i$	−1.11	−1.57	2.91	8.424	−0.380	1.135	3.003
5	实加配重	0	0	3	3	0	0	3

乍看起来,载荷系效法似乎很烦琐,实际上比力矩法简便;列表进行时不易出错,便于检查,且一次即可求出整个系统的配重。故此法很受工程人员的欢迎。选取 ζ_0 值的原则是少加配重,有时可取所有 ζ_i 的最大值或中间值。还应指出:一些通用杠杆,两端可有孔多个,使用时重心不一定在杆的中部;一般规定,小于 2.5 kg 的配重不加,大于 2.5 kg 的按四舍五入的整数施加;侧向加载的杠杆系统无须配平。

大型飞机的全机静力试验,配重有时数量很大(以吨计),不仅增加了安装工作量,且影响安全。因此,试验前要进行一些分析,力求少加或不加配重。一般来说,非试验段的杠杆系统(即平衡力)可不加配重。不加配重往往对局部产生较大影响,对总体强度影响较小;低载时影响大,高载时影响小。故对检验性试验,可考虑只在影响较大的部件加配重。

平衡计算是以加载点为基础进行的,故对杠杆系统的配平不会产生影响。

在电子计算机日益发展、应用日益普遍的今天,以上烦琐计算容易编程上机完成。

自动化是结构试验的发展方向。目前电子计算机业已飞速发展,基于数字计算机及数控技术的结构试验自动化,取得了很大进展。国内已经出现一种可用于飞机结构静力试验、热强度试验、疲劳试验的数字计算机测控系统。热强度试验常常是在一定温度下的静力试验;疲劳试验的主要控制环节是协调加载,其液压加载设备可与静力试验共用。因此,同时用于静力、热强度及疲劳试验的自动化测控系统的研究,引起人们很大的兴趣。

现简要介绍一种结构试验测控自动化系统。系统由计算机分级控制,图 4-59 为其框图。将试验内容及具体要求以程序方式输入作为总控用的主机 1。主机 1 通过专用接口 2 操纵控制用单板机 3,驱动执行机构 4 对置于试验现场 5 的试验件加载、卸载与加温、降温,同是操纵数据处理单板机 6 工作。数据处理单板机接收到主机 1 的命令后,即操纵现场调试单板机 7 采集数据。现场调试单板机 7 置于试验现场,将采集到的模拟信号经 A/D 转换为数字信号,并反馈给数据处理单板机 6。单板机的外围设备,如打印机 8、显示终端 9、软盘驱动器 10 等,增大了系统的灵活性。

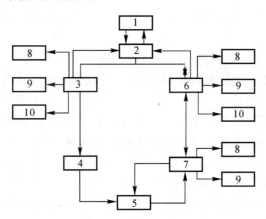

图 4-59　一种结构试验测控自动化系统流程框图

第5章 飞行器结构疲劳试验

5.1 疲劳载荷谱

5.1.1 疲劳载荷谱及其编谱概述

疲劳载荷谱(Fatigue Load Spectrum)是指描述材料或结构在一定时间内承受的疲劳载荷变化的统计分布。它在工程领域中被广泛应用于疲劳寿命预测和结构设计,以评估材料或结构在实际工作环境下的疲劳强度和可靠性。疲劳载荷谱的主要作用包括以下几个方面:①疲劳寿命预测;通过获取实际工作环境中的载荷数据,并将其转化为疲劳载荷谱,可以对材料或结构在特定工况下的疲劳寿命进行预测。这有助于工程师评估结构的可靠性和安全性,以便进行合理的维护和优化设计。②结构设计;疲劳载荷谱可以提供有关结构在实际工作条件下所承受的载荷变化的详细信息。通过对疲劳载荷谱进行分析和解释,工程师可以了解结构在不同工况下的疲劳损伤情况,从而进行合理的结构设计和材料选用。③质量控制;疲劳载荷谱可以用于对实际工况下的载荷变化进行监测和控制。通过与预定的设计载荷谱进行比较,可以及时发现异常或过载的情况,从而采取相应的措施,保证结构的安全运行。

载荷通常可分为静载荷和动载荷两大类,其中动载荷又可细分为周期载荷、非周期载荷和冲击载荷。周期载荷和非周期载荷可统称为疲劳载荷。在许多情况下,作用于结构或机械上的载荷会随时间变化,这种过程称为载荷-时间历程。由于随机载荷的不确定性,这种历程无法直接使用,必须经过统计处理。处理后的载荷-时间历程被称为载荷谱,它是一种具有统计特性的图形,能在本质上反映零部件承受载荷的变化情况。为了评估结构的使用寿命、进行疲劳可靠性分析,以及进行最终设计阶段所需的全尺寸结构和零部件疲劳试验,必须使用反映真实工作状态的疲劳载荷谱。

实测的应力-时间历程是由外部载荷和结构的动态响应共同影响的结果,其特征不仅受结构系统本身的影响,还受应力-时间历程观测位置的影响。为了将实测的载荷-时间历程处理成具有代表性的典型载荷谱,需要进行编谱过程。编谱的关键环节之一是使用统计理论对获取的实测子样进行处理。在编谱过程中,统计理论常常被用来对实测的子样进行分析和处理,以提取出具有代表性的载荷特征,包括确定载荷的统计分布、计算载荷的平均值和方差,并进行相应的数据平滑和滤波处理。通过这些统计分析方法,可以得到更加可靠和可重复的载荷特性,进而生成典型载荷谱。通过对实测载荷数据的统计处理,就能获得代表实际工作环境的典型载荷谱。这种典型载荷谱具有一定的可重复性和代表性,能够用于结构的疲劳寿命预测、疲劳可靠性分析以及设计阶段所需的全尺寸结构和零部件的疲劳试验。通过编谱,可以更准确地评估结构的疲劳性能,并为工程设计提供可靠的依据。

5.1.2　统计分析方法

针对随机载荷,统计分析方法主要包括计数法和功率谱法。造成疲劳损伤的主要因素是循环次数和应力幅值,因此在编制载荷谱时,需要遵循等效损伤原则,将随机应力-时间历程简化为一系列不同幅值的全循环和半循环,这个过程被称为计数法。功率谱法通过傅里叶变换将连续变化的随机载荷分解为无限多个具有不同频率的简单变化,并得出功率谱密度函数。计数法在抗疲劳设计中得到广泛应用。目前存在多种计数法,不同计数法对同一应力-时间历程编制的载荷谱可能会有较大差异。同时,使用这些载荷谱进行寿命估算或试验也会得到不同结果。从统计观点来看,计数法主要分为单参数法和双参数法。

单参数法只考虑应力循环中的一个变量,例如峰谷值或变程(相邻峰值和谷值之差),而双参数法同时考虑两个变量。由于交变载荷本身的特性,任何应力循环都需要用两个参数来表示。其中,雨流计数法是目前在疲劳设计和试验中使用最广泛的计数方法之一,它是对随机信号进行计数的一种方法。雨流计数法像变程对-均值计数法一样具有严格的力学基础,其计数结果介于峰值法和变程法之间,提供了相对符合实际情况的数据。雨流计数法基于对封闭应力-应变滞回线进行逐个计数,认为塑性变形是疲劳损伤的必要条件,从疲劳的角度来看,它能够较好地反映随机载荷的全过程。通过载荷-时间历程得到的应力-应变滞回线与引起的疲劳损伤是等效的。

需要指出的是,所有现有的计数法都没有考虑载荷循环的顺序信息。虽然载荷顺序的影响总是存在的,但如果将简化后的程序载荷谱的周期缩短,载荷顺序的影响将减小到最小程度,这一点已被荷兰国家宇航实验室的试验结果所证实。

5.2　疲劳累积损伤理论

5.2.1　概述

在疲劳研究领域,"损伤"这一概念早已被引入。损伤指在疲劳过程中,材料内部发生的微观结构变化以及后期裂纹的形成和扩展。累积损伤规律是疲劳研究中最为关键的课题之一,它为估算受变幅载荷作用下结构和零件的疲劳寿命提供了基础。

大多数结构和零件所受循环载荷的幅值是变化的,也就是说,它们在变幅载荷下运行。变幅载荷导致的疲劳破坏是由不同频率和幅值的载荷逐渐积累造成的损伤。因此,疲劳的累积损伤是有限寿命设计的核心问题。研究人员致力于理解和预测疲劳累积损伤的规律,以便对工程结构和零件的寿命进行评估和设计。

累积损伤规律的研究对于确保结构的安全、可靠运行至关重要。它涉及多个方面,包括材料的疲劳性能、载荷历程的统计特性、疲劳寿命模型的建立等。通过深入研究疲劳累积损伤的机理和行为,可以制定有效的疲劳寿命预测方法和可靠性评估技术,为工程实践中的疲劳设计和寿命管理提供支持。

当材料承受高于疲劳极限的应力时,每一个循环都使材料产生一定的损伤,每一个循环所造成的平均损伤为 $1/N$。这种损伤是可以积累的,n 次恒幅载荷所造成的损伤等于其循环比,即 $C = n/N$。变幅载荷的损伤 D 等于其循环比之和,即

$$D = \sum_{i=1}^{l} \frac{n_i}{N_i}$$

式中:l 为变幅载荷的应力水平等级;n_i 为第 i 级载荷的循环次数;N_i 为第 i 级载荷下的疲劳寿命。

当损伤积累到了临界值 D_f 时,即 $D = \sum_{i=1}^{l} \frac{n_i}{N_i} = D_f$ 时,就会发生疲劳破坏。D_f 为临界损伤和,简称损伤和。

不同的研究者根据对损伤累积方式的不同假设,提出了多种疲劳累积损伤理论(Fatigue Damage Cumulative Rules)。迄今为止,已经提出了数十种疲劳累积损伤理论。这些理论可以大致归纳为以下四类:

(1)线性疲劳累积损伤理论。这种理论假设材料在不同应力水平下的疲劳损伤是相互独立的,总损伤可以通过线性叠加来计算。最具代表性的是 Miner 法则,以及稍有改进的修正 Miner 法则和相对 Miner 法则。

(2)双线性累积损伤理论。这种理论认为材料的疲劳损伤在初期和后期分别遵循两种不同的线性规律进行累积。最典型的是 Manson 的双线性累积损伤理论。

(3)非线性累积损伤理论。这种理论假设载荷历程与损伤之间存在相互干涉作用,即各个载荷对疲劳损伤的贡献与其之前的载荷历史有关。其中最具代表性的是损伤曲线法和 Corten-Dolan 理论。

(4)其他累积损伤理论。这些理论大多是通过实验、观测和分析归纳出来的经验或半经验公式,例如 Levy 理论和 Kozin 理论等。

5.2.2 线性累积损伤理论

在实际工程中,许多结构常常受到随机载荷的作用,其最大和最小应力值经常发生变化,这使得情况更加复杂。为了估算疲劳寿命,除了使用 $S-N$ 曲线,还需要借助疲劳累积损伤准则。在工程领域中,最常用的仍然是线性累积损伤准则。

1. Miner 法则

线性累积损伤理论认为每个应力循环下的疲劳损伤是相互独立的,总损伤等于每个循环下的损伤之和。当总损伤达到某一预定数值时,构件即发生破坏。线性疲劳累积损伤理论中最具代表性的是 Palmgren-Miner 理论,通常称为 Miner 法则。其数学表达式为

$$D = \sum_{i=1}^{l} \frac{n_i}{N_i} = 1 \qquad (5-1)$$

当将临界损伤和改为一个不是 1 的其他常数时,称为修正 Miner 法则,其表达式为

$$D = \sum_{i=1}^{l} \frac{n_i}{N_i} = a \tag{5-2}$$

式中: a 为常数。很多研究者建议当 a 值取 0.7 时,其寿命估算结果比 Miner 公式计算的结果更安全,从总体上看其寿命估算精度也有所提高。

Miner 法则的基本假设是,在变幅载荷作用下,每个应力循环对疲劳损伤的贡献是相等的。根据这个假设,可以将实际载荷历程简化为一系列等幅载荷循环,并计算每个循环的损伤贡献。然后将这些损伤贡献进行累加,直到总损伤达到预定的临界值。当总损伤超过该临界值时,构件即达到破坏状态。Miner 法则在实际工程中应用广泛,特别是对于变幅载荷和多种载荷历程的疲劳寿命估算。然而,Miner 法则基于假设的线性累积损伤模型,可能会对某些情况下的疲劳行为估计过于保守或不足。因此,在特定的应用场景中,需要结合实际情况和其他累积损伤准则来综合评估疲劳寿命。

2. 相对 Miner 理论

通过对临界损伤和 D_f(损伤因子)的深入研究,发现有许多因素会影响疲劳寿命估算的准确性,例如损伤的非线性、载荷顺序效应、材料的硬化和软化、裂纹闭合效应等。然而,Miner 定理无法考虑这些影响因素。因此,在使用相似载荷谱下的同类零件进行寿命估算时,可以大大提高估算的精确性。这种方法被称为相对 Miner 法则,它将计算和试验相结合,利用相似谱的实验结果来修正计算中的偏差。相对 Miner 法则的基本思想可以通过以下数学表达式表示:

$$(N)_p = (N_{cale})_p \frac{(N_{exp})_p}{(N'_{cale})_p} \tag{5-3}$$

式中: $(N)_p$ 为给定可靠度时计算谱的预测寿命; $(N_{exp})_p$ 为给定可靠度时相似谱的实测寿命; $(N_{cale})_p$ 为给定可靠度时计算谱的经典方法计算寿命; $(N'_{cale})_p$ 为给定可靠度时相似谱的经典方法计算寿命。

相对 Miner 法则一方面保留了 Miner 法则中的第一个假设,即线性累积假设,另一方面又避开了累积损伤 $a = 1$ 的第二假设。相对 Miner 法则根据试验数据来确定修正系数,该系数考虑了不同应力循环对疲劳寿命的影响程度。通过对试验数据的分析和拟合,可以得到修正系数的函数关系。利用这个函数关系,可以对给定载荷谱下的寿命进行更准确的估算。

相对 Miner 法则的使用可以改善对复杂载荷历程和不同影响因素的疲劳寿命估算。它提供了一种更准确和可靠的方法来考虑不同载荷历程对于疲劳寿命的影响,从而提高了设计和评估的准确性。

5.3　疲劳计算常用方法

在飞机结构的疲劳计算中,通常采用应力比法或应力幅法。其中,应力比法是应用更广泛的方法。不论是应力比法还是应力幅法,它们共同使用相同的应力循环参数,这些参数是由最大应力和最小应力这两个独立变量推导而来的。

5.3.1 应力比法

应力比法是疲劳计算中常用的方法之一,用于估算结构在循环载荷下的疲劳寿命。该方法基于应力比的概念,将疲劳失效的判据与载荷的幅值和平均值联系起来。

在应力比法中,首先确定载荷历程中的最大应力和最小应力,然后计算应力幅值(或振幅)和应力平均值。应力幅值是最大应力与最小应力之差,应力平均值是最大应力与最小应力之和的一半。

定义应力比 R 为应力幅值与应力平均值的比值,即

$$R = \frac{\sigma_{max} - \sigma_{min}}{\dfrac{\sigma_{max} + \sigma_{min}}{2}}$$

式中:σ_{min} 为最小应力;σ_{max} 为最大应力。

根据实验和理论研究,不同的应力比 R 对材料的疲劳寿命具有不同的影响。通常,当应力比 R 小于某一临界值(通常为 0.1 或 0.5)时,疲劳寿命会显著增加应力比效应,而当应力比 R 接近或大于 1 时,疲劳寿命会显著减小,即所谓的应力比效应。因此,应力比法通过考虑不同应力比情况下的疲劳寿命变化,提供了对结构在循环载荷下的疲劳行为进行评估和预测的方法。

应力比法的优点在于简单、易用,适用于各种载荷类型和材料。然而,该方法的局限性在于它忽略了载荷历程的具体形态和载荷顺序效应等因素,因此在某些情况下可能会导致较大的估计误差。为了更准确地评估结构的疲劳寿命,可以结合其他方法或采用更复杂的疲劳损伤准则。

5.3.2 应力幅法

应力幅法是疲劳计算中常用的方法之一,用于估算结构在循环载荷下的疲劳寿命。该方法基于应力幅的概念,将疲劳失效的判据与载荷的应力幅值联系起来。应力幅为最大应力和最小应力代数差,即

$$\Delta\sigma = \sigma_{max} - \sigma_{min} = (1 - K)\sigma_{max} \tag{5-4}$$

在应力幅法中,首先确定载荷历程中的最大应力和最小应力,然后计算应力幅值(或振幅),即最大应力与最小应力之差。将应力幅值与材料的疲劳性能曲线(通常是 S-N 曲线)进行比较。S-N 曲线反映了材料在不同应力幅值下的疲劳寿命。通过查表或拟合曲线,可以得到对应给定应力幅值的疲劳寿命。

应力幅法的优点在于简单、直观,易于理解和应用。它适用于各种载荷类型和材料,并且可以用来估算不同应力幅值下的疲劳寿命。然而,应力幅法也有一些局限性。它主要考虑了应力幅对疲劳寿命的影响,而忽略了平均应力和载荷历程的具体形态等其他因素。此外,它也没有考虑到载荷顺序效应和损伤累积的影响。因此在某些情况下可能会导致较大的估计误差。

为了更准确地评估结构的疲劳寿命,可以结合其他方法,如应力比法、线性累积损伤法或考虑载荷历程形态的方法。选择适当的疲劳计算方法需要根据具体应用场景和数据可用性进行综合考虑。

5.4　疲劳寿命设计方法

现在广泛使用的疲劳寿命设计方法主要有无限寿命设计、安全寿命设计、损伤容限设计、概率疲劳设计等方法。

5.4.1　无限寿命设计

19 世纪 40 年代,铁路车辆轮轴在重复交变载荷的作用下,发生了破坏,由此,人们开始认识到疲劳破坏。经一系列试验研究后指出:对于疲劳,应力幅比构件承受的应力更重要。对于无裂纹构件,控制其应力水平使其小于疲劳持久极限 S_f,则不产生疲劳裂纹。故无限寿命设计(Infinite Life Design) 的条件为 $S < S_f$。

材料的疲劳持久极限 S_f 由 S - N 曲线给出,如图 5 - 1 所示。

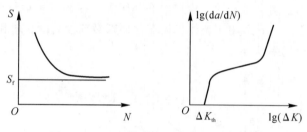

图 5 - 1　S - N 曲线及 da/dN - ΔK 曲线

对于需要经历无限次循环的零构件,如发动机气缸阀门、顶杆、长期频繁运行的轮轴等,无限寿命设计仍是一种简单而合理的方法。

研究裂纹扩展的结果指出,裂纹扩展的参量应力强度因子幅度也存在一个临界值 ΔK_{th}(见图 5 - 1),它由实验测定。对于已存在裂纹的构件,控制其强度因子令其小于临界值,则有裂纹但是不会扩展,同样可实现无限寿命设计。

5.4.2　安全寿命设计

实用中称有限寿命设计为安全寿命设计(Safe Life Design)。Miner 提出的变幅载荷作用下的疲劳损伤累积方法和判据,使变幅作用下的疲劳寿命预测成为可能,使零构件在有限设计寿命内,只要满足疲劳判据,也不会发生疲劳破坏。设零构件在应力水平 S_i 作用下,经受了 N_i 次循环,在 k 个应力水平作用下,满足总累积损伤 $D < 1$,则认为在设计寿命不会发生破坏。

$$D = \sum_{i=1}^{k} D_i = \sum_{i-1}^{k} \frac{n_i}{N_i}$$

由于考虑疲劳数据的分散性和其他未知因素的影响,安全寿命设计须考虑安全系数。在设计中可对寿命取安全系数,也可以对应力取安全系数,或者要满足这两种安全系数。

有限寿命设计只保证零构件在规定的使用期限内能够安全使用,因此,它允许零构件的工作应力超过其疲劳极限,从而自重可以减轻。当前许多机械产品都倡导这种设计方法,如航空发动机、汽车等对自重有较高要求的产品。

5.4.3 损伤容限设计

损伤容限设计（Damage Tolerance Design）是在断裂力学基础上发展起来的疲劳分析方法。假定零构件材料内有初始缺陷（裂纹），以断裂力学为理论基础，以断裂韧性试验和无损检测技术为手段，对有初始裂纹的零件，估算其剩余寿命。只要掌握裂纹扩展的规律，并采取裂纹监视和正确的断裂控制措施，剩余寿命是可以安全地加以利用的。断裂判据为

$$a_C \leqslant \frac{1}{\pi} \left(\frac{K_C}{f\sigma_{max}} \right)^2$$

式中：a_C 为临界裂纹尺寸；K_C 为材料的断裂韧性；f 为几何修正系数；σ_{max} 为最大工作应力。

从工程检测裂纹尺寸 a_i 到临界长度 a_C 的扩展时间，为裂纹检测期。在检查期内，合理安排检查，以保证裂纹扩展到临界尺寸之前被检查出来并修复，如图5-2所示。而损伤修复之后，结构的剩余强度也重新恢复，进入下一使用期。断裂控制包括精心选材、合理安排结构布局、控制工作应力、制定适当的检验和检修程序等。在制造和运行中，都必须严格贯彻规定的检验和检修程序。它适用于裂纹扩展缓慢而断裂韧度高的材料和安排检修时必须保证足够高的裂纹检出概率场合。

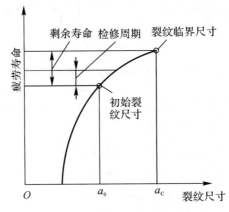

图5-2 剩余寿命和检修周期

5.4.4 概率疲劳设计

断裂力学所研究和建立的准则、规律和方法均是确定性的，也被称为确定性断裂力学（Deterministic Fracture Mechanics，DFM）。以此为基础建立的损伤容限分析的临界裂纹尺寸、剩余强度及裂纹扩展寿命均具有中值的含义。用中值裂纹扩展寿命除以指定的分散因数所得的检查周期难以反映不同结构决定裂纹扩展寿命的诸因素所具有的分散性。实际上就一种结构群的每个结构而言，其承受的载荷-时间历程、全寿命期内所受的最大载荷、决定临界裂纹尺寸的材料断裂韧度或裂纹扩展阻力（K_R）曲线、描述裂纹扩展速率的曲线（表达式的参数），乃至结构产生的裂纹形态等均是随机的。显然，具有相同中值裂纹扩展寿命和不同分散性的结构在相同的安全系数下的破坏概率或存活概率是不同的，而DFM方法无法描述这种不同，因此，考虑各种因素的概率特性而建立起的概率断裂力学（Probabilistic Fracture Mechanics，PFM）就成为准确地描述结构剩余强度与裂纹扩展规律可靠性的理论基础。

PFM 方法是紧密地依靠确定性断裂力学方法提出的。但是把一个或多个输入变量考虑为随机的而不是确定的值。典型地被考虑为随机变量的输入参数主要有以下几类：

(1)初始裂纹尺寸,包括深度、长度、部位等;

(2)裂纹检出概率,包括一定检出水平下裂纹尺寸的不确定性、作为尺寸函数的检出概率等;

(3)材料特性,包括亚临界裂纹扩展特性、断裂韧性、拉伸特性等;

(4)使用条件,包括应力水平、加载频率、温度、环境等。

需要指出的是,并不是在每次分析中所有这些参数都被考虑为随机变量。只有那些本身具有不确定性或分散性,且将对寿命或可靠性计算导致极大影响的变量才需要被考虑为是随机的。

概率断裂力学的重要应用如下:

(1)验证结构的安全可靠性,即验证在不同工况下结构的断裂概率是否低于容许断裂概率值。

(2)通过对不同部位的缺陷进行断裂概率计算即可分辨其危险程度,也可通过参数敏感性分析得到需大力研究的薄弱坏节。

(3)经过概率断裂力学分析后,调整设计参数,改变选材标准,改进焊接工艺措施,等等,从而使断裂概率减小。

(4)用确定性的方法对各部分安全裕度取值后,一般不易使诸安全裕度相互协调或平衡,往往某一部分安全裕度过大,另一部分却裕度不足,而概率断裂力学则可通过断裂概率计算,特别是通过参数敏感性来分析完成。例如对失效概率贡献大的参数,将安全裕度加大,并对该问题投入大量财力、人力进行研究。

(5)关于结构延寿的问题。在实际情形中,结构超期使用的情形不少,延长结构的使用寿命,其经济效益是巨大的。按确定性方法评价是否能延寿,主要取决于原制定的安全裕度的大小,这种延寿方法有很大的局限性。按概率方法评价是否能延寿,则依据按设计计算预测运行某个周期后的设计断裂概率与据实测分析资料计算得到的某个周期后的断裂概率之比决定是否还能运行多久。

除了在飞机工程中得到应用以外,概率断裂力学也被运用到受压构件(比如商业核反应堆中的压力容器及管道等)和一些民用工程方面(比如随机载荷、风和地震等因素作用下的建筑物受力分析等)。

概率损伤容限(Probabilistic Damage Tolerance,PDT)方法是在概率断裂力学和损伤容限的基础上发展起来的,是将概率统计方法应用到力学领域的一个新的学科分支,虽然国内外在这方面的研究还不超过 20 年,但已取得了显著的研究成果。特别是在现役军机结构安全可靠性评定上开展了较多的试验研究和应用研究,并逐渐建立起了概率断裂力学、概率损伤容限及其可靠性方法的理论构架和体系的雏形。

概率损伤容限的目的是将结构剩余强度及裂纹扩展寿命和可靠度联系在一起,以保证结构在指定的高可靠度下满足剩余强度要求,并由指定可靠度下的安全裂纹扩展寿命确定结构的检查周期。概率损伤容限分析的方法是由一组构件或模拟元件的裂纹扩展(a,t)数据集,建立可靠度(或破坏概率)随时间变化的函数关系,以确定在指定裂纹扩展寿命下的安全可靠度,或在指定安全可靠度下的安全裂纹扩展寿命。其分析的模型通常由裂纹扩展随机模型和结构可靠性分析模型两部分组成。

概率损伤容限分析技术,可以比较准确地定量评定结构剩余强度的可靠、指定裂纹扩展寿命对应的可靠度和指定可靠度对应的安全裂纹扩展寿命——检查周期。它不仅可用于结构指定裂纹部位的剩余强度、裂纹扩展寿命可靠性评定,而且可用于综合考虑各个可能出现裂纹部位的含多裂纹结构剩余强度与裂纹扩展寿命的可靠性评定。

对已设计定型及已投付使用的结构进行概率损伤容限评定时,通常可以在实际载荷谱下进行关键危险部位模拟试验件的疲劳裂纹扩展试验,并取得(a,t)数据集。在这种情况下,裂纹形态已不是假定的,而是接近真实情况。以试验(a,t)数据集为基础,建立一外载下裂纹扩展随机模型,并以此为基础进行初始裂纹为定值或随机变量分布情况下的概率损伤容限分析,可以得到更为真实准确的结果。然而,在设计阶段,受试验条件的影响,这种方法的使用有较多的限制。

1. 初始裂纹尺寸

参考 GJB 67.6A—2008《军用飞机结构强度规范 第6部分 重复载荷、耐久性和损伤容限》,在规定的使用期内,含缺陷的机体应具有足够的剩余强度。应假定这些缺陷最初就存在于结构中,它们是由制造、正常使用与维护以及使用中检查所造成的。假设的初始缺陷尺寸汇总于表5-1和表5-2。如果有充分的理由证明初始缺陷尺寸不同于两表的数据,且能检测出来,可允许采用这些不同的数据。

表5-1 初始缺陷假设[1]

分 类			关键细节	初始缺陷假设[2][3]
金属结构	缓慢裂纹扩展和破损安全主要元件		孔、缺口处	对于厚度<1.27 mm,1.27 mm长的穿透厚度缺陷; 对于厚度>1.27 mm,1.27 mm半径的圆角缺陷
			孔以外位置	对于厚度≤3.175 mm,6.35 mm长的穿透厚度缺陷; 对于厚度>3.175 mm,3.175 mm深×6.35 mm长的表面缺陷
	破损安全邻近结构	多传力路径非独立结构	孔、缺口处	对于厚度≤1.27 mm,1.27 mm长的穿透厚度缺陷+Δa; 对于厚度>1.27 mm,1.27 mm半径的圆角缺陷+Δa
			孔以外位置	对于厚度≤3.175 mm,6.35 mm长的穿透厚度缺陷+Δa; 对于厚度>3.175 mm,3.175 mm深×6.35 mm长的表面缺陷+Δa
		多传力路径非独立结构和止裂结构	孔、缺口处,孔以外位置	0.127 mm半径的圆角缺陷+Δa; 0.254 mm深×0.508 mm长的表面缺陷+Δa
复合材料结构			见 GJB 67.14—2008	见 GJB 67.14—2008

注(1):金属结构中缓慢裂纹扩展和破损安全主要元件的焊接、内部缺陷等关键细节的初始缺陷假设的要求待定,其他材料(包括有机物材料)结构的关键细节和初始缺陷假设的要求待定。

注(2):缺陷起始于最危险方向。

注(3):Δa 是在主要元件破坏之前该缺陷的增量。

表 5－2　初始缺陷在灾难破坏前终止扩展情况下的连续损伤假设[1]

初始缺陷主要损伤终止位置	连续损伤位置	连续损伤假设[2][3]
紧固件孔、缺口等	损伤终止处孔的正对面	0.127 mm 半径圆角缺陷＋Δa
其他	损伤开始处孔的正对面	0.127 mm 半径圆角缺陷＋Δa
整个元件破坏	邻近结构的危险部位	0.127 mm 半径圆角缺陷＋Δa 或 0.254 mm 深×0.508 mm 长的表面缺陷[4]＋Δa

注(1)：仅适用于金属结构,其他材料结构的要求待定。

注(2)：缺陷起始于最危险方向。

注(3)：Δa 是在初始损伤终止之前该缺陷的增量。

注(4)：其他缺陷的形状和尺寸间根据相等的应力强度因子做出假设。

2. 裂纹检出概率

损伤检查是通过使用不同的损伤检查方法来实现的。飞机结构常用的损伤检查方法有目视检查和无损检测两种。目视检查包括一般目视、监视目视和详细目视等。无损检测包括涡流检测、X 射线检测、超声波检测、磁粉检测、着色剂检测等。选用的检测方法不同,裂纹的检出概率亦不同。

在已有剩余强度分析和裂纹扩展分析的基础上,选择相应的检查方法和检查间隔,则可以计算出这种情况下检出裂纹的概率,进而分析结构的可靠性。不同的检测方法具有不同的裂纹检出概率。根据目前的研究成果,裂纹检出概率曲线主要有三种形式,即幂函数型、指数函数型、威布尔函数型。

若采用的是三参数威布尔函数型,则。目视检查的察觉概率曲线为

一般目视：

$$\mathrm{POD} = 1 - \exp\left(-\frac{a-7.62}{297.18}\right)^{1.8} \tag{5-5}$$

监事目视：

$$\mathrm{POD} = 1 - \exp\left(-\frac{a-5.08}{71.12}\right)^{1.8} \tag{5-6}$$

详细目视：

$$\mathrm{POD} = 1 - \exp\left(-\frac{a-3.81}{46.99}\right)^{1.8} \tag{5-7}$$

对于表面裂纹,无损检测(NonDestructive Inspections,NDI)的察觉概率曲线为

$$\mathrm{POD} = 1 - \exp\left[-\left(\frac{\dfrac{a}{a_{\mathrm{NDI}}}-0.5}{0.5}\right)^{0.443}\right] \tag{5-8}$$

式中：a 为裂纹长度；a_{NDI} 为无损检测方法各自的最小检出裂纹长度。a_{NDI} 值见表 5－3。

表 5－3　各检测方法 POD/Conference Level 置信水平(CL)＝636/95 下的 a_{NDI} 值

检测方法	涡流	X 射线	超声	磁粉	着色剂
a_{NDI}/mm	5.08	12.5	3.81	2.54	3.81

联合使用多种检查方法时,裂纹检出概率为

$$\mathrm{POD} = 1 - \prod_{i=1}^{n}(1 - P_j) \tag{5-9}$$

式中:n 为检查方法的种类;P_j 为每一种检查方法所对应的裂纹检出概率。对于已经进行了裂纹扩展分析的结构,选择一定的检查方法,给定对应的检查间隔,则可以进行检查间隔分析,计算这种情况下裂纹的检出概率。通过这种方法,可以得到任意带损伤结构的裂纹检出概率,结合相应的可靠性判据,对于结构所制定的检查大纲,则可以得到任意时刻带损伤结构的安全可靠性。设定合适的接近结构真实情况的参数,该方法可以得到很好的精确度,同时便于在工程问题中的应用。

3. 贝叶斯估计在初始裂纹检测概率中的应用

贝叶斯方法非常适合处理小概率事件。由于可用于检验关于概率模型假设的裂纹数据在实际试验中很难获得,并且原有单一概率模型不允许确定结论在几个概率模型中选择或完全丢弃其中之一,所以,在物理模型、概率模型和统计不确定性模型都可能具有同等重要性的情况下的裂纹检测领域,直观且更合逻辑的方法就是使用所有可能模型内各自可能参数集的概率贝叶斯估计方法。

贝叶斯方法与特定模型相关联。如果各种模型都是可能的候选者,则包含参数和模型不确定性的事件 X 的贝叶斯概率为

$$P(X) = \sum_{i=1}^{m} P(M_i) \int_{\theta_i} P(X|\theta_i, M_i) f(\theta_i | M_i) \mathrm{d}\theta_i \tag{5-10}$$

式中:$P(M_i)$ 是指模型的不确定性,是分配给模型 I 的先验概率。如果 M_i 是一个概率模型,则 $\boldsymbol{\theta}_i = [\theta_{i1}, \theta_{i2}, \cdots, \theta_{in}]^{\mathrm{T}}$ 是 M_i 的分布参数向量;如果 M_i 是一个状态模型(如可以检测出裂纹,或者不能检测出裂纹),那么 θ_i 是该模型中随机变量向量。$f(\theta_i | M_i)$ 是第 i 个模式中参数的先验分布,$P(X|\theta_i, M_i)$ 是与 M_i 关联事件 X 的条件概率。

如果 $P(H_i)$ 表示模型或者参数对 (θ_i, M_i) 的先验概率

$$P(H_i) = P(M_i) f(\theta_i | M_i) \tag{5-11}$$

得到观测值 x 后,后验概率由贝叶斯定理给出:

$$P(H_i|x) = P(M_i|x) f(\theta_i | M_i, x) = \frac{P(x|H_i) f(\theta_i | M_i) P(M_i)}{\sum_{i=1}^{m} P(M_i) \int_{\theta} P(x|\theta_i, M_i) f(\theta_i | M_i) \mathrm{d}\theta_i} \tag{5-12}$$

M_i 的后验概率通过对 $f(\theta_i | M_i)$ 积分得到

$$P(M_i|x) = \frac{P(M_i) \int_{\theta} P(x|H_i) f(\theta_i | M_i) \mathrm{d}\theta_i}{\sum_{i=1}^{m} P(M_i) \int_{\theta} P(x|\theta_i, M_i) f(\theta_i | M_i) \mathrm{d}\theta_i} \tag{5-13}$$

然后通过除法,θ_i 在 M_i 中的后验分布可由方程给出:

$$f(\theta_i | M_i, x) = \frac{P(x|H_i) f(\theta_i | M_i)}{\int_{\theta} P(x|H_i) f(\theta_i | M_i) \mathrm{d}\theta_i} \tag{5-14}$$

从方程(2-9)可以看出模型 M_i 中的参数更新与 $P(M_i)$ 无关,更新方式与仅考虑模型 M_i 的更新方式相同。此外,使用后验模型概率和参数分布,可以得到与 H_i 相关的任何事件 E 的贝叶斯期望:

$$P(E) = \sum_{i=1}^{m} P(M_i \mid x) \int_{\theta} P_i(E \mid H_i) f(\theta_i \mid M_i, x) \, \mathrm{d}\theta_i \qquad (5-15)$$

若事件"检测出长度为 a_0 的裂纹"记为 D_{a_0},则 $a_N - a_0 = 0$。

根据贝叶斯估计法,模型权重和参数分布可以由下式计算得到:

$$P(M_i \mid D_{a_0}) = \frac{P(M_i) \left. \dfrac{\partial P_i(a_N - a_0, 0)}{\partial a_N} \right|_{a_N = a_0}}{\sum_{i=1}^{2} P(M_i) \left. \dfrac{\partial P_i(a_N - a_0, 0)}{\partial a_N} \right|_{a_N = a_0}} \qquad (5-16)$$

$$F_{X_{j,i}}(x_{j,i} \mid D_{a_0}) = \frac{\left. \dfrac{\partial}{\partial a_N} P_i(X_{j,i} - x_{j,i} \bigcap a_N - a_0 0) \right|_{a_N = a_0}}{\left. \dfrac{\partial P_i(a_N - a_0 0)}{\partial a_N} \right|_{a_N = a_0}} \qquad (5-17)$$

式中:a_N 是在 N 次使用循环后一次检测时的真实裂纹尺寸,这样经过贝叶斯估计的"实际检出长度为 a_N"的失效概率就可以写为

$$P_{f,\mathrm{up}} = \sum_{i=1}^{2} P(M_i \mid D_{a_0}) P(g_i 0 \mid D_{a_0}) =$$

$$\sum_{i=1}^{2} P(M_i \mid D_{a_0}) \frac{\left. \dfrac{\partial}{\partial a_N} P_i(g_i, 0 \bigcap a_N - a_0, 0) \right|_{a_N = a_0}}{\left. \dfrac{\partial P_i(a_N - a_0, 0)}{\partial a_N} \right|_{a_N = a_0}} \qquad (5-18)$$

使用该方法,每次检测的新信息都可以用来更新可靠性和不确定性模型,以提供制定检修计划的依据。

5.4.5 疲劳可靠性设计

结构可靠性是指在规定的时间内、在规定条件下完成规定功能的能力。随着对工程问题认识的深入,人们不能满足于早期安全准则中"是"或"否"的简单判定,而需要对结构的安全性进行定量的分析,这就是可靠性的问题。尤其是考虑到载荷的随机性、材料性能的分散性、工况的复杂性和计算模型与方法等的不确定因素,可靠性的问题在现在的工程分析中占据了越来越重要的地位。

在概率损伤容限分析中,可靠性的问题是一个重要的方面,主要包括断裂特性的可靠性分析、安全可靠性分析模型以及相关可靠性模型的建立等。其中,比较成熟的可靠性分析模型包括剩余强度可靠性模型和裂纹扩展寿命可靠性模型,这两种模型是相容的,实际的差别在于它们所需要的数据不一样,它们都在工程中获得了较多的应用。

概率损伤容限分析应使剩余强度和裂纹扩展寿命均满足指定的可靠性要求。为此,需要建立含裂纹结构的可靠性分析模型。目前,主要采用剩余强度可靠性模型和裂纹扩展寿命可靠性模型两种分析模型。

1. 随机变量统计分析

概率损伤容限起源于研究人员在飞机工程的应用中发现,作为最主要的输入变量之一的载荷应力在本质上具有固有的随机性,而后随着研究的深入,越来越多的变量被当作随机变量以逼近结构真实的工作状况,以便更加准确地进行结构的评定分析。迄今为止,这方面的工作还在继续,但对大多数变量来说,其统计分布形式已有了公认的结果(见表5-4)。

表5-4　PFM主要参数的统计分布形式

参　数	分布类型	备　注
初始裂纹尺寸	对数正态分布 威布尔分布	
断裂韧性	威布尔分布 正态分布	正态分布比较保守
屈服极限	正态分布	
EIFS(当量初始裂纹尺寸)	威布尔分布 对数正态分布	
TTCI(裂纹形成时间)	三参数威布尔分布	
剩余强度和临界裂纹尺寸	正态分布 对数正态分布 威布尔分布	
裂纹扩展寿命	对数正态分布 威布尔分布	一般认为服从对数正态分布
应力	指数分布 对数正态分布 威布尔分布	
载荷	极值分布	

对于已知分布的参数,通过有限的试验数据去确定模型中的参数也是概率损伤容限要解决的重要问题。

对于未知分布的参数,其概率分布的估计需要借助于统计学的知识:在假设检验方面,有概率纸检验法、χ^2检验法、柯尔莫哥洛夫－斯米尔诺夫检验法(K-S检验法)、Anderson-Darling检验法(A-D检验法)等。其中的概率纸检验法直观、简单,但误差较大,仅可作初步估计用。χ^2检验法应用范围较广,但其对子样容量有较高的限制,通常要求子样最好在50个以上,至少也要达到30个。对于这个条件一般情况下的试验是难以满足的。一般采用的假设检验方法是K-S检验法和A-D检验法。对于其参数的估计,一般采用矩法(或数字特征法)和最大似然法。

已发展的随机裂纹扩展模型有两种:一是直接在确定性裂纹扩展模型的基础上,将其中的参数随机化的模型,如以J.N.Yang为代表的对数正态随机过程模型;二是直接建立在随机过程理论基础上的累积损伤模型,如以 Bogdanoff 为代表的马尔可夫过程模型。

J. N. Yang 等提出了一种工程实用的随机模型:

$$da(t)/dt = L(\Delta K, K_{max}, R, S, a)X(t) \tag{5-19}$$

式中:$X(t)$ 是以时间为参量的中值为 1 的非负平稳随机过程,在工程上为了简化计算,通常保守地取 $X(t)$ 为随机变量。

考虑到工程使用,式(5—19)可写为

$$da(t)/dt = Q[a(t)]^h X \tag{5-20}$$

式中:X 是中值为 1 的对数正态随机变量。假设 X 的取值为 Z,则其概率密度函数为

$$f_X(Z) = \frac{1}{\sqrt{2\pi} Z \sigma_Z} \exp\left[-\frac{1}{2}\left(\frac{\lg Z}{\sigma_Z}\right)^2\right] \tag{5-21}$$

式中:σ_Z 为 X 的对数标准差。由方程可得

$$a(t) = \frac{a_0}{(1 - X_c Q t a_0^c)^{1/c}} \tag{5-22}$$

式中:$a_0 = a(0)$ 为初始裂纹尺寸,$c = b - 1$。令 $Z = \lg X$,Z_γ 为正态随机变量 Z 的 γ 百分位点,即 $Z_\gamma = \sigma_\gamma \varphi(1 - \gamma\%)$,用 X_γ 表示随机变量 X 的 γ 百分位点,即 $X_\gamma = (10)^{Z_\gamma}$,这样 t 飞行小时的裂纹尺寸为

$$a_\gamma(t) = a_0/(1 - X_\gamma Q t a_0^c)^{1/c} \tag{5-23}$$

对数正态随机变量的分布函数为

$$F_X(x) = \varphi\left(\frac{\lg X}{\sigma_Z}\right) \tag{5-24}$$

从而可以得到任一使用寿命 t 时裂纹尺寸 $a(t)$ 的分布函数。

另外,利用马尔可夫过程模型分析裂纹扩展是最近十几年来才开始研究的,但发展非常迅速。Bogdanoff 等提出状态空间和时间都是离散的马尔可夫链损伤模型,损伤演化取决于损伤状态矢量和包括一个吸收态在内的转移概率矩阵。适当调整初始损伤状态矢量和转移概率矩阵,或者采用随时间变化的转移概率矩阵(非平稳),则所得的离散的寿命分布可以逼近一些常用分布。也可以对试验数据的经验分布进行柔性拟合。Nakaga Wa、Ghonem 和 Sobczyk 等对不同的情况或用不同的方法也曾提出与 Bogdanoff 模型类似的疲劳裂纹扩展马尔可夫链模型。

2. 剩余强度可靠性模型

剩余强度可靠性模型认为在结构能够进行修理之前,它所承受的最大载荷应小于结构的剩余强度,相应的强度准则为在载荷谱作用下裂纹尖端的应力强度因子应小于材料的断裂韧度,即

$$K_{max}(t) < K_{IC} \tag{5-25}$$

通过随机裂纹扩展模型得到给定时间下裂纹长度的分布,和临界裂纹长度的分布进行干涉,从而计算结构的破坏概率:

$$P_f = P[a \geqslant a_C] = \int_0^\infty \int_a^\infty f_a(u) du f_{a_C}(a) da \tag{5-26}$$

式中:$f_a(u)$ 为裂纹尺寸 a 的概率密度函数;$f_{a_C}(a)$ 为临界裂纹尺寸 a_C 的概率密度函数,可

由 K_C 和 σ 的概率密度函数推出,则相应的可靠度为

$$R_t = 1 - P_f \qquad (5-27)$$

3. 裂纹扩展寿命可靠性模型

裂纹扩展寿命可靠性模型建立在寿命失效准则的基础上,认为任意时刻下裂纹扩展寿命应小于给定裂纹寿命。裂纹扩展寿命干涉模型计算可靠度的公式为

$$R_t = \int_0^\infty [1 - F_t(t \mid a)] f_{a_C}(a) \mathrm{d}a \qquad (5-28)$$

式中:$F_t(t \mid a)$ 为任意给定裂纹尺寸 a 下的寿命分布,由随机裂纹扩展模型可以求出;$f_{a_C}(a)$ 为临界裂纹尺寸的概率密度函数,是由极值应力分布和断裂韧性分布决定的。对于这两种模型,它们在理论上是一致性的,采用这两种模型进行可靠性评定的结果应给出相同的结论。可以发现剩余强度可靠性模型物理意义比较直观而裂纹扩展寿命可靠性模型能够直接使用试验中获得数据,在实际使用中更方便一些,但物理意义不如剩余强度可靠性模型直观。

建立疲劳裂纹扩展寿命模型的极限状态函数(Limit State Function),

$$Y = g(X) = N_D - N_f \qquad (5-29)$$

即

$$Y = N_D - N_f = N_D - \int_{a_0}^{a_C} \frac{1}{C\left[(1-R)^m \Delta K\right]^n} \mathrm{d}a \qquad (5-30)$$

失效概率公式可表达为

$$P_f = P\{N_D - N_f \leqslant 0\} \qquad (5-31)$$

式中:N_D 是疲劳设计进程中要求的疲劳裂纹扩展寿命值;N_f 是通过 Walker 模型计算得到的疲劳裂纹扩展寿命值。失效概率被定义为 N_D 小于或等于 N_f 的概率,即将 N_D 与 N_f 的差值小于或等于零作为失效的判据,如果设计的裂纹扩展寿命 N_D 大于疲劳裂纹扩展寿命 N_f,则构件是安全的,即疲劳裂纹扩展寿命 N_f 不允许超过设计的疲劳裂纹扩展寿命 N_D,否则,构件失效。

第6章 飞机结构动强度试验

6.1 概　　述

振动和冲击载荷对飞机结构的影响通常被归结为结构的动强度问题。根据统计数据，在飞机使用中，由动载荷引起的结构破坏约占环境应力引起的破坏事件的30%。同时，由振动和冲击引起的机载设备和系统功能失效或性能降低的情况也非常普遍。

随着飞机性能的提升以及新材料和新结构的应用，飞机结构面临着新的动强度问题。例如，高超声速飞机由于气动加热而引起的热振动和热颤振问题，以及飞机结构中复合材料的广泛应用所带来的冲击动力学问题，这些都对飞机动强度设计提出了新的挑战。过大的动载荷可能：①过度振动导致飞机结构破坏或动态疲劳裂纹的产生；②机载设备和系统功能的失效或损坏；③使飞机的乘坐环境恶化，导致驾驶员无法准确执行操作任务或影响乘客的乘坐舒适性；④影响飞机的定型，使飞行品质恶化，提高维修成本，并降低飞机结构和设备的耐久性和可靠性。因此，飞机动强度技术的发展在飞机研制中占据着非常重要的地位。

对于飞机的动强度来说，飞机动载荷问题是一个核心关注点。飞机结构在使用过程中会受到多种振动和冲击载荷的影响，例如动力装置产生的振动激励，飞行过程中的阵风载荷，急剧机动飞行引起的动载荷、着陆、滑行、刹车等地面操作引起的振动和冲击载荷，以及武器发射、投放过程中的冲击和压力波载荷。此外，离散源，如鸟类、碎石、冰雹、发动机碎片、轮胎碎片、导弹战斗部等的撞击以及飞机坠撞也会引起冲击载荷。动载荷的类型、强度、持续时间和危害程度与飞机的运动状态（如运动形式、位移、速度、加速度等）和环境条件密切相关，同时也与飞机结构的动态特性有着紧密的联系。本章将介绍一些动载荷试验的案例。

6.2 典型飞机连接结构冲击疲劳试验

在工程实践中，有很多结构部件会承受重复冲击载荷的作用，如枪械中的复进簧、舰载机的拦阻钩、导弹连接机体关键结构等。在多次重复的冲击载荷作用下，结构会产生疲劳损伤累积，薄弱处萌生裂纹并扩展，最终发展为疲劳失效破坏，这种现象称为冲击疲劳。冲击力是一种作用时间短、速度快、会引起材料高应变率的载荷。由于受到的载荷形式不同，材料的冲击疲劳性能与常规疲劳性能存在差异。在工程中结构承受的冲击载荷一般很大，容易造成低周冲击疲劳问题，因此主要承受冲击载荷的结构也需要将冲击疲劳纳入考虑范畴。

目前,结构级别的冲击疲劳寿命评估问题仍没有统一的指导理论,与之对应的冲击疲劳测试方法也没有统一标准,而对于关键结构的冲击疲劳问题的研究是现实需求,不止关乎结构工作强度、使用寿命,还关乎维护成本与结构性能的充分利用。

6.2.1 冲击问题描述

冲击可以定义为物体之间的动能的瞬态传递,能量传递的持续时间小于受冲击物体固有振动的周期。产品在冲击激励下产生的瞬态运动和力响应是一个非平稳的瞬态随机过程,具有有限响应幅度、持续时间、宽频带谱和机械能。冲击环境效应主要表现在产品完整性破坏和产品性能偏差两方面,由于不可能完全隔离冲击环境的影响,要求产品结构具有足够的耐冲击强度,能经得住冲击载荷的作用,保持结构完整性;同时,要求产品在受冲击载荷作用时和作用后均能正常地工作。产品具有足够的冲击稳定性。这两项要求规定了产品在研制过程中的设计评估准则和设计验证要求。

冲击环境和冲击环境效应相当复杂,具有较大的随机性,它比振动环境和振动环境效应更加难分析和预估,很大程度上要依靠原型产品的冲击性能模拟试验进行设计验证和评估,确保产品的抗冲击特性符合要求。

1. 冲击环境的描述

冲击是指一个结构系统所受到的瞬态激励,也可以看成是能量从外界传到一个结构系统的短暂过程。在这种激励的作用下,该系统的位移、速度、加速度发生突然的变化。冲击一般分为两大类,即简单冲击和复杂冲击(见图6-1)。简单冲击,其冲击幅值随时间变化的曲线近似为简单的几何图形,如半正弦波、矩形波、锯齿波等,这种冲击作用的时间往往小于结构系统的自振周期。复杂冲击,其冲击幅值随时间变化的曲线呈复杂的衰减振荡形,其作用时间可以延续到系统若干个自振周期。对冲击波形进行傅里叶分析可以得到:简单冲击的能量主要集中在低频范围内,频带宽度与冲击延续时间呈反比;对复杂冲击,其能量分布在较宽的频率范围内。

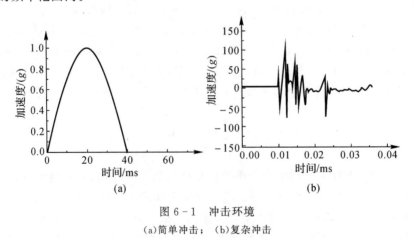

图 6-1 冲击环境
(a)简单冲击; (b)复杂冲击

冲击往往会使设备激起固有频率响应,使产品性能和结构受到不同程度的损害甚至失效。运载火箭、飞机、船舶、车辆以及各种工程机械,在其运行时经常受到冲击的作用,各自的结构、性能以及安装设备都将遭受有害的影响。例如航天器经受冲击载荷作用时,外界的能量瞬间传递到航天器结构及部件上,所产生的位移、速度、加速度的突然变化有可能造成航天器结构和仪器、仪表的损害以及故障,因此有必要进行地面冲击模拟试验以便尽早暴露设计或者制造缺陷。另外,对航天器影响更大的是爆炸冲击。爆炸冲击环境的特点是:高幅值($1\ 000g \sim 1\ 000\ 000g$)、宽频带、持续时间短、一般在 20 ms 内衰减到零,这种冲击对于被作用物体的破坏作用是巨大的。通常用力、加速度、速度、位移等物理量来描述冲击环境,最常用的是冲击的加速度时间历程。尽管冲击以不同的形式出现,但它们有如下特征:

(1)冲击波形复杂难以用数学表达式描述。

(2)持续时间变化较大(4 ms~1.4 s)。

(3)冲击是非周期性的,峰值变化较大,其频谱是连续的。

(4)冲击是瞬态激励,作用时间短,响应也是瞬态的。

为了研究冲击对产品的破坏机理和在实验室里比较精确地模拟现场的冲击激励响应特性参数,必须要对冲击环境做定量的描述。一般对冲击的描述分为两种方法:一种是描述冲击激励的参数,如冲击激励的时间历程等;另一种是描述系统对冲击激励的响应特性参数。

从冲击激励的作用机理和破坏机理考虑,构成冲击严酷度的要素有峰值加速度 A_p、持续时间 D 和冲击波形,这三点称为冲击的三要素,它们定量地描述了一次冲击所具有的严酷度。这三个要素对系统的响应均有影响:对线性系统,系统的响应与峰值加速度 A_p 成正比;持续时间 D 和系统固有周期 T 的比值有关;对于常见的正弦、后峰锯齿波和梯形波的冲击波形,当峰值加速度和持续时间一定时,梯形波给系统造成的冲击响应最大。

为了研究结构耐冲击能力,布洛特于 1963 年提出了冲击响应谱(Shock Response Spectrum)的概念。它用冲击载荷作用在结构系统上的效果来描述冲击。冲击响应谱是一系列不同频率、具有一定阻尼的线性单自由度系统受到冲击所产生的最大响应(位移、速度、加速度)与系统频率的关系曲线,简称冲击谱,它被广泛应用于卫星产品设计和冲击环境模拟试验。

冲击响应谱按照响应峰值取法分为初始谱、剩余谱等。初始谱为冲击作用期间,系统最大响应与频率的关系曲线;剩余谱为冲击停止作用后,系统最大响应与频率的关系曲线。对初始谱和剩余谱做包络就得到冲击响应谱。当产品因疲劳引起破坏时才使用剩余谱。

需要指出的是,冲击响应谱只是响应幅值与频率的关系曲线,相位信息不在冲击响应谱中。由冲击响应谱不能复现原来的冲击波形,而不同的冲击波形可以产生相同的冲击响应谱。

2. 航天器冲击环境

航天器所经受的冲击环境主要是由航天器上各种火工装置在工作时产生的。在航天器飞行的过程中,这些火工装置用来完成不同任务,例如完成航天器和运载火箭的末级分离,航天器舱段分离,航天器上伸展部件展开过程中的解锁、释放和分离等。航天器上所用的火工装置种类繁多,如爆炸螺栓、分离锁帽、拔销器、绳索切割器和 V 型炸药等,数量可达几十个甚至更多。这些火工装置工作时由于能量高速释放而产生所谓爆炸冲击。其严重程度因火工装置类型而异,对于航天器产生冲击环境的差别也很大。爆炸冲击环境的特点是:高幅值的振荡波形,持续时间很短,一般在 20 ms 内衰减到零。在火工装置附近,冲击加速度幅值范围为 1 000g～100 000g。它以应力波的形式传到航天器的各部位,加速度值随传播距离的增加而逐渐减小。

一般来说,爆炸冲击环境对航天器结构的影响并不严重,但是对一些脆性材料,如石英晶体以及一些电子部件可能造成损坏或故障,包括继电器产生误动作,晶体碎裂而造成仪器损坏,导线断开以及污染物的移位引起电子零部件的损坏,等等。这些故障可能危害整个飞行器的任务完成,因此必须予以重视。

除爆炸冲击环境外,航天器在地面装卸、运输过程中,以及返回部分回到地面时会受到碰撞式冲击。这种冲击的加速度时间历程近似简单冲击。对这种冲击环境的影响应该尽量地避免和减轻。如有必要,应该进行响应的冲击环境试验。爆炸冲击环境对航天器的考核非常重要,冲击模拟试验也比较复杂。

6.2.2 基础知识

1. 产品受冲击激励作用

产品对抗冲击的要求不同:有的产品要求在冲击作用时正常工作,如飞机和坦克上的武器系统;有的产品要求在冲击作用时不工作,但冲击作用后性能合格,不允许有永久性变形、裂纹等,如经过运输和装卸的产品;有的产品在冲击作用时不工作,作用后也不工作,只要求不能掉下零部件伤人或者损坏其他设备。每一种产品应根据可能遇到的冲击环境条件来进行抗冲击设计。对上述三种抗冲击要求,分别由功能适应性试验、结构完整性试验、坠撞安全性试验来考核设计的合理性。

产品受冲击激励以后损坏与冲击激励的程度有关,同时还与产品的材料和结构有关。一个产品可能由许多材料和不同的结构组成,要分析产品各个部分对激励的响应是一个复杂的问题。下面以一个简单的例子来分析一下结构受冲击激励后的失效激励。设一长度为 L 的悬臂梁,刚度为 k,质量为 m,如图 6-2 所示。设其受到一瞬态冲击后,响应加速度为 a,梁的变形为 x,则有

$$kx = ma \qquad (6-1)$$

即由冲击造成的破坏的最大位移 x 与最大响应加速度成正比。

现在分析冲击时梁应力情况,对图 6-2 所示的悬臂梁,其力平衡如图 6-3 所示,设 F_x 为剪应力,F_y 为样品变形时受到的拉力,则有

$$mal = F_y h$$
$$F_x = ma \qquad (6-2)$$

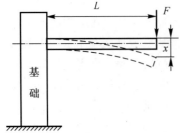

图 6-2 悬臂梁受力平衡示意图

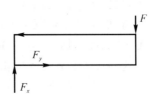

图 6-3 悬臂梁受力变形图

对于某一具体的材料:如果剪应力达到一定的数值,就会发生塑性变形;如果剪应力大于材料的强度极限,就会发生剪切断裂。

同理,对于某一具体结构和此案料,拉力不能太大:如果拉力达到一定的数值就会发生塑性变形;当拉力增大到强度极限时就可能产生裂纹或断裂。

综合上述冲击失效机理,不管哪种原因引起的冲击失效都与产品响应的最大加速度有关。在冲击作用时,响应加速度在各个时刻是不同的。冲击一般认为是峰值破坏,不考虑疲劳损伤。因此,我们要研究不同的脉冲对产品造成的最大响应加速度。

2. 典型冲击的描述

不同材料、结构的五受冲击时产生的冲击脉冲是不同的,在试验室内较容易产生的冲击波形有半正弦波、矩形波、后峰锯齿波等。进行冲击试验,应根据产品的冲击环境选择最接近真实情况的冲击波形、持续时间和峰值等参数。

为了保证冲击试验的同一性和试验的再现性,保证不同实验室、不同设备、不同人员按相同的技术条件要求对同一种产品进行冲击试验有相同的结果,各种标准如国军标 150A、国标 2423、美军标 MIL - STD - 810E 等都对冲击试验做出了详细的规定。国军标 150A 规定了两种冲击波形:半正弦波、后峰锯齿波(见图 6 - 4)。美军标 MIL - STD - 810E 规定了一种冲击波形——后峰锯齿波。具体规定如下所述。

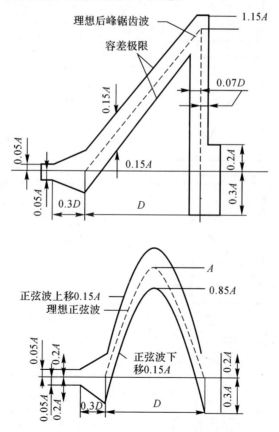

图 6 - 4 国军标 150A 规定的冲击波形及容差

(1)加速度-时间历程曲线满足要求。

(2)速度容差满足要求,如国军标 150A 试验时,实际各种冲击脉冲速度变换的容差应在标准值的±10%内,实际脉冲速度计算应从脉冲前 $0.4D$ 积分到脉冲后 $0.1D$,其中 D 为标准脉冲持续时间。

对一些常用标准冲击脉冲的描述如下:

(1)标准单冲击脉冲的时域描述。各种标准单冲击脉冲的时域描述见表 6-1。

表 6-1 标准单冲击脉冲的时域描述

类 型	脉冲波形	数学表达式
半正弦波		$A(t) = A_p \sin \dfrac{\pi t}{D}$ $\quad (0 \leqslant t \leqslant D)$ $A(t) = 0$ $\qquad\qquad (D \leqslant t)$
矩形波		$A(t) = A_p$ $\quad (0 \leqslant t \leqslant D)$ $A(t) = 0$ $\quad (D \leqslant t)$
三角波		$A(t) = 2A_p \dfrac{1}{D}$ $\qquad \left(0 \leqslant t \leqslant \dfrac{D}{2}\right)$ $A(t) = 2A_p \left(1 - \dfrac{t}{D}\right)$ $\quad \left(\dfrac{D}{2} \leqslant t \leqslant D\right)$ $A(t) = 0$ $\qquad\qquad (D \leqslant t)$
后峰锯齿形波		$A(t) = 2A_p \dfrac{t}{D}$ $\quad (0 \leqslant t \leqslant D)$ $A(t) = 0$ $\quad (D \leqslant t)$
四分之一正弦波		$A(t) = A_p \sin \dfrac{\pi}{2D} t$ $\quad (0 \leqslant t \leqslant D)$ $A(t) = 0$ $\qquad\qquad (D \leqslant t)$

在实际工程中遇到的冲击过程是多种多样的,不能按照单一波形来处理和解决问题。多数冲击是复杂而且无规律的,难以用某个数学函数关系精确地描述它们。随着电子技术的飞速发展和电子计算机的广泛应用,一帧复杂的瞬态冲击过程图形可以借助 A/D 变换,根据所要求的精度要求进行数字化处理,获得一组 $t_1, t_2, \cdots, t_i, \cdots, t_n$ 时刻下对应的冲击量值 $A_1, A_2, \cdots, A_i, \cdots, A_n$ 的表格数据库,如图 6-5 所示。运用这种表格数据库,连同原有的瞬态过程图形,共同描述瞬态冲击过程是目前采用的主要方法。

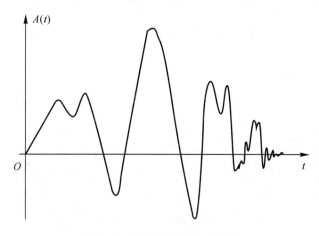

图 6-5　瞬态加速度-时间历程

准确评定一个由图形、表格数据库描述的冲击强度,应该通过它们所覆盖的频率范围以及在该频率范围中各个频率点上的能量分配状态相互比较。因此,要将冲击运动的时间过程转换为频率域。

(2)标准单冲击脉冲的频域描述。任何非周期函数都可以用带有特定幅值和相位特性的正弦波分量的叠加来表示。这种叠加即为傅里叶谱。它类似于周期函数的傅里叶分量。周期函数的傅里叶分量出现在离散频率处,而组合函数由分量的叠加得出。相反,非周期函数的傅里叶谱是频率的连续函数,并且组合函数由积分获得。

假如已知冲击函数 $A(t)$,其频谱函数的变换式为

$$G(f) = \int_{-\infty}^{+\infty} A(t) e^{-j2\pi ft} \, dt \tag{6-3}$$

1)半正弦波。由表 6-1 中半正弦波冲击脉冲的时域描述可导出其频域表达式为

$$G(f) - \int_{-\infty}^{+\infty} A(t) e^{-j2\pi ft} \, dt = \int_{0}^{D} A_p \sin \frac{\pi}{D} e^{-j2\pi ft} \, dt =$$

$$\frac{A_p}{\left(\frac{\pi}{D}\right)^2 - (2\pi f)^2} \frac{\pi}{D} (e^{-j2\pi ft} + 1) \tag{6-4}$$

由式(6-3)可计算得到幅值频谱函数:

$$|G(f)| = \frac{2A_p D}{\pi} \left| \frac{\cos \pi fD}{1 - 4f^2 D^2} \right| \tag{6-5}$$

半正弦脉冲时域波形和幅值频谱如图 6-6 所示。

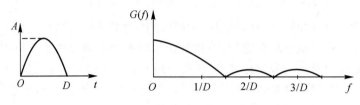

图 6 - 6　半正弦脉冲时域波形和幅值频谱

2）矩形波。利用与"1）"相同的计算方法可得矩形波的幅值频谱函数式为

$$|G(f)| = A_p D \left| \frac{\sin \pi f D}{\pi f} \right| \tag{6-6}$$

·矩形脉冲时域波形和幅值频谱如图 6 - 7 所示。

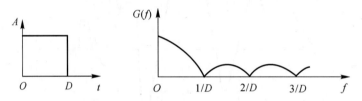

图 6 - 7　矩形脉冲时域波形和幅值频谱

3）后峰锯齿波。后峰锯齿波的幅值频谱函数为

$$|G(f)| = \frac{A_p}{2} \left[\frac{1}{\pi f} \sqrt{1 - \frac{1}{\pi f} \sin 2\pi f D + \left(\frac{1}{\pi f D} \sin \pi f D \right)} \right] \tag{6-7}$$

后峰锯齿波脉冲时域波形和幅值频谱如图 6 - 8 所示。

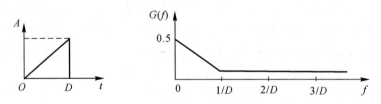

图 6 - 8　后峰锯齿波脉冲时域波形和幅值频谱

从图 6 - 6～图 6 - 8 可以看出,后峰锯齿波的能量较为均匀,易激起各个频率的响应。而半正弦波、矩形波在某些频域上为零。

3. 冲击响应谱

冲击响应谱又称"冲击谱"(Single Degree of Freedom System),是指将冲击激励加到一系列线性、单自由度弹簧、质量系统时,将各单自由度系统(SDOF)的最大响应值作为系统固有频率的函数响应曲线。它用冲击载荷作用在结构系统下的效果,即结构系统随冲击载荷的响应来描述冲击。随着冲击响应谱概念的提出和计算方法的完善,冲击响应谱作为试验规范已被广泛地应用于产品的耐冲击设计与冲击环境模拟试验,很多经典波形试验规范正在被冲击响应谱试验规范所代替。

(1)冲击响应谱的导出。冲击响应谱是用来衡量系统受到冲击作用效果的尺度。对于一个单自由度质量弹簧阻尼系统,当其公共基础受到冲击激励时,其响应峰值为该单自由度系统固有频率的函数,此函数回程图形就叫冲击响应谱。冲击响应谱可以看作一系列具有相同阻尼的单自由度系统对给定瞬态时域信号的最大响应的合成。

一个实际的物理系统可以分解为多个不同的单自由度系统,对于每个单自由度系统进行冲击响应谱分析计算,最后加以合成,即可得到整个系统的冲击响应谱,如图 6-9 所示。

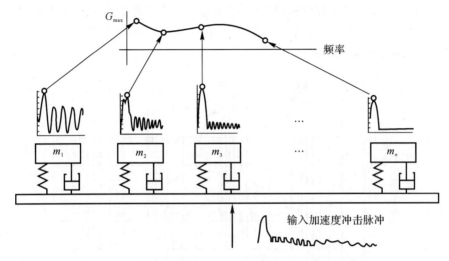

图 6-9　实际的物理系统可以分解为多个单自由度系统

每个子系统都有自己的力学特征参量,如质量 m、弹性系数 k 和阻尼 c 等,也就是说,每个子系统都可以抽象成"质量-弹簧-阻尼"系统(Mass-spring-damping,MSD),如图 6-10所示。

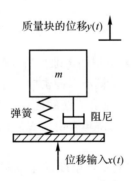

图 6-10　单自由度"质量-弹簧-阻尼"系统

冲击响应谱按照响应峰值的不同取法分为以下几种:

1)初始响应谱。其指在冲击持续时间范围内出现的最大响应峰值与系统固有频率之间的关系,简称主谱。

2)剩余响应谱。其指在冲击持续作用完结之后的时间范围内出现的最大响应峰值与系统固有频率之间的关系,简称余谱。

3) 最大响应谱。其指在整个响应过程中的最大响应峰值与系统固有频率之间的关系，亦即主谱和余谱的包络谱。当此最大响应峰值为绝对值最大时，称为绝对最大响应谱。

4) 最小响应谱。其指在整个响应过程中的最小响应峰值与系统固有频率之间的关系。

冲击响应谱按照所用的参数不同又可分为绝对加速度谱（$\ddot{x}-\omega$）、等效加速度谱（$\omega^2\delta\sim\omega$）、等效速度谱（$\omega\delta-\omega$）、速度谱（$\dot{x}-\omega$）、绝对位移谱（$x-\omega$）、相对位移谱（$\delta-\omega$）。绝对位移是指质量块相对于惯性参考平面的位移，相对位移是指质量块相对于其支撑面的位移。

图 6-11 为峰值 $A=10g$，冲击脉宽为 11 ms 的半正弦波冲击，去激励一系列单自由度系统，得到的最大加速度响应谱曲线。

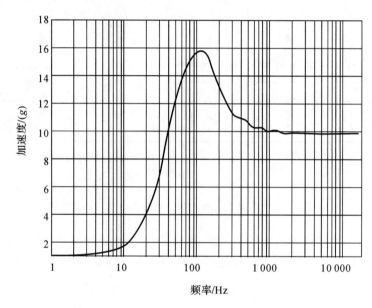

图 6-11　峰值加速度 $A=10g$，冲击持续时间 11 ms 的半正弦冲击响应谱

（2）冲击响应谱的算法。冲击响应谱的求取方法有两大类。一类是用机械或电子的方法模拟单自由度系统的物理模型，给该模型以冲击输入求响应，如簧片仪、振子式冲击谱分析仪以及电子模拟冲击谱测量仪等。这类方法的优点是简单、经济、可靠；缺点是设备笨重、频带窄、精度差。另一类方法是直接求解单自由度二阶微分方程，由计算机完成，这是近几十年来发展起来的方法。

1) 直接积分法。这种方法直接对单自由度系统的响应积分求得通解：

$$\delta(t)=\frac{1}{\omega_{\mathrm d}}\int_0^D \ddot{u}(\tau)\mathrm{e}^{-\zeta\omega_n(i-\tau)}\sin\omega_{\mathrm d}(i-\tau)\mathrm{d}\tau \tag{6-8}$$

然后将方程的变量离散化，以求和方式代替积分求得 δ。这种方法编程简单，但计算量大，占用计算机时间长。

2) 傅里叶（Fourier）变换法。这种方法的思路是将冲击信号进行 Fourier 变换（采用快速 Fourier 算法），然后乘以单自由度系统的频响函数，在对乘积求解逆 FFT，从而得到时域响应，最后经峰值检测得到冲击响应谱。这种方法的优点是可利用 FFT 信号分析软件，运算速度快。但是这种算法要做多次的 FFT 和逆 FFT 变换,程序复杂。

3)递推法。其思路是在求解 δ_{i+1} 时,尽量用到 δ_i 和 δ,并将 sin 和 exp 运算作为因子提出,使得递推法运算仅含有乘法和加法运算,并可以循环运算。这样就简化了直接积分算法。

4)数字滤波器法。其指将绝对加速度模型和相对位移模型的传递函数离散化,并将模型参数转化为数字滤波器系数。这种方法充分利用数字滤波方法及其成果,受到广大工程技术人员的青睐。

(3)冲击响应谱规范评述。冲击响应谱试验规范是在冲击谱概念得到公认以后发展起来的,规定了冲击响应谱的形状和量级,同典型冲击(Classical Shock)试验规范相比,利用冲击响应谱进行试验具有明显的合理性和优越性。

1)冲击响应谱具有明确的物理意义,用冲击引起的响应大小来衡量试验对象在现实冲击的破坏力,可用于比较不同冲击的严酷程度,因此冲击响应谱试验规范更为合理。

2)冲击响应谱是响应等效的,对产品的作用效果也等效,因此,冲击响应谱模拟比规定冲击脉冲模拟更接近实际冲击环境。

3)在试验中能充分暴露环境造册很难过的功能损失,试验结果比较真实。

4)对冲击脉冲的类型和产生冲击力的方法不做严格要求,因此试验时有较大的灵活性。

5)对于工程设计人员来说,通过冲击响应谱分析,可以对设备各部件所承受的最大动力载荷有比较明确的把握,从而预测出潜在的破坏;同时还能提供给工程设计人员一个比较灵活的技术,以确保试验的可重复性。

冲击响应谱规范需要对试验结果进行计算,随着数字信号处理技术和计算机技术的快速发展,它得到了很大的发展。尽管如此,冲击响应谱试验规范也有自身的局限性,如冲击响应谱描述的是多个单自由度在同一冲击作用下的最大响应同系统固有频率之间的关系,其未包括相位信息,因此冲击作用力与冲击谱之间不存在位移对应的关系,即存在着不同冲击力具有相同冲击谱的现象。

这种同一冲击谱对应多个冲击作用力的现象导致的最大问题是不同受试产品在执行同样的试验规范时可能受考核的严酷程度不一致。例如,选两个具有相同冲击响应谱而它们的时域特征差别却很大的冲击作用力对同一批产品进行冲击试验,试验结束后尽管这批产品可以得到相同的冲击谱,但它们各自结构的真实响应却会有很大的差异。冲击响应谱的这一局限性还有待于在今后的工程实践中不断完善。

6.2.3 冲击环境模拟技术

1. 冲击环境模拟的基本途径

在冲击环境作用下,经产品结构的传递产生的应力和运动瞬态响应,通过材料的机械性能造成冲击环境效应。因此,冲击环境模拟试验设计除了考虑激励输入(时间域和频率域)特性外,还应该考虑与产品固有动态特性有关的响应特性。在试验室条件下,通常有下列三种冲击环境模拟途径:

(1)冲击实践历程模拟,即时域模拟。其再现实际的实践历程或者能反映实际冲击实践历程主要特性(如脉冲波形和速度变化)的典型脉冲波形(半正弦波、后峰锯齿波或者梯形波)。

(2)在实际冲击激励下的响应模拟。预先根据产品的固有动态特性确定产品对实际冲击载荷激励的响应,施加能与该响应主要特性相一致的任何冲击波形。

(3)产品破坏条件模拟。模拟产品在实际冲击环境作用下的破坏模式和程度,是三种途径中最难实施的。

2. 卫星爆炸冲击环境的模拟

19世纪40年代国外建起了最简单的冲击试验设备,以用于某些产品的试验。早期冲击试验设备主要有两类:一类是具有可变缓冲器刚度和跌落高度的落下式冲击试验机,模拟撞击式冲击环境,主要是半正弦波;另一类是可以调节重锤质量和角度的摆锤式冲击机。随着导弹和卫星技术的发展,爆炸冲击环境越来越受到重视。如何更加真实地模拟爆炸冲击环境也成为重要的研究课题。

爆炸冲击环境的模拟比较复杂,试验设备的类型也较多,结合爆炸冲击环境模拟技术的发展,下面介绍几种试验方法。

(1)跌落式冲击试验机和摆锤式冲击试验机。该方法曾在早期广泛使用,但由于它的固有特性,往往导致试验不应有的损坏。其原因为:①试验波形单一且不规范,无论跌落式或锤击式只能进行近似半正弦波的冲击波形且受机械的限制,波形往往呈尖峰状,很难达到半正弦状;②控制调整困难,大多数试验机必须停机调整变换垫充物,少数可在开机时调节,但调节范围小;③重复性差,由于垫充材料的物理特性很难做到一致和稳定,因此各次试验参数值均不相同;④很难实现多轴多自由度的冲击试验;⑤有很大的速度变化,它的低频部分所含的爆炸冲击能量大;⑥简单冲击,位移和速度变化都很大,而爆炸冲击是高频振荡型,加速度变化大,但是速度和位移变化小。两种载荷作用的方式不同,破坏的效果也不一样。

然而,跌落式冲击试验机和摆锤式冲击试验机使用方便,试验费用低,重复性也较好,在没有更加合适的试验设备,或者允许试验有较大的保守性时,仍然可以用于模拟爆炸冲击环境。

(2)用电动振动台进行模拟。利用数控振动台系统进行冲击谱模拟已经成为航天器爆炸冲击环境试验的主要方法。在早期,利用模拟是系统来模拟爆炸冲击环境,方法是用一个脉冲信号通过带通滤波器(如按1/3倍频带宽)改变通过各个滤波器的基本波形幅值来满足冲击条件要求。把这些基本波形的组合时间历程输入振动台的功率放大器,作为输入信号。然而,这些所谓的冲击谱合成法在开发出数控系统后才得到了广泛的应用。数控系统可以使用各种不同的波形组合来实现冲击谱模拟。由计算机计算出给定基本波形组合的冲击谱,修改波形的参数以满足给定冲击谱条件。数控系统控制精度高、控制速度快、调试简单,加之振动台已经广泛应用于环境试验中,因此该试验方法是普遍采用的环境试验方法。

但是用振动台进行爆炸冲击环境试验有一定的局限性:振动台产生的冲击加速度幅值有限制;振动台一般使用刚性夹具,不能真实的边界条件;会产生较大的过试验。

(3)用火工装置进行模拟。直接使用火工装置产生冲击环境,可以更好地模拟实际的冲击环境。曾经发展了多种使用火工装置的爆炸冲击模拟器。这些试验装置并未得到推广使用。其主要原因是作为试验手段,安全是至关重要的问题,同时试验冲击谱不易控制在容差范围内。

(4)用撞击法进行模拟。为了解决爆炸冲击模拟器存在的问题,提出了利用撞击方式模拟冲击环境。一种方法是利用一部分卫星结构或是模拟局部卫星结构刚度和质量的试验夹具,用一重块自由下落撞在试验结构上,试验件按实际情况固定在试验的某个部位。这时,调节落锤高度和质量,试验件就能得到与实际情况相近的冲击环境。另一种方法是将试验件装在一块厚板上,用撞击的方法使板产生频率很高的振荡。这一振荡冲击的冲击谱应能满足冲击谱试验条件的要求,该试验装置的结构多种多样,而且比较简单。

用撞击法进行冲击模拟的优点是:安全、重复性好、调整方便,调整锤的质量、高度和缓冲垫的材料,可以得到不同的冲击谱。但缺乏通用性,对于加速度幅值有一定限制。板式冲击模拟装置有较大的灵活性,为了得到更高的冲击加速度,可以用炸药或者气动方式锤打在装置上。

由此可见,由于卫星的爆炸冲击环境很复杂,选用何种试验方法,需要考虑多方面的因素,如所具有的试验手段、试验条件、允许的保守性和试验成本等做出决定。

3. 冲击环境模拟的等效损伤准则

冲击激励的瞬态传递过程相当复杂,由于环境参数的随机影响,各次冲击的波形之间存在明显差异,具有一定的统计特性,难以找到具有代表性的时域波形,因此,在实验室内大多采用对产品冲击环境效应等效的模拟方法,而不一定非要采用再现实际冲击激励时间历程的模拟方法。

从产品的结构完整性和性能稳定性两方面来看,产品所受的机械应力和变形的峰值是引起产品冲击损伤、破坏或失效(故障)的重要因素之一。如果产品冲击环境模拟试验所受的应力响应峰值与实际冲击环境产生的应力峰值相当,可以认为这两种环境所产生的损伤或故障等效,这称为冲击试验等效损伤准则。这种响应域上的模拟准则已经被广泛采纳,用作冲击试验的控制条件。

冲击激励所产生的应力响应与产品结构的固有动态特性有关,它是多阶模态叠加的结果。采用响应域的描述方法,应力的峰值需要以多自由度系统作为参考系统的多阶冲击响应谱表达。但由于多阶冲击响应谱描述相当复杂,难以普遍应用,一般采用一阶冲击响应谱作为冲击等效损伤模拟的控制准则。虽然这样的模拟不完全恰当,但如果产品固有频率比较稀疏,一阶冲击响应谱可以用来比较不同冲击波形所引起的相对损伤程度。

4. 冲击波形等效方法

产品的冲击环境给出冲击激励的三要素(峰值、脉宽、波形),但在实验室里对这些冲击条件进行模拟试验时,由于试验设备或其他方面的限制,往往不能满足所规定的条件。有时不能产生规定的波形,而只能产生另一种波形。

从前面讨论的冲击失效激励可看出,冲击失效主要是由最大加速度引起的,所以,冲击等效的依据是:环境条件所规定的最大冲击加速度与冲击试验样品响应的最大加速度相等。

设环境条件规定的冲击波形峰值加速度为 A_1,脉宽为 D_1,最大响应加速度为 a_{max1};试验所采用的波形加速度为 A_2,脉宽为 D_2,最大响应加速度为 a_{max2}。根据响应加速度等效的原则,有

$$\left.\begin{array}{l} a_{max1} = A_1 a_1 \\ a_{max2} = A_2 a_2 \end{array}\right\} \tag{6-9}$$

式中: a_1、a_2 为响应系数。如果两种冲击激励波形的最大响应加速度 $a_{max1}=a_{max2}$,那么可认为冲击等效。

当采用相同的脉宽来做波形间的等效时,梯形波的峰值最大,半正弦波的峰值稍大,后峰锯齿波的峰值最大。

前面讨论的是理论分析得出的单自由度、无阻尼、线性系统的等效关系。如果系统是并联多自由度系统,应根据不同的共振频率求出对应的峰值响应加速度,取最大的;如果是串联的单自由度系统,应取第一级的响应。

冲击试验是以峰值破坏为基础的,不能简单地用于以疲劳破坏为机理的碰撞。

5. 冲击模拟试验方法

(1)以冲击响应谱作为控制条件的冲击模拟试验方法,规定冲击响应谱和误差要求。试验要求的冲击谱是根据实测的冲击环境数据确定的。考虑到环境的随机性和预测方法的误差,应在实际的冲击谱包络数据上增加一定的安全储备。当实测冲击谱数据字样的数目大于 5 时,试验的冲击谱可按下式取值:

$$G_i = m_i + k\sigma_i \qquad (6-10)$$

式中: G_i 为频率 f_i 试验的冲击谱值; m_i 为频率 f_i 上子样的算术平均值; σ_i 为频率 f_i 上子样的标准偏差; k 为安全储备系数, k 的取值与子样数目 n 有关,表 6-2 为 k 的推荐值。当子样数目较少时,安全储备量可根据工程经验选定。

表 6-2 安全储备系数推荐值

n	5	6	7	8	9	10	12	15	20	30	100
k	1.78	1.45	1.73	1.72	1.71	1.7	1.69	1.68	1.67	1.66	1.65

为了避免过试验或欠试验,控制试验的再现性,试验条件中规定了冲击谱允差,一般 $Q=10$,1/6 倍频程取 ±3 dB。

由于冲击谱和冲击激励的时间历程并不是一一对应的,也就是说可以用多种不同的冲击激励时间历程实现同一冲击谱要求,例如高加速度、短持续时间的瞬态脉冲与低加速度、长持续时间的瞬态脉冲具有相同的冲击谱,这说明在应用冲击谱时要加一定的自限制条件。为了保证等效损伤,提出一致性冲击谱试验要求,要求冲击激励的时间历程除了满足冲击谱要求外,还应尽可能与实际冲击环境的特性相一致。因此,在冲击试验的激励时间历程选用合成时,应考虑到实际冲击环境的特性。

(2)规定冲击激励时间历程的冲击模拟试验方法。这种模拟方法适用于装卸和运输冲击环境的模拟。

1)典型冲击波形。根据实测的、具有一定安全储备的冲击响应谱数据,对照典型脉冲(半正弦波、后峰锯齿波和梯形波)的冲击响应谱(见图 6-12)选择能较好地包络实测冲击谱的典型脉冲作为冲击模拟试验的控制要求。如果没有有效的实测冲击环境数据,可参照有关标准推荐的典型冲击脉冲波形和严酷程度(峰值加速度和脉冲持续时间)选择冲击试验要求。

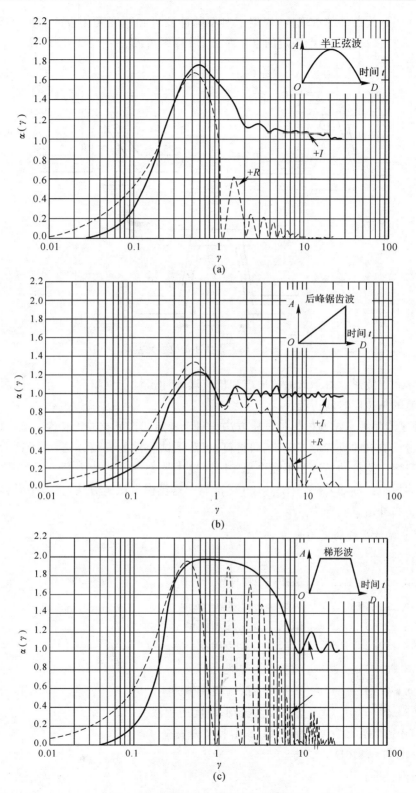

图 6-12　典型冲击波形的冲击响应谱

为了保证环境试验条件的重现性,规定了典型脉冲波形和速度变化量的允差。图6-13 为
IEC 68-2-27(1987)标准中规定的半正弦波、后峰锯齿波、梯形波的波形允差。速度变化
量的允差为 15%。

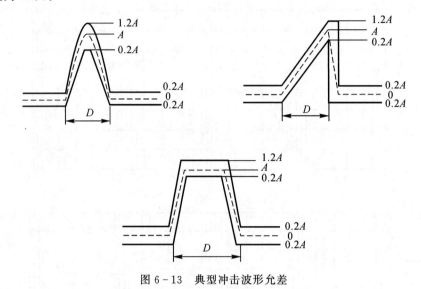

图 6-13 典型冲击波形允差

　　2)实际冲击波形。对于产品抗地震和抗核爆炸冲击性能的研究,一般要求再现实际瞬
态冲击环境的加速度时间历程。
　　(3)规定专用冲击试验机模拟试验方法。对于特定的产品抗冲击特性试验,规定了具体
所采用冲击试验机的机构形式、工艺和材料,规定了试验件的安装方法、冲击试验严酷程度
以及试验程序。这种冲击试验不能再现实际环境中遇到的不同冲击时间历程,只是对典型
冲击环境的模拟。例如,MIT-S-9100 标准属于这类模拟试验方法,标准中具体规定了海
军舰上设备高冲击试验方法。

　　6. 冲击环境试验的通用标准

　　(1)国外标准:

ICE 68-2-27	试验 E_a 和导则:冲击
ICE 68-2-29	试验 E_b 和导则:碰撞
ICE 68-2-31	试验 E_c:倾跌和翻倒
ICE 68-2-32	试验 E_d:自由跌落
ICE 68-2-55	试验 E_e:弹跳
ICE 68-2-62	试验 E_f:摆锤碰撞试验
ICE 68-2-57	试验 F_f:振动-时间历程法
ISO/DIS 7137	第七节:冲击和坠毁安全
MIT-STD-810D	方法 516.3　冲击

　　(2)国内标准:

　　GB 2423.5,GB 2423.6,GB 2423.7,GB 2423.8 分别与 ICE68-2-27,ICE68-2-29,

ICE68 - 2 - 31,ICE68 - 2 - 32 一一对应。

GJB150.18 军用设备环境试验方法:冲击试验。

6.2.4　冲击试验技术

1. 冲击试验设备

冲击试验设备是用来产生瞬态冲击载荷的机械装置。要求冲击试验设备能再现冲击环境的特性,波形可控,重复性好以及便于操作。

试验设备按载荷作用原理可分为:①制动方式有跌落式、斜台式和凸轮式;②加速度方式有摆锤式、气动式和振动台。按载荷类型可划分为:①简单冲击跌落式和气动式;②复杂振荡冲击振动台和冲击模拟器等。此外,其还可分为单次冲击和多次重复冲击试验设备。

冲击试验设备的基本技术性能包括以下内容:冲击波形类型,最大冲击加速度值,冲击持续时间,速度变化允差,台面尺寸,速度分布,台面横向运动,试验件的最大重量和尺寸,试验件的安装方式以及不同试验重量、不同缓冲装置情况下冲击加速度峰值和脉冲持续时间的性能标定的变化曲线。例如,跌落式冲击试验机的性能标定曲线为不同试验件重量、不同缓冲垫情况下,冲击加速度峰值和脉冲持续时间与跌落高度的变化曲线。

2. 冲击波形发生结构的特点

(1)典型冲击波形的发生。

1)制动方式。以跌落式冲击试验机为例来说明典型冲击波形发生结构的特点。跌落式冲击试验机主要由可动的工作台面、制动装置和台面组成(见图 6 - 14)。制动装置(包括砧座)的力学特性决定了冲击负载的基本特性(冲击波形、加速度峰值以及加载、卸载持续时间),当工作台面落下与台面和制动装置相撞时,将台面的动能转化为制动装置的应变能,产生冲击载荷的脉冲前沿,制动装置的弹性变形为台面的最大制动行程;而后由于制动装置的弹性恢复形成冲击载荷脉冲的后沿。图 6 - 14(a)(b)分别为固定砧座、弹性悬挂砧座的冲击试验机及其所对应的台面加速度过载、速度和位移的时间历程。从图中可以看出,整个冲击过程可划分为下列四个阶段:Ⅰ——预加速;Ⅱ——制动;Ⅲ——制动装置恢复力作用;Ⅳ——作用结束。

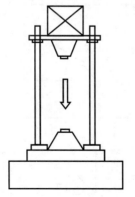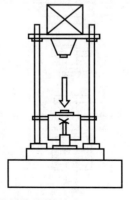

图 6 - 14　冲击试验机性能曲线

(a)固定砧座式冲击试验机

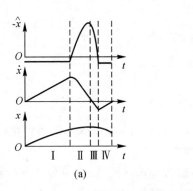 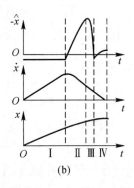

(a)　　　　　　　　　　　(b)

续图 6-14　冲击试验机性能曲线
(b)弹性悬挂砧座式冲击试验机

制动装置的力学特性因其结构形式和缓冲材料的不同而不同,表 6-3 列出了各种制动形式的结构、材料、力学特性以及适用范围。

表 6-3　冲击试验机制动装置特性

形式	名称	结构简图	可变形缓冲材料	力学特性 $k-z$ 图	冲击波形 $G-t$ 图	使用范围
弹塑性	释压式		铅、铜、铝			后峰锯齿波
	嵌入式		铅			后峰锯齿波
	穿透式		铅			梯形波
弹性	力学特性恒定		氮气或液体			半正弦波
	力学特性可变		氮气			后峰锯齿波

　　弹塑性制动装置在相撞过程中所呈现的力学特性与变形缓冲材料的力学性质以及锤头的尺寸和形状有关。对于特定的冲击波形要求,需通过大量的试验才能选定合适的缓冲材料和几何形状。由于撞击后缓冲材料的塑性大变形,这种制动装置的缓冲材料每次冲击试验后需更换,因此,这种制动装置只适用于单次或次数不多的冲击试验。

　　多次重复冲击试验一般采用弹性制动装置。用弹性垫制动是产生半正弦波冲击过载的最简便方法。表 6-4 给出了各种弹性垫产生的冲击加速度峰值和冲击持续时间。

表 6-4　弹性垫特性

弹性垫形式	冲击加速度峰值(g)	冲击持续时间 ms	备注
高密度毛毡垫	3 000～30 000	0.1～0.4	刚性力学特性
高弹性塑料垫	500～5 000	0.5～2	
人造弹性成套垫	20～500	3～40	软性力学特性

　　用空气(如氮气)作为制动介质的冲击波形发生装置,通过改变活塞、密封的结构形式和适当调节气室工作压力可产生半正弦波、后峰锯齿波和梯形波。后峰锯齿波和梯形波的脉冲前沿由砧座上所垫的缓冲材料特性确定;而脉冲后沿与波形发生装置的结构和气室工作压力有关。

　　用跌落式冲击试验机进行冲击试验时,试验件安装在可动的工作台面上,这样,在跌落过程中处于失重状态,受 $-1g$ 的过载,要求这个值不超过试验条件所要求加速度峰值的 10%。

　　2)加速方式。这类冲击试验机的特点是装有试验件的工作台面在冲击激励前处于静止状态,用加速装置按所要求的试验条件激励工作台面产生冲击加载,在冲击加载结束后工作台面获得一定的动能,用阻尼装置减速恢复到静止状态。

　　图 6-15(a)为 Hyge 气动冲击试验机原理图,加速装置是气缸,推杆活塞将气缸分为上、下两个气室,上、下两个气室的压力都单独可调。在冲击激励前,由于活塞杆的上受压面积大于下受压面积,可以通过控制上、下气室的压差使推杆活塞处于静止状态;逐渐增加下气室的压力,一旦作用在推杆活塞上的合力变为非零向上作用力时,活塞便开始向上运动,导致下气室的受压面积突然增加,产生瞬态冲击过载。具有一定外形的推杆与气室的中心孔在推杆活塞瞬态运动过程中构成变化的环形间隙,控制气体的流动,从而可调节冲击加载和卸载的特性,产生半正弦波或后峰锯齿波冲击激励。图 6-15(b)为加速式冲击试验机的加速度、速度、位移时间历程图。

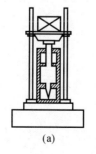
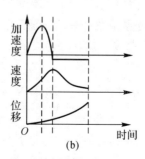

图 6-15　Hyge 气动冲击试验机

(a)结构简图;　(b)冲击加载特性

(2)满足指定冲击响应谱要求的冲击波形合成方法。

1)振动台冲击激励。根据试验条件规定的冲击响应谱要求,由计算机数字合成瞬态冲击激励信号,在振动台(一般为电动振动台)上进行瞬态冲击试验,这是一种相当灵活的冲击试验方法。冲击试验要求振动台台面在冲击前和冲击后的加速度、速度和位移都等于零,并受振动台最大位移、速度和加速度的限制。因此,这种试验方法适用于产生振荡型瞬态冲击环境。由于冲击脉冲持续时间相当短,输入冲击加速度和速度峰值能超出振动台最大加速度和速度的能力,响应的冲击响应谱值可达振动台标称最大加速度的 20 倍。不过频率高于 2 kHz 时,电动振动台推力会迅速下降,这时,应采用火工品爆炸或其他高能冲击激励方法模拟高加速度、高频瞬态冲击环境。

振动台瞬态冲击试验的数字控制系统框图如图 6-16 所示。台面驱动加速度 $\ddot{x}(t)$ 一般采用子波线性叠加合成,即

$$\ddot{x}(t) = \sum_{i=1}^{M} A_i f_i(t) \tag{6-11}$$

式中: $f_i(t)$ 为第 i 个子波函数; A_i 为第 i 个子波幅值; M 为子波总数。

合理地选择 $f_i(t)$ 和 $A_i(i=1,2,\cdots,M)$ 使每个子波都能近似地满足振动台性能约束,并在 M 个频率点上满足试验条件规定的冲击谱要求,而又能适当兼顾中间频率上冲击谱要求,保证将试验件安装面上的输入所对应的冲击谱控制在允差带内。

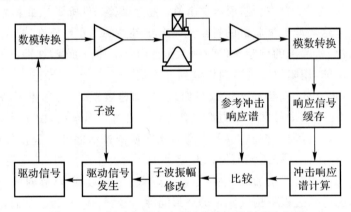

图 6-16　振动台瞬态冲击试验数字控制系统框图

对某一特定的冲击谱要求,可能有无数种子波函数选择。下面介绍两种常见的子波函数形式,即半正弦包络的振荡波和衰减振荡波。

a)半正弦包络的振荡波。这种振荡波的子波函数为

$$f_i(t) = \begin{cases} 0, & 0 \leqslant t \leqslant t_{d_i} \\ \sin 2\pi b_i(t - t_{d_i})\sin 2\pi N_i b_i(t - t_{d_i}), & t_{d_i} \leqslant t \leqslant t_{d_i} + T_i \\ 0, & t > t_{d_i} + T_i \end{cases} \tag{6-12}$$

式中: b_i 为第 i 个子波的包络频率; N_i 为第 i 个子波的振荡半波数(奇数); t_{d_i} 为第 i 个子波的时间延迟; T_i 为第 i 个子波的脉冲持续时间。

对应的时间历程如图 6-17(a)所示,对应的冲击谱如图 6-17(b)所示。从图中可以看

出,冲击谱的最大峰值发生在 $f = N_i b_i$ 附近,值为输入峰值的 N_i 倍。式(6-11)中引入时间延迟是为了改善中间频率上冲击谱值与试验要求相一致的程度。

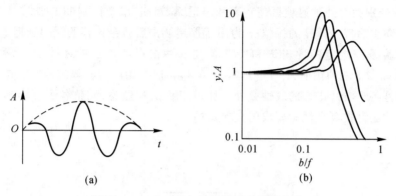

图 6-17　半正弦包络振荡波及其冲击谱
(a) 子波的时间历程;　(b) 子波的冲击谱

b) 衰减振荡波。这种振荡波的子波函数为

$$
\left.
\begin{aligned}
f_i(t) &= \mathrm{e}^{-\eta_i \omega_i t} \sin\omega_i t \\
\ddot{x}(t) &= \sum_{i=1}^{M} A_i fi(t) \\
&= \sum_{i=1}^{M} U(t-\tau_i)\mathrm{e}^{-\eta_i \omega_i} \sin\omega_i t + A_n U(t+\tau)\mathrm{e}^{-\zeta_n \omega_n}(t+\tau)\sin\omega_n(t+\tau)
\end{aligned}
\right\}
\quad (6-13)
$$

式中:ω_i 为第 i 个子波的振荡频率;η_i 为第 i 个子波的阻尼系数。对应的子波时间历程图如图 6-18(a) 所示,响应的冲击谱如图 6-18(b) 所示。

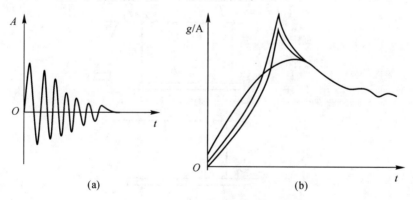

图 6-18　衰减振荡波及其冲击谱
(a) 子波的时间历程;　(b) 子波的冲击谱

由于式(6-12)不满足在冲击后位移和速度为零的条件,所以,叠加时间延迟项以补偿位移和速度,这样,合成的台面输入加速度可写成如下形式:

$$
\ddot{x}(t) = \sum_{i=1}^{M} U(t-\tau_i)\mathrm{e}^{-\eta_i \omega_i} \sin\omega_i t + U(t+\tau)\mathrm{e}^{-\zeta_n \omega_n}(t+\tau)\sin\omega_n(t+\tau) \quad (6-14)
$$

式中:$U(t)$ 为阶跃函数,即

$$U(t) = \begin{cases} 0, t < 0 \\ 1, t \geqslant 0 \end{cases}$$

式中:ω_n、ζ_n 分别为时间延迟项振荡频率和阻尼系数(ω_n 用于控制冲击谱低频端斜率);A_n 为用于控制冲击后残余速度的振幅;τ 为用于控制冲击后残余位移的时间延迟值。

根据试验条件规定的冲击谱和所选子波的冲击谱特性,在 M 个典型频率上(见图 6-19)设定相应子波的幅值 $A_i(i=1,2,\cdots,M)$,合成初始的台面瞬态冲击加速度输入。相应的冲击谱是各子波冲击谱的线性叠加。凭借工程试验经验,调整各子波的参数和 A_i,保证将实际的冲击谱控制在试验要求的允差带内。

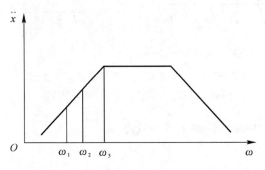

图 6-19　典型频率上的冲击谱值

2)冲击模拟器。用冲击锤或火工品激励装有试验件的直杆(见图 6-20)或板,利用杆的纵向衰减振动或板的横向弯曲衰减振动,近似地模拟振荡型冲击环境。直杆纵向振荡或平板横向振动的基本固有频率的选择与试验件所要求的冲击谱低频端转移频率相一致。通过附加人工阻尼控制冲击谱谱形的吻合程度。这种模拟器的最大冲击谱值可达 $10\,000g$ 以上。

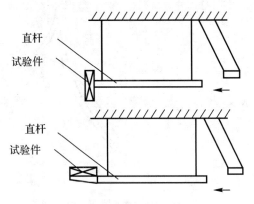

图 6-20　直杆型冲击模拟器原理图

(3)冲击时间历程再现。试验条件所规定的冲击加速度施加历程的再现是在电动振动台或电液振动台上实现的。试验的时间历程与试验条件所规定的冲击时间历程之间的吻合程度鉴定和试验时间历程的调整借助于频率上的傅里叶谱的比较和修改。图 6-21 为冲击时间历程再现的数字迭代控制算法框图,图 6-21(a)的算法适用于振动系统传递特性恒定情况。为了加快加速度迭代的收敛速度,对时域数据采用低通滤波,而对频域数据采用光滑处理。图

6-21 所述的单输入冲击时间历程再现方法同样可推广到多点输入冲击时间历程再现。

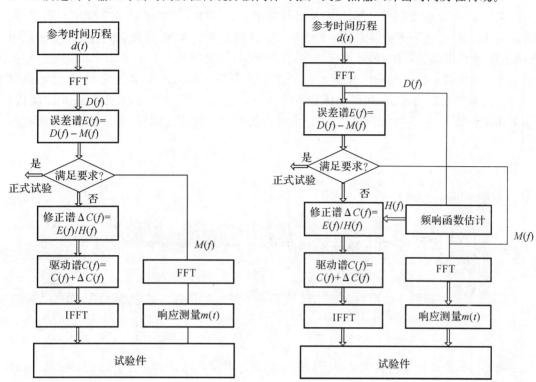

(a)　　　　　　　　　　　(b)

图 6-21　单输入冲击时间历程再现迭代控制算法框
(a) 传递特性恒定情况；　(b) 传递特性变化情况

3. 冲击疲劳试验方法

按照冲击载荷的施加方式,有三类试验设备,即落锤与摆锤式、弹簧冲锤式和 Hopkinson(霍普金森)杆式。如图 6-22 所示,落锤与摆锤式试验设备是锤头通过重力加速来产生冲击能量,其施加冲击载荷的时间间隔长、频率低,一般适用于疲劳寿命较低的低周疲劳试验。另外,根据试验效果的需求,落锤与摆锤式冲击试验机在施加冲击的过程中还要考虑防考虑是否设置防二次冲击机构。

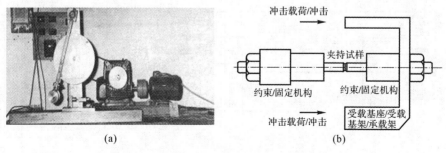

(a)　　　　　　　　　　　(b)

图 6-22　摆锤式试验机
(a)摆锤式试验机；　(b)冲击载荷传递

弹簧冲锤式是通过弹簧的压缩产生一个很大的反弹加速度,使冲头在很短的时间内加到高速,并且频率可以进行调节,其试验运行频率会比落锤与摆锤式的频率要高出不少,可达到 10 Hz 以上,适用于低高周冲击疲劳试验。从试验原理可知,弹簧在试验机运行的同时也承受着冲击载荷的作用,因此弹簧的疲劳破坏是弹簧冲锤式设备的一个突出问题。刘国庆等针对枪械自动机易损件的承载特点,研制了新型卧室冲击疲劳试验机,它通过电机驱动凸轮轴带动凸轮的转动,从而使弹簧不断进行往复的压缩与释放,产生循环冲击载荷,其工作原理如图 6-23 所示。它的冲击频率与冲击力的峰值调节与电机转速、弹簧刚度相关。

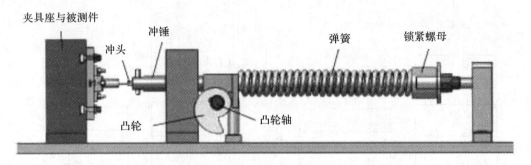

图 6-23　弹簧冲锤式试验机

前面提到的几种冲击疲劳试验机都是将冲击力直接施加到试验件上,而 Hopkinson 杆式冲击疲劳试验机的加载方式有所不同,它是将冲击力施加到一根长为 1~3 m 的金属杆再传递到另一端的试验件上。它最大的特点是可以通过调节金属杆长度、套管长度以及撞击点位置来调整试验件上的应力波形,这是其他几类冲击疲劳试验机很难达到的效果。如图 6-24(a)所示,通过连杆驱动长套管上滑块进行往复平动,从而带动套管撞击长杆,冲击力从长杆中传递至试验件上,在试件上形成循环拉伸冲击载荷,图 6-24(b)为碳钢试验件所受一次冲击产生的应力响应。Hopkinson 杆式疲劳试验机的频率也可以通过改变驱动长套管的运动速度来调控,为了增大试验机频率,驱动形式从连杆改为液压弹簧,将载荷频率从 10 Hz 提高到 20 Hz。

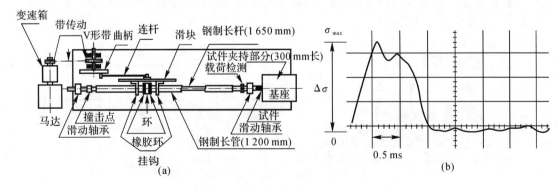

图 6-24　Hopkinson 杆式试验机及其冲击载荷

(a)Hopkinson 杆式试验机结构;　(b)测量得到的碳钢试验件在冲击下的应力

6.2.5 试验件级冲击疲劳试验案例

结构静强度设计技术日趋成熟,一般工程结构都有比较高的安全裕度,除使用过程中遭遇特殊工况外,结构几乎不会在静强度范围内发生破坏,因此很多工程结构在加工成型之后都需要进行相应的疲劳试验。试验中加载采用设计载荷谱或实测载荷谱,得到在该疲劳载荷谱作用下的循环寿命与疲劳寿命薄弱部位。依据载荷性质,加载方式和试验方法的不同,结构疲劳形式也有所不同,甚至与材料的疲劳机理也会有所区别。由于暂无试验标准对冲击疲劳试验做出规定,本节将通过落锤的重复坠撞来实现多次拉伸应力冲击直至试验件破坏,并对所开展疲劳试验的相关设计思路进行介绍。

1. 冲击疲劳试样设计

冲击疲劳试样所使用的材料为铝合金 2A12 - T4,本书重点对冲击疲劳的特性进行探究,冲击疲劳试样的形式参考了螺栓外形。试验件的内六角螺钉头与外螺纹的外形尺寸依据 GB/T 70.1—2008《内六角圆柱头螺钉》的要求进行设计。除此之外,在设计试验件时还需要考虑两点:试验件冲击响应的获取与螺纹的保护。

(1)试验件的冲击响应属性,可以通过粘贴应变片来获得试验件上某一点在落锤冲击时的应变-时间曲线进行分析,需注意应变测量点应在光滑面上。基于应变测量的要求,需要在螺钉中间切削出圆柱面。

(2)螺纹齿根处的应力集中系数一般为 5 或以上,由应力集中系数的物理含义可推得当螺钉的公称截面积与圆柱面的横截面积比值不足 5 倍时,试验件在承受冲击载荷时的危险部位仍为螺纹处疲劳破坏,而 2A12 - T4 质地较软,螺纹处的抗剪强度不足,因此若使得螺纹处产生应力集中,其破坏模式可能不是疲劳破坏而是螺纹的剪切破坏脱落。基于以上考虑,试验件发生破坏的部位应为中间圆柱处,此部位称为"标距段",为了确保在标距段发生冲击疲劳破坏,螺纹的公称直径至少为标距段直径的 $\sqrt{5}$(2.24)倍。

综合考虑上述两点,试验件公称直径选 M16,螺纹头与之相对应,在螺纹中间切削出直径为 6 mm 的标距段。在此截面尺寸下,螺钉的公称截面积与圆柱面的横截面积比值为 $8^2/3^2 = 7.11$,满足了标距段的应力要求。其具体的尺寸如图 6 - 25 所示。

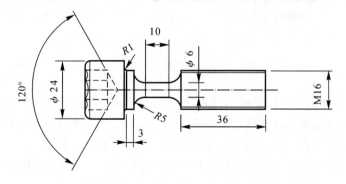

图 6 - 25 冲击疲劳试验件尺寸图(单位:mm)

由尺寸图可知,标距段尺寸为 $\phi6$ mm×10 mm,与拉伸试验的标距段截面尺寸一致。

在标距段的顶部与底部均设置圆角用以减小过渡区的应力集中,使此处的接触平滑。应变片的粘贴取标距段的中间位置,试验件的三维模型与应变片粘贴位置如图6-26所示。

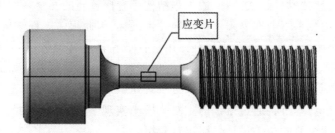

图6-26　试验件模型与应变片位置

2. 冲击疲劳试验机设计

现有的冲击疲劳试验技术中,多由用以施加单次冲击载荷的试验装置改装而来,如摆锤、冲锤或霍普金森杆等。但摆锤、冲锤与霍普金森杆只能对小试验件进行冲击疲劳试验,不符合对结构件试验的冲击能量要求,且在摆锤等试验装置上进行试验的工装安装方式受限,不够灵活方便。为了对试验件施加循环冲击力载荷,并考虑到试验载荷与实际冲击效果最大程度的拟合,以落锤施加冲击为基础设计了一种自动循环冲击疲劳试验装置,以解决冲击疲劳试验中的载荷施加问题。该冲击疲劳试验装置除了能进行循环加载外,其试验件的工装较为方便,对于冲击能量的选取也有一定的自由度,使用者可依据自己的试验要求进行自由设计。所设计的自动循环冲击疲劳实验装置由夹持组件、开闭组件、冲击力组件、动力驱动组件、支撑组件等(见图6-27)。

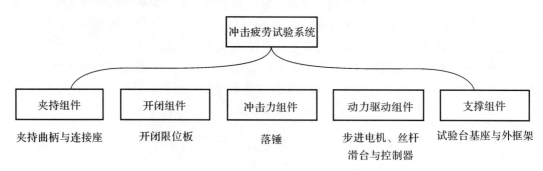

图6-27　冲击疲劳试验系统

夹持组件与开闭组件为此试验机的关键设计部件,它负责落锤的拾取与释放;冲击力组件为落锤质量依托,是冲击能量的主要来源,并且可以被夹持组件拾取;动力驱动组件为实现夹持组件来回往返提供持续的动力,通过往复提供"正—反—正"的动力引导夹持组件进行"升—降—升"的循环,并且动力驱动组件需要配备控制器以实现不同的功能;支撑组件包括吸能底座、导向光轴与外部框架,用于支撑整套试验系统的结构。

(1)夹持组件如图6-28所示,它主要由两个夹持曲柄与连接座组成。夹持曲柄与连接座之间为转动连接,使用带光杆的六角螺栓作为旋转轴进行组装,连接座的作用为承接夹持曲柄及其夹持质量,以及连接动力组件。

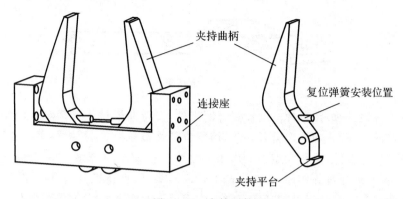

图 6-28　夹持组件

　　夹持曲柄的上臂力臂较长,方便在受到外力作用时驱动整个夹持曲柄绕旋转轴旋转,下臂为拾取端,末端是一个平台,为了将重物拾取并稳稳夹持住。夹持曲柄之间采用中等刚度的压缩弹簧进行连接,保证其在不受到外力作用时一直处于平衡位置,即夹持平台为水平面的位置。夹持平台将与冲击力组件接触,平台面即为冲击力组件的拾取平面,当单曲柄旋转一定角度时,两个夹持曲柄之间的距离将增大,夹持平台空间的张开距离与夹持力臂长度有关,夹持曲柄上臂顶点缩近的距离、下臂支点张开的距离与旋转支点之间可以近似连成相似三角形,如图 6-29 所示。

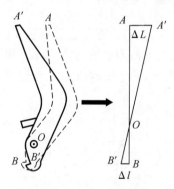

图 6-29　夹持曲柄旋转

　　由图可知,夹持曲柄在旋转时,上支点缩近的距离 ΔL 与下支点张开的距离 Δl 的关系由下式获得:

$$\frac{\Delta L}{\Delta l}=\frac{OA_\perp}{OB_\perp}\qquad(6-15)$$

式中:$OA_\perp$、$OB_\perp$ 为垂直力臂长度而非支点与旋转点的距离。式(6-14)指出了曲柄力臂长度设计的依据,上臂顶点缩进距离 ΔL 的范围可由开闭组件限制。要使夹持曲柄发生旋转,需要其在运动过程中受到外力作用,开闭组件的作用便是在夹持组件抬升过程中使曲柄旋转,并由此扩宽夹持平台,释放落锤。开闭组件如图 6-30 所示,其本质上是一块带梯形内腔的限位板,其梯形内腔的下底距离比夹持曲柄的上端宽度略大。

— 151 —

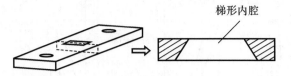

图 6-30　开闭组件

当夹持组件抬升时,在目标高度设置开闭组件,夹持曲柄进入开闭组件的梯形内腔,由于内腔壁的挤压,夹持曲柄的上臂开始趋近,复位弹簧被压缩,直至夹持平台松开的距离足够让重物脱离夹持组件,重物在重力的作用下自然下坠,而后触发驱动力反向信号,夹持组件下降,在复位压缩弹簧的作用下,曲柄的上臂逐渐张开,夹持组件与开闭组件不产生接触时即恢复平衡状态。夹持组件与开闭组件的作用示意图如图 6-31 所示。

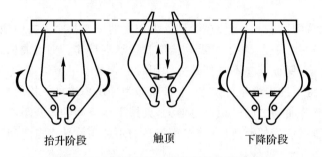

抬升阶段　　　　触顶　　　　下降阶段

图 6-31　夹持组件与开闭组件作用示意图

(2)冲击力组件的作用有两个方面:一方面它需要被夹持组件拾取,并且只在竖直方向有运动的自由度,保证冲击载荷的方向为单轴;另一方面它可以提供施加冲击能量所需要的质量。冲击力组件如图 6-32 所示,它由拾取凸头 1、限位安装板 2 与落锤冲头 3 组成。

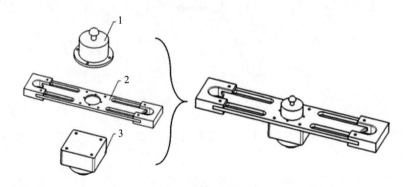

图 6-32　冲击力组件

冲击力组件在试验的升降往返过程中是一个整体,冲击能量中涉及质量的部分也应由此组件的总质量求得,组件的各部件由螺栓连接固定。将冲击能量的主要来源即落锤独立成部件,是为了方便更换不同形式或质量的冲头,根据冲击能量和冲头的需求不同可以自由设计冲头部分。拾取凸头是为了使夹持组件能拾取冲击力组件而设计的,它的顶部为半圆球头,与夹持曲柄的下臂尾端的圆弧形式相呼应,当夹持曲柄下臂与拾取凸头接触时,会因为圆弧相切的作用而不产生过度的硬接触,在长时间的机械重复中不至于损坏部件,如图 6-33 所示。中间的限位安装板是连接拾取凸头和落锤的部件,并且在限位板的两边预留了 40 mm 的直径圆孔,若有光轴穿过圆孔,限位安装板将只能沿着光轴的轴向运动,此时限位安装板的平动方向只剩一个,此时由冲击力组件坠落撞击产生的冲击力将只沿一个方向。

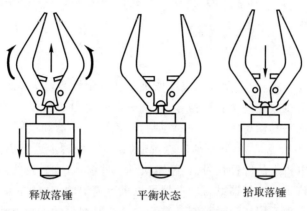

释放落锤　　　　　平衡状态　　　　　拾取落锤

图 6-33　释放与拾取落锤

冲击力组件与夹持组件、开闭组件一起构成了循环施加冲击力的机构,是此冲击疲劳试验机的核心。在这三个组件的协同机械运动下,它可以实现以下功能:

1)夹持组件携带着冲击力组件,在驱动力的作用下共同运动。

2)当向上抬升至开闭组件高度时,夹持曲柄上臂之间距离缩短,下臂则相反地张开,直至下臂张开距离大于拾取凸头的直径,冲击力组件将在重力的作用下进行自由落体运动,实现对底部试验件的冲击力施加。只要高度设置合适,在冲击力组件恰好下落时,夹持组件同时"触顶",此时驱动力作用方向反转,夹持组件将向下运动。

3)夹持组件向下运动至与冲击力组件接触,在外力作用下,夹持曲柄下臂被半球体拾取凸头挤压扩开。随着夹持组件继续下压,下臂继续被扩开。当扩开的距离达到拾取凸头的直径时,由于径向距离骤减,在压缩弹簧的作用下,下臂将闭合,此时冲击力组件被"拾取"。此时夹持组件"触底",驱动力再次反转,夹持组件将携带冲击力组件抬升。

(3)在核心的组件作用下,施加重复的冲击力载荷已成为可能,此外还需要动力驱动组件来提供能够将夹持组件与冲击力组件一起做直线运动的动力,并且动力的驱动还可以根据控制信号来进行正向或反向运动。基于上述考虑,动力驱动组件包括轴向连接的步进电机、丝杆滑台模组、驱动器和对应的控制器。

步进电机是一种将电脉冲信号转换成对应角位移或线位移的电动机。每输入一个脉动信号,转子就转动一个角度或前进一步,其输出的角位移或线位移与输入的脉冲数成正比,转速与脉冲频率成正比。电机的正转与反转可以很直观地反映出输出的运动状态。为了保证步进电机能承受运动组件的重量,选用了交流伺服步进电机 SD80AEA07530-SC3,其功率为 750 W,额定转速为 3 000 r/min,扭矩为 2.39 N·m。该步进电机带编码器,可以进行程序的输入。步进电机搭配丝杆滑台可以将回转运动转化为直线运动,可在高负载的情况下实现高精度的直线运动。直线运动的距离可以由电机转动的圈数来表征,设步进电机的步距角为 θ_s,步距角表示控制系统每发送一个脉冲信号,电机所转动的角度,则电机转动一圈所需要的脉冲数为

$$n = \frac{360°}{\theta_s} \tag{6-16}$$

电机转动一圈,丝杆也转动一圈,易知滑台的运动距离为丝杆的螺距 h,则当输出脉冲信号为 N 时,滑台移动的距离 H 为

$$H = N \times h / \left(\frac{360°}{\theta_s}\right) = \frac{\theta_s h N}{360°} \tag{6-17}$$

步进电机的转速、停止的位置等响应都取决于脉冲信号的频率和脉冲数,而不受负载变化的影响。步进驱动接收到一个脉冲信号,它就驱动步进电机按设定的方向转动一个固定的角度。因此要实现整套动力驱动组件的控制,还需要驱动器和控制器的作用。驱动器使用的是 SD300 步进电机驱动器,此驱动器自带电源组件,可对步进电机供电,通过驱动器能够准确控制输出至电机上的脉冲信号,调整电机的一些参数(如转速等),还能够接收上位可编程控制器的程序信号。控制器结合驱动器可以进行简单的控制,并且内置简单的指令,将不同指令组合即可实现不同的运动控制。整套动力驱动组件的连接方式如图 6-34 所示。

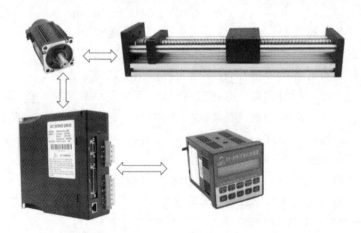

图 6-34 动力驱动组件

夹持组件中的连接座与滑台面通过螺钉连接,为了保证需要移动的组件能够平稳运行,在连接座两侧各设置一座丝杆滑台,分别配置一台电机与一台驱动器。若要连接座能够稳定地进行直线运动,则必须保证两侧滑台的移动速度一致,因此将两台驱动器的信号线同时接入一台控制器中,此时控制器输出的信号同时传递至两台驱动器,只要驱动器的设置相同,电机的转动状态就相同。

(4)支撑组件作为整套试验装置的基座,它需要固定丝杆滑台、设置进行试验的工装平面以及导向光轴。支撑组件之一的吸能底板如图 6-35 所示。施加冲击载荷的时候,除了对试验件及其工装产生影响外,未被试验件吸收的冲击能量最终需要传递至基底,若这样的冲击能量直接作用在地上,时间久了可能导致所在地面破坏,因此需要有一定厚度的底板。

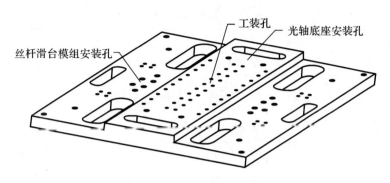

图 6-35　吸能底板

在吸能底板上设置有诸多安装孔,试验件工装在此固定。在光轴安装处配备长为 1.5 m 长、横截面为 $\phi 40$ mm 圆的光轴,光轴与底板之间用直线光轴底座连接。冲击力组件将在导向光轴之间装配,由于两个导向光轴起到了限位的作用,冲击力组件只能沿着光轴长度方向做直线运动,产生的冲击力也将沿一个方向。丝杆滑台模组的尾部固定板与对应的安装孔螺接,固定丝杠滑台模组。四周为框架的安装孔,在底板的上方空间采用铝型材构成了试验机的外框架,划分了试验机空间并对光轴的顶部、丝杆的横向做出了限位,保持了整套试验装置在冲击力产生时的稳定性,如图 6-36 所示。

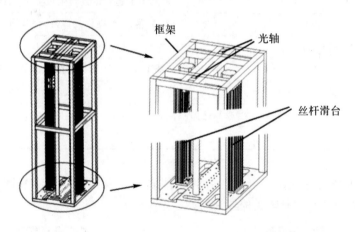

图 6-36　试验机外框架整体

按照自动循环冲击疲劳试验装置各个部分的设计,加工出零部件并进行组装。夹持组件的循环运动通过控制器写入循环程序:试验开始时,夹持组件已拾取冲击力组件,起始位置未知,定为坐标原点。电机以一定速度正转,带动滑台向上运动,当夹持组件释放冲击力组件时,滑台触碰限位器 A,循环次数"加 1",抬升运动触顶,冲击力组件自由落体冲击试验件。与此同时,电机正转"中止"并开始反转,当向下运动至重新拾取冲击力组件时,滑台触碰限位器 B,电机反转"中止"并正转,带动夹持组件与冲击力组件抬升。如此循环,直至试验件破坏,控制器记录循环次数即为试验件在此种冲击能量下的冲击疲劳寿命。表 6-5 为设置此循环程序用到的控制器内置程序指令及其含义。

表 6 – 5　循环程序所需指令

序　号	指令名称	含　义
1	HH_G – LEN	位移
2	HH_SPEED	速度赋值
3	HH_CNT – 0	计数器清零
4	HH_CNT – 1	计数器加 1
5	nA	限位器 A 操作入口
6	nB	限位器 B 操作入口
7	HH_END	指令结束

设定限位器 A 操作入口为 nA＝03，限位器 B 操作入口为 nB＝06，程序清单见表 6 – 6。

表 6 – 6　电机循环运作程序

指令序号	指　令	注　解
00	CNT – 0	计数器清零
01	SPEED00400	赋值速度 400 Hz，慢速靠近保证不发生过冲
02	G – LEN7999999	距离大于起始位置与限位器 A 的距离
03	CNT – 1	限位器 A 操作入口，计数器加 1
04	SPEED02300	赋值速度 2 300 Hz
05	G – LEN7999999	以高速向限位器 B 运动，距离大于限位器 A 与限位器 B 的距离
06	SPEED02300	限位器 B 操作入口，赋值速度 2 300 Hz
07	G – LEN7999999	以高速向限位器 A 运动，距离大于限位器 A 与限位器 B 的距离
08	END	程序结束

自动循环冲击疲劳试验装置组装后的组件成品外观如图 6 – 37 和图 6 – 38 所示，图 6 – 39 为电机驱动器与试验装置的控制器。

图 6 – 37　外框架实物组装

图 6-38　内部关键组件

图 6-39　驱动器与控制器

3. 冲击疲劳试验方案

进行冲击疲劳试样的加工,粘贴应变片之后的冲击试验件如图 6-40 所示。

图 6-40　冲击疲劳试验件

在进行冲击疲劳试验之前,试验件需要工装夹具,以将下落的冲击力转化为试验件的冲击拉力,基于此设计了图 6-41 所示的工装夹具。

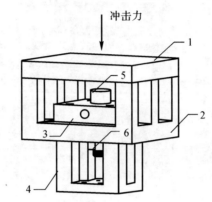

图 6-41　冲击疲劳试验件工装夹具

1—工装顶板；　2—工装盒体；　3—试验件放置台；

4—固定支座；　5—试验件；　6—螺母

其中固定支座与试验装置的底板相连,放置台与固定支座相连,属于固支约束。工装的盒体与放置台通过试验件连接,形成螺栓连接结构,当冲击组件撞击工装顶板时,冲击力由顶板传递至盒体底部,因为盒体与放置台之间的螺栓连接,冲击力再从螺母处传入。将试验件的内六角螺钉头在放置台上,相当于拉伸试验机中的夹持固定端,而此时传入螺母的冲击力为竖直向下的,因此来自落锤的冲击力最终传递至试验件,形成冲击拉力。

冲击疲劳试验方案采用冲击能量控制,由自由落体运动的下落总能量计算公式为其下落重力与下落高度的乘积可知,冲击能量依靠调整冲击力组件的下落高度或落锤的质量而改变。对不同高度、不同下落质量的情况进行冲击疲劳试验,因试验为低周疲劳试验,且载荷为冲击力,加载的频率不必过快,将低周疲劳寿命控制在数万次之内。冲击疲劳试验机未设置防二次冲击装置:一是因为试验系统中存在着一定的阻尼,在进行冲击时回弹的幅度很小;二是因为需要试验件完全承受没有被系统损耗的冲击能量作用。在进行冲击疲劳试验之前,需要进行单次冲击试验以测得其单次冲击极限强度的区间,即开展单次冲击预试验。

预试验时冲击力组件的各部分质量见表 6-7。

表 6-7　冲击力组件各部分质量

部　件	单个质量/kg	数　量	总重量/kg
拾取凸头＋安装板	1.643	1	1.643
限位板	0.887	2	1.774
落锤 A	4.609	1	4.609
落锤 B	1.806	1	1.806
冲击力组件 A	—	—	8.026
冲击力组件 B	—	—	5.223

试验分两步进行,先保证在高度内试验件能产生单次冲击破坏,然后降落高度再重新冲击,直至试验件在单次冲击下发生塑性变形但不破坏。丝杆螺距 $h = 10\ \text{mm}$,设定步进电机的步距角 $\theta_s = 0.36°$,根据式(6-8)可以求得试验高度为

$$H = \frac{N}{100} \tag{6-18}$$

试验中暂不考虑试验件预紧力的影响,试验的结果见表 6-8。

表 6-8 预试验结果

试验件序号	脉冲数	高度 H/mm	单次冲击结果
1	8 425	84.25	断裂
2	7 287	72.87	断裂
3	6 123	61.23	颈缩

单次冲击后断裂的试验件与单次冲击后颈缩的试验件分别如图 6-42 和图 6-43 所示。

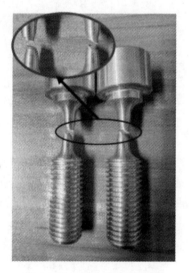

图 6-42 单次冲击后断裂　　　　图 6-43 单次冲击后颈缩

尽管单次冲击后断裂的试验件断口不平整,但在宏观上能在断口中心观察到纤维区,并且在靠近标距段的边缘观察到剪切唇,符合拉伸断裂形貌特征。结合三个试验件冲击后的断口形貌以及产生的颈缩现象可知,试验件在工装后能够将冲击力转换为拉伸载荷,标距段承受垂直应力作用。

从预试验的结果可以看出,在冲击力组件总重 8.026 kg 的冲击下,其单次冲击极限强度的冲击高度处于 61.23～72.87 mm 之间,并且 3 号试验件颈缩现象明显,可以推断出材料已进入强化后的局部变形阶段。在预试验结果的基础上,综合考虑当冲击力组件总重为 8.026 kg 时,选择 50 mm 高度作为第一件冲击疲劳试验件的冲击高度,等效 5 000 个脉冲信号。以此为参考,当冲击力组件的质量为定值时,高度的调整幅度为 5 mm 的整数倍,还

需要根据已知试验件的寿命做高度上的微调。考虑到在调整夹持组件的顶点时存在人为误差与系统误差,因此实际的下落高度需要通过实际的脉冲数换算;而冲击力组件质量的调整也需要以冲击总能量为基准。实际进行的冲击疲劳试验中各试验件的工况组合见表 6-9(重力加速度取 9.8 m/s²)。

表 6-9　试验件编号及其工况

试验件编号	实际脉冲信号 N	实际下落高度 H/mm	组件	冲击总能量 E_{total}/J
FA-1	4 825	48.25	A	3.795
FA-2	4 825	48.25	A	3.795
FA-3	4 281	42.81	A	3.367
FA-4	4 281	42.81	A	3.367
FA-5	4 281	42.81	A	3.367
FA-6	4 281	42.81	A	3.367
FA-7	7 358	73.58	B	3.766
FA-8	7 358	73.58	B	3.766
FA-9	6 435	64.35	B	3.294
FA-10	6 435	64.35	B	3.294
FA-11	5478	54.78	B	2.804
FA-12	6 168	61.68	B	3.157
FA-13	5 850	58.50	B	2.994

试验环境为在室温条件下进行冲击加载,试验的单次循环时间控制为 4～6 s,由此可知,试验的频率为 0.17～0.25 Hz。同时进行冲击响应的测量;采集试验件在冲击载荷作用时标距段上应变片测点的应变响应,使用东华动态应变仪 DH5981 进行应变信号的采集,最高采样频率为 100 kHz。在冲击疲劳试验中,以试样的破坏作为疲劳失效的标志,并且将失效位置不在有效范围内的试验均视作无效试验,将试验件发生破坏失效时的循环数作为试验件的冲击疲劳寿命。

4. 冲击疲劳试验数据及分析

因为试验件与工装是以螺栓连接形式固定的,故在进行夹具安装时试验件标距段已经产生一定的拉应力。各组试验件测点在冲击前的应变值见表 6-10。

表 6-10　冲击前各试验件测点初始应变

试验件编号	初始应变 $\mu\varepsilon_0$	试验件编号	初始应变 $\mu\varepsilon_0$
FA-1	590	FA-7	793
FA-2	70	FA-8	1 822
FA-3	670	FA-9	1 478
FA-4	1 467	FA-10	1 110

续表

试验件编号	初始应变 $\mu\varepsilon_0$	试验件编号	初始应变 $\mu\varepsilon_0$
FA-5	780	FA-11	837
FA-6	1 207	FA-12	1 064
FA-13	1 182		

　　由于拧紧试验件与安装夹具过程中各种因素的影响,不能定量地确定试验件预紧力的大小,进而导致测点上测出的初始应变 ε_0 各不相同,影响因素如单螺母螺接结构会使得夹具工装时产生扭转,造成预紧力的变化。运用 Origin 软件对采集的应变响应数据进行处理,处理的内容包含:高频采集下应变响应会有所波动,采取低通滤波的方法对响应中的波动噪声进行过滤,使应变曲线平滑;视多次冲击间隔的应变数据为定值,在冲击间隔中保留极少的数据点,使多次冲击的应变数据连续,方便进行绘图与直观分析。对各试验件的测点应变响应处理后如图 6-44~图 6-56 所示。所有试验件的应变从低点响应至高点用时在 $0.5\sim1.5$ ms 内,载荷作用时间足够短,说明所设计的试验工装能够将落锤的冲击力转化为试验件上的冲击拉载,进行的疲劳试验也为冲击疲劳试验。

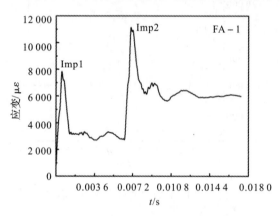

图 6-44　FA-1 连续两次冲击响应

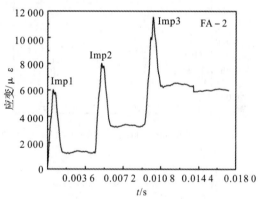

图 6-45　FA-2 连续三次冲击响应

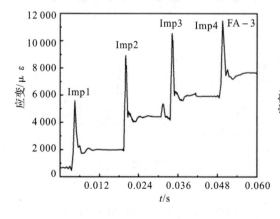

图 6-46　FA-3 连续四次冲击响应

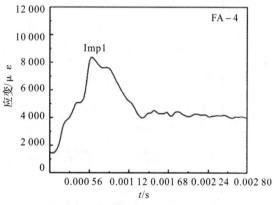

图 6-47　FA-4 单次冲击响应

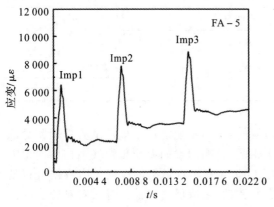

图 6-48　FA-5 连续三次冲击响应

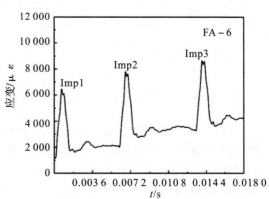

图 6-49　FA-6 连续三次冲击响应

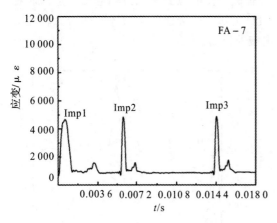

图 6-50　FA-7 连续三次冲击响应

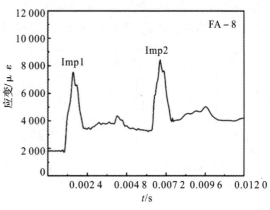

图 6-51　FA-8 连续两次冲击响应

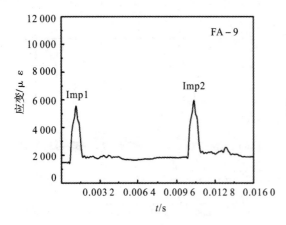

图 6-52　FA-9 连续两次冲击响应

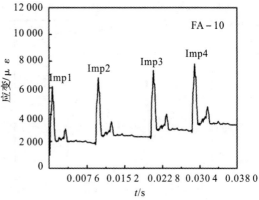

图 6-53　FA-10 连续四次冲击响应

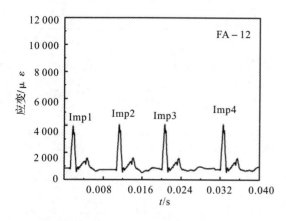

图 6-54　FA-11 连续四次冲击响应

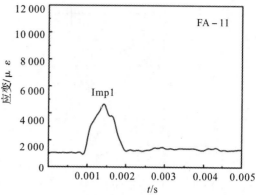

图 6-55　FA-12 单次冲击响应

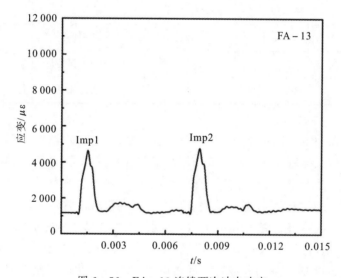

图 6-56　FA-13 连续两次冲击响应

　　除去因为某些因素没有测得试验件在多次冲击下的应变响应外,由图 6-44～图 6-56 的整体特征表现可以将应变响应情况分为两类。一类是在多次冲击下,其应变峰值随着冲击次数的增加而增加,且在冲击之后应变的稳定值也在升高,即每经历一次新的冲击,应变平台都会有所抬升;另一类是在多次冲击下,其应变峰值随着冲击次数的增加而几乎保持不变,应变稳定值也趋于一个恒定值。要对这一现象做出解释,首先得对初次冲击后的应变峰值 ε_{max}、应变幅 $\Delta\varepsilon$ 进行统计,并结合材料的力学性能进行分析。各试验件应变响应的特征量及其冲击后稳定段的应变变化情况见表 6-11。

表 6-11　应变响应的特征量

编号	应变峰值 $\mu\varepsilon_{max}$	应变幅 $\Delta\mu\varepsilon$	冲击后应变	多次冲击应变峰值
FA-1	7 780.964	7 190.964	逐次升高	逐次升高
FA-2	6 038.031	5 968.031	逐次升高	逐次升高

续表

编号	应变峰值 $\mu\varepsilon_{max}$	应变幅 $\Delta\mu\varepsilon$	冲击后应变	多次冲击应变峰值
FA-3	5 587.503	4 917.503	逐次升高	逐次升高
FA-4	8 363.732	6 896.732	逐次升高	逐次升高
FA-5	6 438.007	5 658.007	逐次升高	逐次升高
FA-6	6 433.423	5 226.423	逐次升高	逐次升高
FA-7	4 683.874	3 890.874	稳定保持	稳定保持
FA-8	7 587.78	5 765.78	逐次升高	逐次升高
FA-9	5 629.899	4 151.899	逐次升高	逐次升高
FA-10	6 230.505	5 120.505	逐次升高	逐次升高
FA-11	3 963.986	3 126.986	稳定保持	稳定保持
FA-12	4 743.941	3 679.941	稳定保持	稳定保持
FA-13	4 665.184	3 483.184	稳定保持	稳定保持

从各试验件在冲击中应变峰值变化情况以及冲击后应变变化情况可以明显看出,在冲击后的稳定段的应变与后续冲击的应变峰值都呈现同样的趋势,并且当初次冲击应变峰值 ε_{max} 大于某一个值后,冲击后的稳定段的应变与后续冲击的应变峰值会呈现逐次升高的现象,即多次冲击的应变"登阶"现象。从表 6-10 中可以粗略地估计出,这个使得应变响应出现"登阶"现象的初次峰值应变值约为 5 000$\mu\varepsilon$,而 6.2.2.1 节所测得的铝合金 2A12-T4 的应力-应变曲线显示,材料弹性阶段结束至塑性硬化阶段开始的交界点所对应的应变也在 4 900~5 200$\mu\varepsilon$ 之间,这说明材料在初次冲击时进入塑性硬化阶段是造成后续多次冲击时应变响应"登阶"的原因,若材料在初次冲击时材料所受影响还在弹性阶段,那么在多次冲击时材料仍会在弹性阶段发生响应。"登阶"现象说明,在相同冲击能量下,已经进入塑性的部分将会在多次冲击时逐次积累残余塑性应变,并且在多次冲击后由于其冲击响应越来越剧烈即应变峰值越来越高,从而加速材料的破坏。在发生"登阶"现象的时候,其阶数并不是无限增加的,这可以根据试验件的寿命推理得到:对于 FA-1、FA-2、FA-3,在短短三次冲击之后其应变峰值就已突破 10 000$\mu\varepsilon$,若"登阶"无休止,后续应变响应不停累增,试验件会在很少的冲击次数内就发生破坏,且该破坏是否可以定义为疲劳破坏尚未可知。但根据实际的冲击次数与断口形貌而言,FA-1、FA-2、FA-3 确定是疲劳破坏导致失效,足以说明"登阶"现象中确实存在一个稳定的阶数,在稳定的阶数之后的冲击响应也是稳定的。这样的推论同样从所测得的发生"登阶"现象的应变响应中可见一斑,即随着冲击次数的增加,每次的应变峰值的增量在减小,若增量在累次冲击中减小,其峰值也就会收敛于某一值,该值也就对应着稳定的阶数。关于"登阶"现象的力学解释,将在后面与常规疲劳对比中进行讨论分析。在各冲击能量下冲击疲劳试验件的寿命结果见表 6-12。

表 6 - 12 冲击疲劳寿命数据

编号	冲击疲劳寿命 N_f	试样破坏位置
FA - 1	1 569	标距段,中间区域
FA - 2	1 595	标距段,靠近螺纹段过渡区
FA - 3	3 191	标距段,靠近螺纹段过渡区
FA - 4	4 357	标距段,靠近螺纹段过渡区
FA - 5	4 003	标距段,靠近螺纹段过渡区
FA - 6	2 553	标距段,靠近螺纹段过渡区
FA - 7	4 696	标距段,靠近螺纹段过渡区
FA - 8	4 288	标距段,靠近螺纹段过渡区
FA - 9	3 089	标距段,靠近螺纹段过渡区
FA - 10	3 912	标距段,靠近螺纹段过渡区
FA - 11	25 355	标距段,靠近螺钉头过渡区
FA - 12	6 912	标距段,靠近螺纹段过渡区
FA - 13	17 991	标距段,靠近螺钉头过渡区

　　试验件断裂的位置均在标距段上,为有效破坏,由断裂位置的统计可以看出(图6-57中展示了试验件常见的三种断裂模式),试验件上断裂的部位绝大部分在标距段的顶部或底部,即靠近过渡区的位置。虽然试验件并不在所测应变的位置发生疲劳破坏,但应变信息仍具有一定的参考意义。根据标距段的应变响应情况以及各试验件的冲击疲劳寿命,从初始应变 ε_0、初次冲击峰值应变 ε_{max}、初次冲击应变幅 $\Delta\varepsilon$、冲击总能量 E_{total} 四个方面分析影响试验件的冲击疲劳寿命的因素。

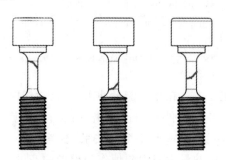

图 6 - 57 三种断裂模式

　　(1) 初始应变 ε_0。在同等冲击能量下,试验件的初始应变与冲击疲劳寿命的 $\varepsilon_0 - N_f$ 图如图 6 - 58 所示。

　　螺栓连接结构在预紧时所受的力为轴向,考虑到试验件的标距段为规则的圆棒形式,那么初始应变实际上代表了冲击前试验件的预紧情况,而在循环载荷中预紧力产生的应力可视作平均应力。$\varepsilon_0 - N_f$ 分布图实质上代表了试验中预紧力与冲击疲劳寿命的关系。由图

6-58 可以看出,同等冲击总能量下,当初始应变增加的时候,寿命有增有减,不能得出统一的影响趋势。在装配螺栓时选择合适的预紧力对螺栓疲劳寿命有益,但过高的预紧力也会对螺栓寿命产生消极影响。虽然试验数据样本不足以说明冲击疲劳中预紧力与疲劳寿命的关系,但是总体来看,对于所设计的冲击疲劳试验件,当冲击载荷作用使材料进入塑性阶段时,其预紧力愈高,则疲劳寿命愈短。

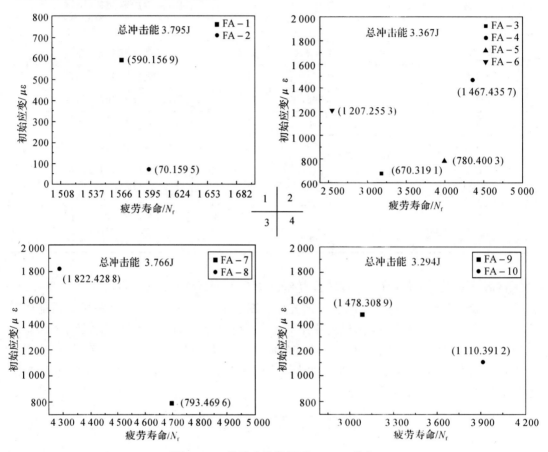

图 6-58　各冲击总能量下 $\varepsilon_0 - N_f$ 分布

（2）初次冲击峰值应变 ε_{max}。在相同能量冲击下,试验件应变响应的极大值之差也会不同。即冲击应变峰值不同,各试验件的初次冲击峰值与冲击疲劳寿命的 $\varepsilon_{max} - N_f$ 图如图 6-59 所示。之所以要考察峰值应变与寿命的关系,参考了 Yu Jie 等提出的累积时间-应力模型,该模型使用冲击过程中的最大应力幅值作为模型的变量。

应变峰值是试验件受预紧力与冲击共同作用的表征,使用对数曲线对数据点进行拟合,拟合公式为 $\varepsilon_{max} = A \cdot (2N_f)^B$,拟合优度 R^2 为 0.77。由图 6-59 的拟合曲线可以看出,在低周疲劳寿命区间,初次冲击峰值与疲劳寿命之间的关系符合 Manson-Coffin 方程中对应变-寿命关系的描述。在试验件进入塑性阶段时,随着初次应变峰值的持续增加,疲劳寿命会出现骤降,因为此时不止初始应变峰值大,后续应变响应出现"登阶"现象,造成应变峰值与稳定值都会比初值更大,直至试验件冲击响应稳定。

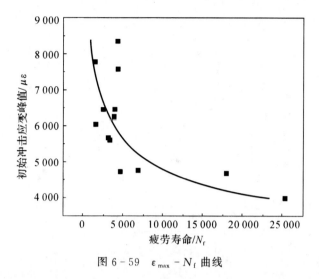

图 6 - 59 $\varepsilon_{\max} - N_f$ 曲线

(3) 初次冲击总应变幅 $\Delta\varepsilon$。与应力幅对疲劳寿命的影响一样,无论是 Brown-Miller 准则还是 Manson-Coffin 方程中都用了总应变幅来描述其对寿命的影响。试验件的冲击应变幅与冲击疲劳寿命的 $\Delta\varepsilon - N_f$ 图如图 6 - 60 所示。

使用对数曲线对数据点进行拟合,拟合公式为 $\Delta\varepsilon/2 = A \cdot (2N)^B + C \cdot (2N)^D$,取自变量为总应变幅的一半,拟合优度 R^2 为 0.55,拟合情况良好。需要指出的是,这些数据点的初始应变都各不相同,而 Manson-Coffin 方程中的应变幅-寿命曲线都是在平均应力一定的情况下测定的疲劳数据,因此冲击疲劳试验数据的拟合只作参考。与应变峰值-寿命曲线一样,冲击疲劳寿命会随着应变幅增加而降低,而整个曲线的走势也符合对数关系,这说明在冲击疲劳里应用低周疲劳理论可以很好地描述其影响因子与寿命的关联。

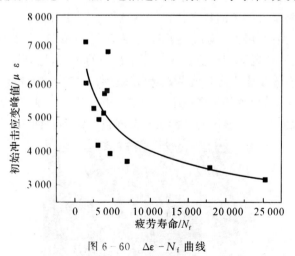

图 6 - 60 $\Delta\varepsilon - N_f$ 曲线

(4) 冲击总能量 E_{total}。以上几个表征量都是与常规应变疲劳中作对照,而冲击疲劳与其他疲劳最显著的区别是载荷类型的不同。冲击载荷可由冲击能量来表征,因此对冲击能量与寿命的关系也需要探究。试验件的冲击总能量与冲击疲劳寿命的 $E_{\text{total}} - N_f$ 图如图 6 - 61 所示。

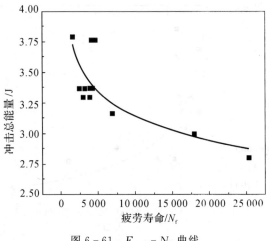

图 6-61 $E_{total} - N_f$ 曲线

冲击总能量代表的是每次落锤下落的总重力势能,但实际上在冲击过程中运动间的摩擦等因素会耗散掉一部分的能量,假设每次冲击中作用在试验件上的能量与总能量之比为一定值,即能量吸收率一定,则冲击总能量与冲击疲劳寿命的关系在一定程度也代表着吸收能量与冲击疲劳寿命的关系。拟合曲线在形式上参考了 Johnson 基于能量形式的冲击疲劳分析模型,该模型在低周疲劳时拟合曲线公式为 $E_{total}=mN_f^{-q}$,拟合优度 R^2 为 0.63,拟合情况良好。 从试验曲线与关系式不难看出,冲击能量与疲劳寿命的关系仍旧符合 Manson-Coffin 方程的描述,但表达式是否具有普适性还需要大量实验去验证。

5. 断口分析

为了更好地分析材料的冲击疲劳机理,需要对有效疲劳断裂试样进行断口分析。肉眼观察时,断口宏观形貌呈现如下的特点:断口上分别有平台面和与之成 45°的斜面台阶。平台面即为裂纹扩展主平面,斜面台阶为变形撕裂平面,也叫瞬断面,其保留了一些剪切唇的特征。疲劳裂纹萌生的位置即疲劳源在试验件标距段的表面,这是因为材料外表面的应力水平往往最高,并且对于试验中有效疲劳破坏的试验件,其断口中的疲劳裂纹扩展区占比较小,说明在高冲击能量下,裂纹的扩展速率会增加。甚至在一些低寿命的试验件断口中,疲劳源与扩展区在宏观上几乎观察不到。冲击疲劳断口宏观形貌如图 6-62 所示。

图 6-62 宏观冲击疲劳断口宏观形貌

在靠近试验件表面附近有浅淡的棘轮花样,试验件断口有明显的台阶,因此推测疲劳源为多个点源。为了研究冲击疲劳断口形貌特征与断裂机制,需要对疲劳断口微观结构进行观察与分析。从已破坏失效的试验件中选取了 FA－10 进行断口取样,将断裂的区域切割,放置在超声波清洗机中并用无水乙醇洗净,待风干后通过扫描电镜观察,扫描设备为TESCAN-VEGAIIXMU。图 6－63 为断口微观整体形貌。

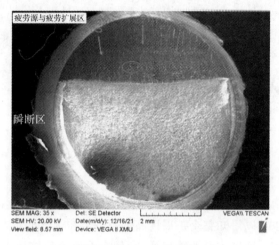

图 6－63　冲击疲劳断口微观整体形貌(35 倍)

从整体形貌图中可以看出,瞬断区占据着整个断面的绝大部分,说明断裂时应力水平较高,裂纹扩展速率较快。疲劳源区与扩展区的面积较小,观察到其放射状棱线并不在试验件的表面收敛,因此疲劳源区确实不是单个点源而是多个疲劳源组成的线源,疲劳线源在试验件表面形成。疲劳扩展到一定长度后裂纹开始聚集,之后开始断裂,在裂纹扩展区与瞬断区形成明显的界限,瞬断区为斜断面。为了更清晰地观察断口在显微镜下的形貌特征,需要对各个区域都进行更大倍数的观察,图 6－64 为断口疲劳源与扩展区放大图片,倍数分别为100 倍、500 倍与 10 000 倍。

图 6－64　裂纹源区与扩展区整体形貌(100 倍)

图 6－65(a)圈中标注为单独的疲劳点源,线源向材料内部扩展,其中右上角的区域中

疲劳条纹密度最大一系列的平行线代表着裂纹扩展方向。在扩展区域的中部,裂纹开始聚集并快速扩展,诸多的二次裂纹产生并可以观察到撕裂棱与河流状花纹。

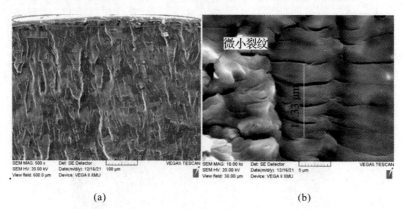

(a)　　　　　　　　　　　　(b)

图 6-65　裂纹源区与扩展区(500 倍、10 000 倍)

(a)500 倍;　(b)10 000 倍

在 500 倍下能更清晰地观察到扩展区的撕裂棱粗且短,这是典型的低周疲劳断裂特征,根据图中的光亮程度也可以得知整个扩展区高低不平。在 10 000 倍下可以看到疲劳辉纹,疲劳辉纹是裂纹稳定扩展区的重要形貌特征,它代表着疲劳裂纹稳定扩展的速率。在循环冲击载荷下疲劳辉纹条带较深,取 5 条辉纹,间距约为 11.33 μm。

瞬断区的形貌如图 6-66 所示,瞬断区呈现出蜂窝状的韧窝组织。韧窝断裂形貌是空洞核形成、长大和相互连接的过程,由众多窝坑组成。值得注意的是,冲击疲劳断口的韧窝呈剪切分布,为平行的鹅卵石状。剪切韧窝是在切应力作用下形成的,通常出现在剪切拉伸或者冲击断口的剪切唇上。同时,韧窝周围也伴随着大量的撕裂棱,这是韧窝聚合型延性断裂的特征。

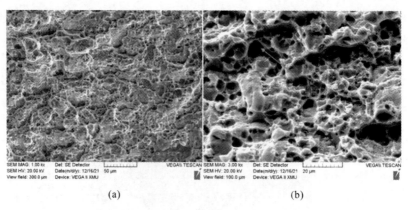

(a)　　　　　　　　　　　　(b)

图 6-66　瞬断区形貌(1 000 倍、3 000 倍)

(a)1 000 倍;　(2)3 000 倍

瞬断区的韧窝数量少且尺寸大,说明在冲击循环载荷作用下形成的位错更少,导致疲劳寿命短,在大韧窝旁可以观察到诸多小韧窝,并伴随着大量撕裂棱。综合上述,瞬断区也遵循准解理断裂机制。

6.3　液体火箭发动机典型结构件振动疲劳寿命分析试验

随着航天领域对于火箭发动机重复使用的推进,对发动机各部件的使用寿命提出了更高要求。液体火箭发动机在试车和飞行任务中,发动机内部各管路等结构在工作过程中要承受复杂的随机振动载荷,极易发生疲劳破坏。由于当前没有比较成熟的全域动态疲劳寿命预测和分析方法,因此,对结构随机振动疲劳寿命的深入研究尤为重要。振动疲劳属于高周疲劳,广泛存在于工程实际中。当前结构随机振动疲劳寿命分析方法主要包括时域分析法和频域分析法,其中,频域分析法通过应力幅值概率密度,进行疲劳寿命预估。时域分析法通过应力幅值-均值-频次,进行寿命预估。相较于频域分析法,时域分析法能充分反映疲劳损伤机理,更为准确地预估结构疲劳寿命,但从应力计算角度而言,获取一个应力功率谱密度信号比获取一个时域应力信号容易。目前对随机振动疲劳寿命分析多采用频域分析法,但现有频域分析法寿命预估都采用载荷应力水平发生的概率来预估结构的振动疲劳寿命。从疲劳损伤机理而言,现有振动疲劳频域寿命预估缺乏交变载荷概念,不能充分体现疲劳损伤机理。本节从时域角度进行复杂激励下结构振动寿命预估,并进行试验验证。

6.3.1　振动疲劳一般试验方法

结构振动疲劳这一概念起源于 1963 年,Crandall 等首次提出振动疲劳,并将其描述为振动载荷下产生的不可逆的损伤破坏。20 世纪 70 年代由于航空领域的需求,我国开始注重振动疲劳的研究。载荷谱作为工程结构疲劳分析的数据基础,是指对结构所承受的典型载荷时间历程进行统计处理后,所得到的载荷水平与发生频次间的图形、表格等概率特征值的统称。

疲劳试验是结构振动疲劳研究的重要组成部分。由于常规拉压或旋转弯曲疲劳试验机其加载频率小于 30 Hz,而对于结构振动疲劳试验多关注不同频带范围内的结构损伤关系,因此,常规疲劳试验机不能满足结构振动疲劳测试的加载频率要求。而普通高频共振式疲劳试验机的加载频率又无法实现连续调节,且只能对标准小尺寸试样进行测试,因此各国学者对结构振动疲劳测试中的加载方式进行了持续探索。目前振动台与激振器已是主流的激励加载设备,通过振动试验建立结构与外载频率间联系。

6.3.2　时域波形复现振动疲劳试验

由于现有设备限制,振动疲劳试验多为频域功率谱密度谱控制加载,PSD 谱控制加载为一个随机过程,在随机控制加载中对振动台控制施加一段平直谱,而在实际中输出激励是随机的。对于宽带随机控制加载,这种试验加载间的随机性更加不可控,因此,PSD 谱随机控制加载会给对比试验造成不可控的试验误差,并且编制时域载荷谱难以得到实验验证。随着技术不断发展,针对频域控制的不足,一些振动台控制系统中出现时域波形复现控制加载方式。时域波形复现是在时域内给出试验目标信号,在每一个时刻每一个参考点输出的响应信号要与目标信号一致。基于时域波形复现控制方法正好弥补了频域控制不能进行时域载荷数据实时跟踪的缺点,从而更精准地验证了结构的振动疲劳寿命。

6.3.2.1 时域波形复现振动控制原理

对于单输入-输出时域波形复现振动控制过程,其驱动信号的时间历程 $x(t)$ 与响应信号的时间历程 $y(t)$ 之间满足下列卷积关系:

$$y(t)=\int_{-\infty}^{\infty} x(\tau)h(t-\tau)\mathrm{d}\tau=h(t)x(t) \tag{6-19}$$

式中:$h(t)$ 为系统的脉冲响应函数。

利用傅里叶变换,可将式(6-19)变换为频域形式:

$$Y(f)=H(f)X(f) \tag{6-20}$$

式中:$X(f)$ 为 $x(t)$ 的傅里叶谱;$Y(f)$ 为 $y(t)$ 的傅里叶谱;$H(f)$ 为系统传递函数。

在试验激励之前通过测量得到系统传递函数 $H(f)$,利用式(6-20),对传递函数求逆,由规定的响应信号的傅里叶谱 $Y(f)$ 获得驱动信号的傅里叶谱 $X(f)$,并通过傅里叶变换得到驱动信号的时间历程 $x(t)$。

由于实测传递函数估计误差,实际系统中的非线性、时变性等因素的影响,实测振动响应时间历程 $r(t)$ 与响应时间历程 $y(t)$ 之间存在一定误差,这个误差通过对驱动信号的迭代修正来减小。

6.3.2.2 时域波形复现振动控制实现过程

采用驱动谱控制方法的单输入-输出时域波形复现振动控制算法试验过程,如图 6-67 所示。

在实际试验过程中,为了避免试验过程的振动响应超过试验条件规定的量级(包括控制容差),时域波形复现振动控制通常采用逐步增大试验量级的迭代控制策略。在振动控制系统中,控制算法生成的驱动时间历程 $x(t)$ 通过一个增益为 $1/K$ 的历程控制输出衰减器之后驱动振动台控制系统,而控制点的时间响应历程 $x(t)$ 通过一个增益为 K 的历程控制输入放大器之后进行数据采集。在试验控制过程中,通过逐步降低 K 值(即增加 $1/K$),试验量级逐步增大。这一处理方式保证了时域波形复现振动控制算法不受试验量级变化影响。

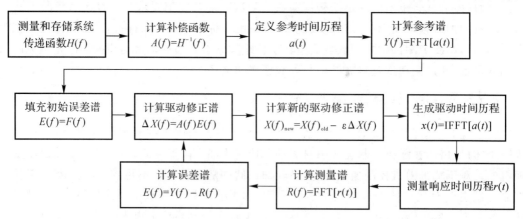

图 6-67 单输入-输出时域波形复现振动控制算法 —— 驱动谱控制方法

6.3.2.3 时域波形复现振动控制精度

在时域波形复现振动控制中,以时域的均方根误差 e_{rms} 判断试验控制是否超差。时变

均方根误差时间历程 $e_{rms}(t)$ 的计算公式为

$$e_{rms}(t) = \left[\frac{1}{T}\int_{t-T/2}^{t+T/2} e^2(\tau)d\tau\right]^{1/2} \tag{6-21}$$

式中: T 为时域复现误差 $e(t)$ 的线性平均时间。

由振动试验条件所规定的试验容差通常采用相对偏差表示。对于时域波形复现控制,对于规定的参考时间历程 $y(t)$,相对控制误差 $\varepsilon(t)$ 定义为

$$\varepsilon(t) = \frac{e_{rms}(t)}{y_{rms}(t)} \times 100\% \tag{6-22}$$

式中: $y_{rms}(t)$ 为参考时间历程 $y(t)$ 的时变均方根时间历程。

$y_{rms}(t)$ 的计算公式为

$$y_{rms}(t) = \left[\frac{1}{T}\int_{t-T/2}^{t+T/2} y^2(\tau)d\tau\right]^{1/2} \tag{6-23}$$

在单输入-输出时域波形复现振动试验中,通过使用相对误差 $\varepsilon(t)$ 不超过振动试验条件所规定的试验容差来判定试验控制结果满足要求。

6.3.2.4 试验前准备

1. 试验件与试验夹具

考虑到结构关键点动态应变测试的需要、试验用的振动台振动量级的限制、试验成本等影响因素,设计试验件的结构形式为靠近固定端处带有缺口的悬臂梁结构,材料选用铝合金 2A12 - T4,如图 6 - 68 所示。

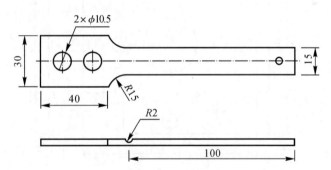

图 6 - 68 圆形槽缺口试验件(单位:mm)

为加速试验进程,设计合适配重(配重采用不锈钢材质),对应尺寸如图 6 - 69 所示。

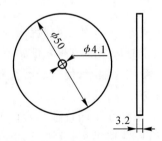

图 6 - 69 配重尺寸(单位:mm)

振动疲劳试验采用基础振动的加载方式,需要设计夹具将试验件固定在振动台面上。根据试验要求自主设计试验夹具,选用夹具的材料为 45 号钢,包括基座和盖板两部分,外形和几何尺寸如图 6-70 所示。

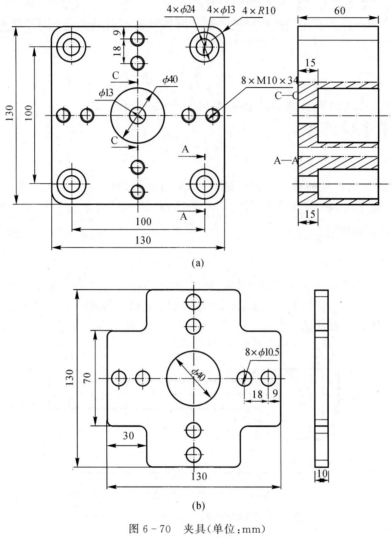

图 6-70 夹具(单位:mm)

(a)底座; (b)盖板

2. 试验载荷

为了便于试验操作,节约试验成本,选择的试验载荷数据应该尽量符合下面两项要求:

(1)载荷数据选取能充分反映全时域内的载荷能量波动;

(2)原始数据带宽最好包含一阶固有频率,使激励载荷频率与结构固有频率产生交集,从而使结构产生共振,符合振动疲劳定义。

基于实验谱的选取要求与原始数据在不同特征频带内的能量分布信息,截取原始数据中 320~340 s 为 18~400 Hz 的时域数据进行振动疲劳载荷谱编制。数据的采样频率为 6 400 Hz,对应原始数据为疲劳载荷谱 A1,编制谱为疲劳载荷谱 A2,如图 6-71 所示。

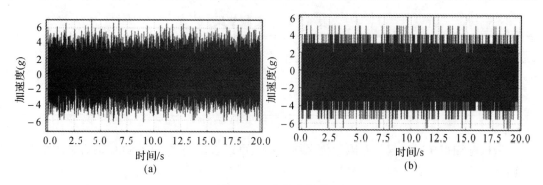

图 6 - 71 疲劳载荷谱

(a)疲劳载荷谱 A1； (b)疲劳载荷谱 A2

6.3.2.5 试验过程

1. 模态试验

由于振动疲劳试验加载范围为 18～400 Hz,所以,模态试验采用正弦扫频控制加载,设置加载频率范围为 18～400 Hz,载荷幅值为 0.1g。扫频试验现场图如图 6 - 72 所示。

图 6 - 72 模态试验扫频现场图

根据振动试验基础激励的加载方向,垂直试验件方向加载,测量传感器用于测量结构在垂向上的加速度响应,机构垂向贡献最大的为第 一、三、五 阶模态,因此,从扫频结果(见图 6 - 73),可以得出试验件的一阶固有频率(见表 6 - 13)。

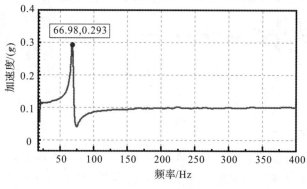

图 6 - 73 扫频结果

表 6 - 13　扫频结果

试验件编号	1	2	3	4
一阶固有频率/Hz	66.98	65.65	66.42	67.69
均值/Hz			66.68	

从试验测得模态数据与有限元仿真结果对比可以看出,有限元仿真的模态数据能较为准确地反映结构的真实模态信息。

2. 振动疲劳试验加载

振动疲劳试验控制加载选用 LMS TestLab 控制软件中的 Single Axis Waveform Replication 模块。考虑到若实际加载过程中将 20 s 载荷数据作为一个疲劳谱块,在软件重复加载过程中,试验软件控制系统将在谱块切换过程中存在较长时间间隙。为消除试验间停间隙对试验结果产生影响,并且考虑在实际加载过程中,对于较大量级载荷数据,直接加载会导致数据误差增大,造成控制系统反馈的加载数据超过试验控制容差(见图 6 - 74),从而导致试验结果的偏差,因此,在试验加载前需要对原始数据进行处理。参考频域随机控制加载时,载荷量级按照 -6 dB——3 dB—1 dB 模式分量级逐步加载到实际加载量级,因此,对于时域数据按照真实加载量级的 1/4—1/2—1 的比例关系进行载荷数据编排。对施加载荷数据进行处理,考虑电脑实际可承受的运算性能,将 20 s 载荷数据扩充 60 次,并将数据转换为 LMS TestLab 软件可读取的 unv 格式,再将处理好的载荷数据导入 LMS TestLab 软件中进行时序控制加载。

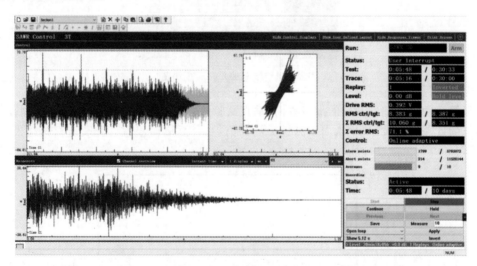

图 6 - 74　载荷超出容差范围

6.3.2.6　振动疲劳试验

试验为多点平均控制的单轴振动试验,为监测每个激励点上的实际加速度大小,在四个激励点分别设置一个加速度传感器,以检测每个激励出的实际加速度大小。整体安装图如图 6 - 75 所示,对应试验件应变片粘贴位置如图 6 - 76 所示。

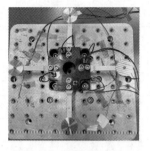

图 6-75　整体安装图

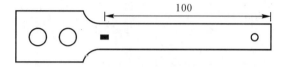

图 6-76　试验件应变片粘贴位置(单位:mm)

分别对疲劳载荷谱数据进行数据格式转换,再导入控制软件中,疲劳载荷谱在执行时序控制时的控制界面如图 6-77 所示。

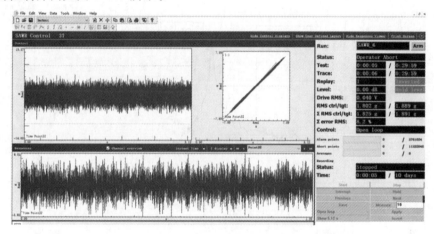

图 6-77　试验控制界面

从载荷频谱图可以看出,载荷分布频带为 18~400 Hz,由于载荷频带范围较宽,所以对于结构的失效形式,以试验件断裂或出现明显裂纹作为试验件失效准则。

由于结构一阶固有频率下降 5% 时,结构内部已产生损伤,所以,为便于检测试验失效时间,可先观测应变频谱分布结果,在一阶固有频率出现下降开始每隔 1 min 观测一下结构是否出现裂纹或失效。

6.3.2.7　试验结果及讨论

根据试验目的,对原始数据对应的疲劳载荷谱 A1 与编制谱对应的疲劳载荷谱 A2 分别进行 8 个试验件,对应的试验初始状态下控制点处的加速度能量分布、时域应变时间历程、频域应变分布见表 6-14,对应频域应变如图 6-78 所示。

表 6-14　测量点的响应

疲劳载荷谱 A1			疲劳载荷谱 A2		
试验件编号	加速度均方根(g)	应变均方根/$\mu\varepsilon$	试验件编号	加速度均方根(g)	应变均方根/$\mu\varepsilon$
R_01_01	2.02	1 017.09	R_02_01	2.07	1 197.75
R_01_02	2.07	1 067.98	R_02_02	2.10	1 046.87

续表

疲劳载荷谱 A1			疲劳载荷谱 A2		
试验件编号	加速度均方根(g)	应变均方根/$\mu\varepsilon$	试验件编号	加速度均方根(g)	应变均方根/$\mu\varepsilon$
R_01_03	2.1	902.18	R_02_03	2.03	1 111.02
R_01_04	2.13	1 135.28	R_02_04	2.09	1 190.12
R_01_05	2.12	1 198.33	R_02_05	2.11	1 015.72
R_01_06	2.1	1 169.18	R_02_06	2.08	950.1
R_01_07	2.12	1 200.86	R_02_07	2.05	1 008.25
R_01_08	2.17	1 208.25	R_02_08	2.02	1 162.95

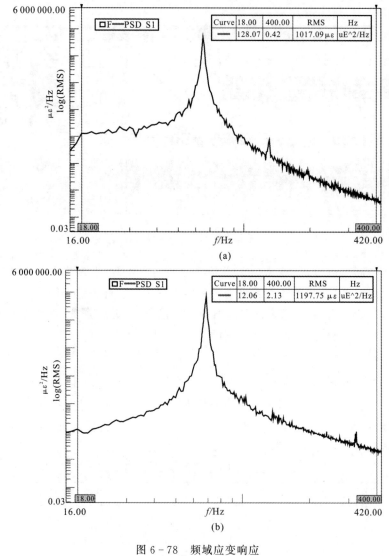

图 6-78　频域应变响应

(a)疲劳载荷谱 A1 频域应变响应；　(b)疲劳载荷谱 A2 频域应变响应

对多点平均激励控制进行加载平均,结果见表 6-15。

表 6-15　测点响应对比

谱　形	疲劳载荷谱 A1		疲劳载荷谱 A2	
	均值	标准差	均值	标准差
检测点加速度均方根/g	2.10	0.04	2.07	0.03
应变均方根/με	1 121.39	109.15	1 085.35	93.24

从试验控制点监测的加速度响应可以看出,疲劳载荷谱 A1 与疲劳载荷谱 A2 的加速度均方根都分布在 2.1g 左右,这说明疲劳载荷谱 A1 与疲劳载荷谱 A2 总能量分布基本一致,对应测量点的应变均方根都分布在 1 100με 左右,这说明疲劳载荷谱 A1 与疲劳载荷谱 A2 对结构产生的损伤基本一致。

试验完成后的试验件如图 6-79 和图 6-80 所示,从失效的试验件可以看出,试验件的断裂位置为圆槽中心位置,与仿真预估的危险位置基本一致。

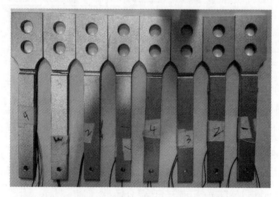

图 6-79　疲劳载荷谱 A1 试验完成后的试验件

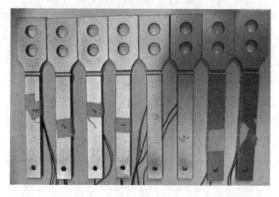

图 6-80　疲劳载荷谱 A2 试验完成后的试验件

由表 6-16 可见,在相同载荷激励状态下,每个试验件的试验寿命结果具有一定的分散性,存在一定的波动。因此,对相同载荷激励状态下试验寿命结果误差分析如下:

(1)铝合金材料的分散性:对于同一铝合金棒材,其材料内部存在一定的不均匀性。

（2）试验夹持条件的影响：夹具与试验件通过螺栓进行连接，每组试验中 8 个螺栓的拧紧力矩存在差别。

（3）试验多点平均激励控制误差：试验过程中采用多点平均激励，在控制过程中加速度传感器每个激励点的实际加载加速度存在不同程度的误差。

表 6-16　振动疲劳试验结果

疲劳载荷谱 A1				疲劳载荷谱 A2			
试验件编号	寿命/min	均值/min	标准差/min	试验件编号	寿命/min	均值/min	标准差/min
R_01_01	100			R_02_01	88		
R_01_02	90			R_02_02	90		
R_01_03	86			R_02_03	102		
R_01_04	78	82.38	11.6	R_02_04	95	92.125	9.17
R_01_05	78			R_02_05	78		
R_01_06	90			R_02_06	84		
R_01_07	75			R_02_07	106		
R_01_08	62			R_02_08	94		

对比原始谱与编制谱的试验寿命结果：二者寿命相差约 11.8%，寿命误差在可接受的范围内；编制谱的寿命略高于原始谱寿命，为一个保守的试验结果，造成这种试验结果主要是由于时域波形复现上的误差。振动台控制系统在编制谱的时域复现上的误差为 8.2%，而原始谱的时域复现误差为 12.6%，因此，从载荷输入的角度来看，原始谱的载荷数据被放大，导致编制谱的寿命偏于保守，从而反映出编制谱能更好地运用于试验。

根据试验结果，对比预估的结构疲劳寿命与试验寿命，见表 6-17。

表 6-17　原始谱振动疲劳试验寿命对比

谱形	方法名称	试验寿命/s	预估寿命/s	估计误差
疲劳载荷谱 A1	Dirlik 方法	4 943	4 070	-17.66%
	Tovo-Benasciutti 方法		3 962	-19.8%
疲劳载荷谱 A2	时频耦合方法	5 528	4 658	-15.74%
	Tovo-Benasciutti 方法		4 200	-24.02%
	Dirlik 方法		4 018	-27.32%

由表 6-16 结果对比可以看出，仿真结果与试验结果存在一定的误差，但仍在可接受范围内，并且预估寿命都为过损估计，在工程实际应用中有足够的安全性。对比三种寿命预估方法，可以看出本书提出的时频耦合进行应力估算的方法对于结构疲劳寿命估算的可靠性要高于频域法寿命预估的结果，而在频域寿命预估中，Dirlik 寿命预估模型预估寿命的可靠性要高于 Tovo-Benasciutti 方法。

通过对比试验结果与仿真结果可以看出，试验结果与仿真结果存在一定范围的误差，对造成误差的主要因素分析如下：

（1）影响时频耦合寿命预估算法准确性的因素这方面主要有在仿真应力频响曲线的输出与实际存在一定误差，在仿真过程中输入的结构相关参数与试验件的实际参数存在一定范围内的误差，从而导致输出的应力频响曲线与实际结果间的误差。

（2）影响频域法寿命预估准确性的因素。主要在于仿真过程中结构材料参数与实际材料参数存在误差，导致 ABAQUS 软件输出的应力 PSD 谱与实际试验过程中测量得到的应力 PSD 谱存在偏差。

（3）寿命预估选用材料 $S-N$ 曲线本身存在一定误差。寿命预估过程中采用的材料 $S-N$ 曲线为常规疲劳下试验结果拟合得到的 $S-N$ 曲线，对于结构振动疲劳寿命而言，选用的材料 $S-N$ 曲线与实际结构性能不完全相符。

6.4　冰雹撞击分析与试验

在飞行中，冰雹对飞机结构构成实际威胁。冰雹与飞机结构的相互作用是典型的瞬态和局部化过程，表现为高幅值的冲击载荷、短脉冲宽度以及在高应变率下撞击物和受撞目标的变形。许多外露结构，如机翼、尾翼上翼面和前缘，机身前段，发动机吊舱，风扇叶片，雷达罩和天线以及着陆灯等经常遭受冰雹的撞击，导致飞机严重损伤。此外，随着飞机结构越来越多地采用复合材料，近年来，无论是美国的联邦航空条例（Federal Aviation Regulations）还是欧洲的联合航空系列（Joint Aviation Requirements），都对现代飞机结构提出了特殊要求，以确保在遭受大量冰雹撞击后仍能保持安全飞行和着陆功能。

6.4.1　冰雹撞击分析方法

LS-DYNA 是世界上较著名的通用显式动力分析程序，特别适合求解各种二维、三维非线性结构的高速碰撞、爆炸和金属成型等非线性动力冲击问题，同时其也可以求解传热、流体及流固耦合问题，在工程应用领域被广泛认可。这里选用冰雹撞击靶板来说明其分析方法。

1. 铝合金平板的数值模型

在冰雹撞击靶板的动力学分析中，靶板选取铝合金板，其尺寸为 400 mm×400 mm×2 mm。使用 Lagrange 有限元网格对平板进行网格划分，单元大小的选取既要考虑必要的精度，又要避免过大的计算量，因此整个模型选用长度为 1 mm 的 8 节点体单元，但是将靶板的中心区域划分为边长为 0.5 mm 的细化网格，以提高计算精度。本算例中冰雹速度为 170 m/s，在高速撞击下，铝合金平板产生了塑性变形，因此，使用典型的 Johnson-Cook 模型表征铝合金靶板的力学性能。

2. 冰雹的数值模型

（1）冰雹模型的选择。冰雹撞击是一个非线性且产生大变形的动态破坏问题。在高速撞击下，冰雹与高速水滴的冲击类似，会发生相当大的变形并完全破裂。国外的研究学者基于不同的算法提出了几种不同的冰雹模型。通过计算和比较，得出以下结论：

1)Lagrange 有限元模型的计算结果与实验相比具有较小的相对误差,但它需要大量的 CPU 时间,这是由于网格畸变过大。为了保持计算精度,必须采用非常小的时间步长。另外,该模型无法模拟冰雹撞击的力学行为和特征。

2)Arbitrary Lagrangian-Eulerian 任意拉格朗日-欧拉模型能够较精确地描述冰雹撞击过程和力学行为,与实验结果相比有较大的相对误差,但在工程的精度要求上是可接受的,而且它的 CPU 时间比 Lagrange 模型少 50% 以上。

3)Smoothed Pariicle Hydrodynamics 光滑粒子流体动力学模型能够很好地描述冰雹撞击过程及其力学行为,该模型的 CPU 时间与前两种模型相比最小,并且具有较高的精度。

4)Element Free Galerkin 无网格伽 金法模型具有最高的精度,但 EFG 方法通过最小二乘法构建数值离散化,需要在每个背景网格中使用高阶高斯积分以保证计算精度,因此计算量远大于有限元方法。此外,在与有限元网格耦合时,界面不稳定且容易出现穿透现象,因此目前应用较少。

目前在高速和较高速撞击工程问题中,SPH 方法已得到日益广泛的应用。从精度和计算时间两方面考虑,更推荐使用 SPH 建立冰雹的有限元模型。

(2)冰雹有限元模型。本算例中,冰雹的直径为 42.7 mm,冰雹的 SPH 模型是建立在冰雹的有限元模型和冰雹自身的物理和机械特性的基础之上的。在求解过程中对于粒子的有规律地离散有助于计算精度的提高。冰雹的 SPH 模型由 4 169 个粒子组成。冰雹位于靶板正中央。

为了保证计算精度,应尽量保持粒子之间的距离等于有限元模型中的特征长度,即 SPH 粒子的间距与撞击点靶板网格的尺寸大小基本一致,并且此方法建立的 SPH 粒子是均匀分布的。

(3)冰雹模型的参数。计算中冰雹用弹-塑性水动力材料模型(＊MAT 10 of LS-DYNA),采用表 6-18 所提供的力学特性。该模型能正确地代表冰雹在撞击早期阶段的力学行为,这时高刚度是其特点,而在随后阶段,即撞击后冰雹开裂,其行为特性与流体一样。材料模型是用与拉伸应力相关的失效判据来表征的,当达到拉伸失效应力时,偏应力分量置零并且材料只可能保持压缩应力。在计算中,之所以只采用弹-塑性水动力材料模型的失效判据而不用塑性失效应变判据,是因为后者不能准确地描述其失效机理。

表 6-18　冰雹模型(＊MAT 10 of LS-DYNA)的参数定义

特性	数值
密度/(kg/m³)	846
弹性剪切模量/GPa	3.46
屈服强度/MPa	10.30
塑性硬化模量/GPa	6.89
截断压力/MPa	−4.00

3. 计算模型中各条件的定义

(1)接触的定义。冰雹与铝合金板的接触为"Eroding-Nodes-To-Surface",由于冰雹的刚度远小于铝合金板的刚度,节点搜索时只把冰雹模型视为从节点,而把铝合金靶板视为主节点,仅在从节点检查是否穿透主面,而不考虑主节点。接触是单向的,因此要比双向接触运行速度快得多。计算接触刚度时采用 Soft=1:Soft Constraint - based Approach,这时接触刚度的计算是基于时间步长和点的质量的,在计算刚度或网格差别很大的材料之间的接触时非常有效。

(2)边界条件的定义。本算例中铝合金靶板的四边固支,在有限元模型中将靶板的四边建立为 node set1 集合,约束每个节点在空间的 6 个自由度。

4. 数值仿真结果

冰雹粒子的破碎形貌如图 6-81 所示,通过动画图像,发现冰雹在高速冲击下呈流体状破碎。撞击点的有效塑性应变-时间曲线如图 6-82 所示。

图 6-81　冰雹撞击铝合金靶板

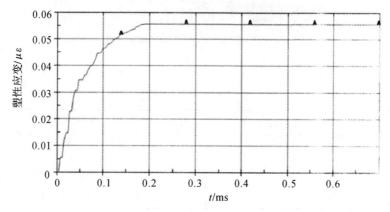

图 6-82　撞击点的有效塑性应变-时间曲线

6.4.2　冰雹撞击试验

空气炮是一种特殊的试验装置,在高速撞击类试验中广泛应用。其最显著的优点是在较低的加速度和应力下,冰雹弹丸(简称冰弹)能够获得较高速度。在试验阶段,需要确定相关的试验参数,如驱动气体的压力、发射管的长度、弹丸的质量和大小等。图 6-83 展示了一种典型的冰雹撞击试验系统,该系统由气源、气室、快开阀、上弹机构、炮管、控制系统、支架、脱壳机构、测速系统和靶室系统组成。

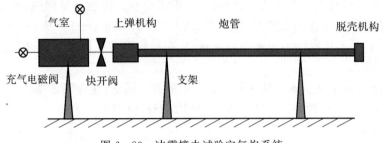

图 6 - 83　冰雹撞击试验空气炮系统

为了进行试验,需要在实验室环境下按照相关标准制备冰雹弹丸。冰弹可分为单晶和多晶两种类型。自然界中的冰雹通常是多晶结构,但其中夹杂着尺寸在 1～50 mm 之间的大颗粒单晶体。研究表明,冰雹的动态力学性能以及撞击瞬时冰弹的碎裂形式是影响飞机结构损伤的关键因素。冰雹撞击平板试验表明,当冰雹以劈开式破碎(形成大块冰)时,对结构造成的损伤较小,而渐进式破碎的冰雹对结构造成的损伤较大。实验室制备的冰雹弹丸可以采用圆柱形和球形等不同形状,并需要使用特制的冰弹模具来制备冰弹样品,如图 6 - 84 所示。表 6 - 19 列出了制作常用球形冰弹的要求。

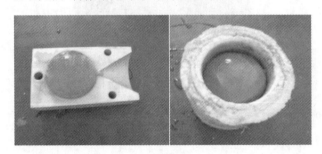

图 6 - 84　实验室制作的冰弹

表 6 - 19　冰弹尺寸及重量要求

序号	冰弹直径/mm	冰弹质量/g	允许误差	填充物质量/g	允许误差
1	13	1.0		0.14	
2	25	8.2	±5%	1	±30%
3	51	66.4		8	

6.5　鸟撞分析与试验

6.5.1　鸟撞问题和试验方法概述

鸟撞是威胁航空运输安全的主要因素之一,美国交通部、联邦航空局于 1990—2009 年的 20 年间,统计到美国民用飞机共发生 89 727 起动物撞击事件,其中 97.4% 为航空器鸟撞事故,鸟撞事故共造成超过 3 亿美元的经济损失和巨大的人员伤亡。为保证民用飞机的飞行安全,必须对投入商业运营前的民用飞机进行结构部件抗鸟撞验证试验,并要求特定部位经受鸟撞后,飞机仍可安全返回机场。

　　鸟撞分析属结构冲击动力学的研究范畴,鸟体施加在结构上的冲击压力具有复杂的时空分布,鸟体撞击角度、速度、结构的变形直接影响到撞击荷载的大小和分布,进而影响到结构的响应。耦合解法将鸟体模型与结构模型联合进行求解,充分考虑了鸟体的惯性效应、撞击载荷与结构动态响应之间的耦合效应,能够较真实地模拟鸟撞击全过程,是目前采用较多的方法。

　　鸟撞试验一般采用空气炮法。试验时,将规定质量的鸟弹放入弹壳,装进空气炮管中,启动空气压缩机,当储气罐中的压力达到所需值时,打开空气释放机构,在压缩空气的作用下鸟弹发射,在炮口处由弹壳剥离装置将弹壳剥离,仅将鸟弹射出并撞击试验件,通过测试系统测试试验件的动态响应,如图 6-85 所示。

图 6-85　Türkiye Aviation Institute 土耳其航空研究所建造的土耳其首个飞机鸟击测试设施

　　一般使用家禽或大雁替代真实飞鸟来制作鸟弹,并按相关适航条例及规范要求控制其质量。为了减少试验产生的污染,目前人们拟采用仿真鸟弹来替代真实飞鸟。中国飞机强度研究所已成功研制了仿真鸟弹,如图 6-86 所示。为了验证仿真鸟与真鸟试验结果的一致性,进行了对比鸟撞试验。试验靶板为边长 1 m、厚 12 mm 的方形铝板,材料为航空结构中常用的 2A12 铝合金,铝板的四边各留 100 mm 宽度与试验夹具连接,有效试验区域为 800 mm×800 mm。铝板通过压板连接到试验夹具上,如图 6-87 所示。撞击速度为 166.7 m/s,该速度与一般运输类飞机鸟撞速度相当。5 个应变测点布置如图 6-88 所示,每个测点应变花沿 0°、45°、90°方向贴应变片。

图 6-86　仿真鸟弹照片

图 6-87　试验件安装状态

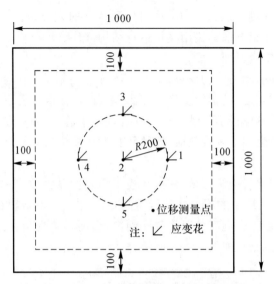

图 6 - 88　应变测点布置(单位：mm)

　　3 次真鸟试验和 1 次仿真鸟试验的鸟的质量和试验速度见表 6 - 20。

　　对比分析的试验数据包括 3 个测点(测点 3、测点 4、测点 5，另 2 个测点由于结构大变形导线断裂，没有采集到有效数据)的动态应变(和平板撞击区中心点的残余变形)。由于仿真鸟代表的是统计意义上平均的鸟体，因此将 3 次真鸟撞击试验数据平均，平均后的最大应变值和平板残余变形值见表 6 - 21。由表 6 - 21 可知，仿真鸟撞击后结构应变响应总体上偏大，最大峰值应变相差 3.2%，测点 3 和测点 5 为对称位置，但最大值有差别，可能是撞击点不在理论中心点导致。结构残余变形仿真鸟比真鸟撞击大 8.7%。初步证明研制的仿真鸟弹可以在结构抗鸟撞试验研究中替代真实鸟弹。

表 6 - 20　鸟的质量和试验速度

序号	撞击物	撞击物质量/kg	目标速度/(m · s^{-1})	实际速度/(m · s^{-1})
1	真鸟	1.813	166.7	165.1
2	真鸟	1.813	166.7	166.0
3	真鸟	1.812	166.7	165.1
4	仿真鸟	1.807	166.7	166.0

表 6 - 21　平均后的真鸟撞击动态应变和残余变形与仿真鸟撞击结果对比

	测点 3 - 0° 应变/$\mu\varepsilon$	3 - 45° 应变/$\mu\varepsilon$	3 - 90° 应变/$\mu\varepsilon$	4 - 0° 应变/$\mu\varepsilon$	4 - 45° 应变/$\mu\varepsilon$	4 - 90° 应变/$\mu\varepsilon$	5 - 0° 应变/$\mu\varepsilon$	5 - 45° 应变/$\mu\varepsilon$	测点5，测量方向90° 应变/$\mu\varepsilon$	残余变形/mm
仿真鸟	8 748.5	6 141.5	4 834.8	4 239.7	5 754.3	7 326.0	7 900.8	6 317.8	4 588.4	52.3
真鸟	8 474.7	5 933.9	4 299.3	3 787.3	5 619.5	7 304.6	7 132.1	5 667.6	3 956.2	48.1
相对误差	3.2%	3.5%	12.5%	11.9%	2.4%	0.3%	10.8%	11.5%	16.0%	8.7%

6.5.2 案例——某型飞机机翼前缘抗鸟撞分析与试验 *

《运输类飞机适航标准》(CCAR - 25 - R4)中明确规定,机翼结构受到质量为 1.80 kg 的鸟的撞击后飞机仍必须能够成功地完成该次飞行。而机翼前梁腹板内部即为油箱等结构,若鸟体击穿了前梁腹板,可能会发生机毁人亡的重大事故,因此前梁腹板是否损伤可作为本书判断结构抗鸟撞能力是否满足要求的依据。根据适航标准要求,对于本书所研究的某型飞机,鸟体相对于结构的速度应为 120 m/s。

1. 试验件

针对某型带前墙的机翼前缘结构进行鸟撞试验验证制作试验件,其中机翼前缘结构中蒙皮厚度为 1.6 mm,前墙厚度为 1.6 mm,肋板厚度为 1.6 mm,装配前梁腹板结构如图 6 - 89 所示。

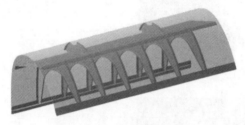

图 6 - 89 机翼前缘试验件

2. 试验装置

试验装置如图 6 - 90 所示,其由空气炮系统、控制系统、测量系统和高速摄像机等设备组成。机翼前缘鸟撞试验采用该空气炮装置,将质量为 1.8 kg 的家鸡包扎好后放入弹壳装进空气炮管,启动空气压缩机。当压力达到指定值时打开空气释放机构,在压缩空气作用下发射鸟弹,并在炮口处将弹壳剥离,仅将鸟弹射出,由激光测量鸟弹飞行速度,使鸟弹按预定速度、方向撞击试验件指定部位。试验装置如图 6 - 90 所示,1 台高速摄像机辅助测速并记录鸟体刚出炮口的姿态,2 台摄像机记录鸟撞击机翼前缘结构的过程。

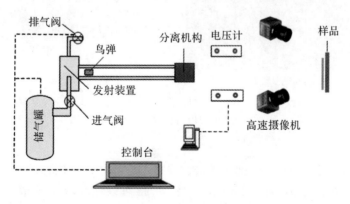

图 6 - 90 试验装置

---

* 案例来自:任冀宾,王斌,王振,等.某型飞机机翼前缘抗鸟撞结构设计与试验验证[J].

3. 试验过程

试验撞击过程与仿真结果对比如图 6-91 所示。$t=0$ ms 时,鸟体撞击至机翼前缘蒙皮;$t=1.5$ ms 时,前缘蒙皮发生变形,但并未发生破裂,模拟的凹陷区域与试验结果一致;$t=3.0$ m/s 时,由于小肋在航向刚度较大,前缘蒙皮的变形无法继续向远离撞击区域的方向传递,应力波在前缘蒙皮与小肋连接处发生反射并与继续传递至此的应力波叠加,此处蒙皮应力增大并产生塑性变形,进而达到了材料的强度极限;$t=5.0$ ms 时,机翼前缘蒙皮与小肋连接处均发生撕裂,部分鸟体飞离前缘撞击区域。

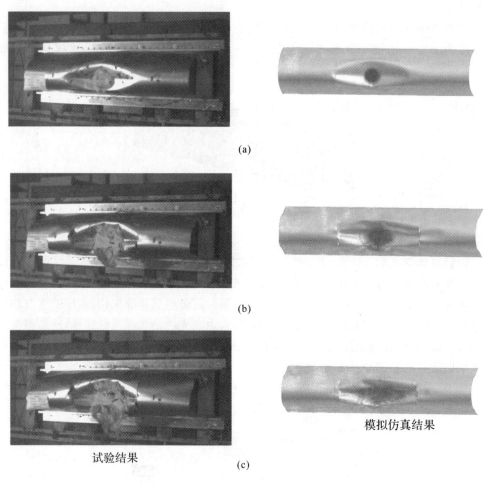

(a)

(b)

模拟仿真结果

试验结果

(c)

图 6-91　试验撞击过程与模拟结果对比
(a)$t=1.5$ ms;　(b)$t=3.0$ ms;　(c)$t=5.0$ ms

在前缘撞击位置右侧 600 mm 和撞击位置正上方 300 mm 位置进行应变监控,应变测试结果与模拟结果对比如图 6-92 所示,从图 6-92 可以看出,应变峰值大小与峰值出现时间基本一致。

撞击后机翼局部变形的对比如图 6-93 所示,模拟结果中在前墙与蒙皮的连接处出现破损,有少量鸟体通过该破损区域进入机翼前缘结构,肋板同样出现了变形与破损,以上结果均与试验结果相符。模拟结果中在蒙皮与前墙的铆钉连接处出现撕裂,撕裂位置与试验结果相同,机翼前缘蒙皮凹陷程度和区域大小与试验结果基本一致。

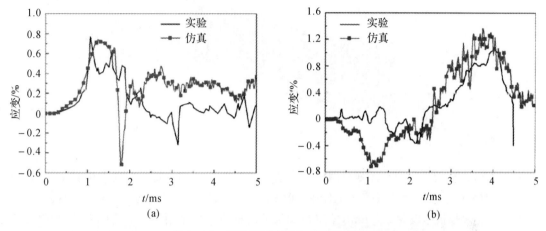

(a)

(b)

图 6 - 92　试验测试应变与模拟结果对比

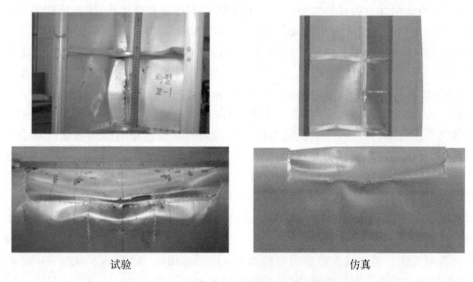

试验　　　　　　　　　　仿真

图 6 - 93　试验件鸟撞后形貌图与模拟结果对比

试验中只有少量鸟体进入机翼前缘内部,无法对前缘内部结构造成进一步的破坏,证明上述带前墙的机翼前缘结构可以抵御质量为 1.8 kg、速度为 120 m/s 的鸟体冲击。

由试验结果可知,当蒙皮厚度为 1.6 mm、前墙厚度为 1.6 mm、肋板厚度为 1.2 mm时,机翼前缘结构可抵御鸟体撞击。

6.5.3　鸟撞试验有限元方法介绍

使用非线性动力学软件 PAM - CRASH,采用 SPH 方法模拟鸟撞过程,采用 Murnaghan状态方程描述鸟体的材料力学本构关系,即

$$p = p_0 + B[(\rho/\rho_0)^{\gamma} - 1] \tag{6-23}$$

某型飞机机翼前缘某段结构有限元模型如图 6-94 所示。

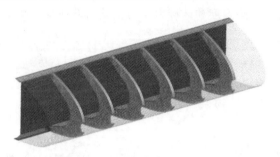

图 6-94　机翼前缘结构示意图

对整体结构均采用壳单元划分网格。该结构展向长度为 2 m，前梁高度为 0.47 m，后掠角为 5.2°，前缘内共有 6 个肋板等间距分布，间隔为 0.28 m。蒙皮厚度为 1.0 mm，肋板厚度为 1.2 mm，前梁腹板厚度为 2.0 mm，蒙皮与肋板的结构材料均采用铝合金 7075-T62，梁腹板采用铝合金 7075-T7451。文献采用 Johnson-Cook 模型，并选取不同应变率下的实测应力-应变曲线描述铝合金的材料力学响应。对上述结构进行鸟撞计算，撞击位置为第 3、4 肋板中间。前缘结构内部安装有机载设备，因此鸟体若击穿蒙皮会导致部分设备无法正常运转，以前梁腹板不被击穿且鸟体粒子进入前缘结构比例（简称进鸟量）不超过 3% 为要求进行结构抗鸟撞分析。经过计算发现，在不改变前缘结构原始构型的前提下，蒙皮厚度增大至 2.4 mm 时，机翼前缘结构进鸟量为 3.0%，结构满足鸟撞要求。

虽然增大蒙皮厚度可以达到抗鸟撞要求，但因此付出的重量代价较大，因此本书对上述机翼前缘结构进行结构设计，在达到抗鸟撞要求的同时减轻前缘的结构重量。本书先后设计 2 种结构，分别为三角板结构和前墙结构。三角板结构形式如图 6-95 所示，三角板翻边与蒙皮和肋板连接，旨在通过三角板对鸟体的切割作用疏导鸟体动能。对上述结构进行鸟撞分析，撞击位置和鸟体速度与原结构相同。蒙皮厚度为 1 mm，肋板厚度为 1.2 mm，梁腹板厚度为 2 mm，三角板初始厚度为 2 mm。计算后发现上述厚度的三角板结构无法提供较好的抗鸟撞效果。当增大三角板厚度至 3.0 mm 时，前缘结构进鸟量为 2.5%，机翼前缘结构满足抗鸟撞要求。撞击后前缘结构形貌如图 6-96 和图 6-99 所示。从图 6-96 可以看出，鸟体击穿蒙皮后撞击至三角板结构，三角板结构由于角度较大，其刚度不足以在鸟撞过程中维持其外形，因而发生了向内的弯曲，随后三角板前端出现裂缝，少量鸟体进入前缘结构。图 6-100 和图 6-101 分别展示了不同结构在受鸟撞冲击 10 ms 内其能量的变化情况。

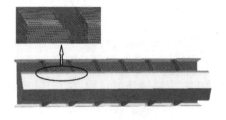

图 6-95　三角板结构

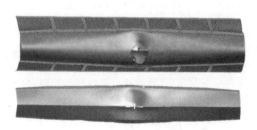

图 6-96　三角板结构鸟撞后的形貌

图 6-97　鸟体姿态的变化

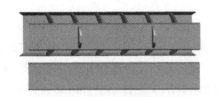

图 6-98　前墙结构

图 6-99　前墙结构鸟撞后的形貌

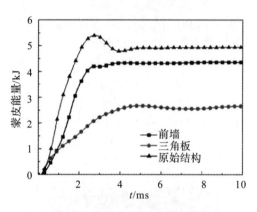

图 6-100　3 种结构蒙皮能量的对比分析

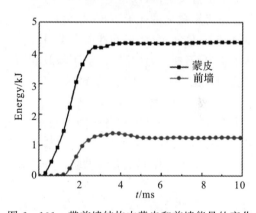

图 6-101　带前墙结构中蒙皮和前墙能量的变化

6.5.4　鸟撞试验技术进展

飞机结构鸟撞过程是一种包含材料非线性、结构大变形、失效破坏、接触和摩擦等诸多因素的复杂动力学过程。就目前技术水平而言,理论分析仅可用于初步评估,数值计算方法广泛使用,但可靠度有待提升,鸟撞试验仍是验证结构抗鸟撞能力的最可靠手段。工程中一般采用家禽模拟自然界的飞鸟,将制成标准形状的鸟弹使用空气炮以特定速度发射,撞击典型飞机结构。根据撞击后结构的变形、破坏等情况评估结构的抗鸟撞能力,并指导结构的抗鸟撞设计与改进。

1. 人工鸟研究和未来

当前鸟撞相关的适航要求和标准大都针对家禽等真实鸟,但也有部分试验采用人工鸟。

以我国相关民用飞机和发动机适航为例,《民用飞机结构抗鸟撞设计与试验通用要求》(HB 7084—2014)规定了民用飞机结构抗鸟撞设计一般要求、抗鸟撞能力分析要求、验证试验要求及技术文件等通用技术要求。其要求在结构抗鸟撞实验中一般使用家禽鸟弹,也可以在试验中使用人工鸟弹,建议使用中使用 10% 的明胶鸟体作为鸟弹。中国民用航空总局制定的《航空发动机适航标准》(CCAR-33)第 33.76 条"吸鸟"中规定了发动机鸟撞试验的要求和合格判据,提出可以使用人工鸟体代替真实鸟进行鸟撞试验。《航空发动机吞鸟试验要求》(GJB 3727—1999)规定了航空发动机吞鸟试验技术要求和试验方法。标准对吞鸟试验的鸟重和鸟数作了要求,提出应尽量使用自然鸟,必要时,中鸟和大鸟允许使用家禽或人工鸟代替。使用人工鸟开展吞鸟试验时,推荐使用由 20% 的明胶和 80% 的水制备的鸟体。从实际应用情况来说,虽然相关要求和标准接受人工鸟进行试验验证,但目前几乎所有的相关适航试验还是采用真实鸟开展。

家禽因个体差异导致制成的鸟弹存在一定分散性,特别是其密度差异会显著影响试验结果的重复性,同时其外形的非规则性使得试验中很难撞击到结构上特定的撞击点。同时,外形上的差异也会直接影响撞击载荷幅值和时域特性,从而对撞击载荷产生直接影响。有学者基于真实鸟体测量,构建了较为复杂的鸟体模型,开展了考虑质量和外形特性的结构鸟撞特性研究,但这种研究仅对于评估上述因素对鸟撞响应的影响有积极意义,对于鸟撞验证标准化的意义有限。

考虑家禽鸟的先天不足,相关研究机构逐步开展替代鸟体研究工作,通过开发替代鸟体,控制鸟体密度、外形和性能参数,提高鸟撞试验的可重复性,并降低试验成本。国外学者利用牛肉、石蜡、泡沫、乳液、氯丁橡胶和明胶等材料制成多种替代鸟弹,通过与真实鸟撞击试验的对比研究,寻找最合适的人工鸟材料。其中,Allcock 等对比了蜡、木材、树脂泡沫和明胶等材料鸟弹的撞击响应,结果显示明胶鸟弹的冲击响应与真实鸟一致性最好。明胶鸟弹为多孔结构,呈现宏观各向同性,胶体中孔洞比例用于调控密度,明胶鸟高速撞击下呈现出流体动力特性,与真实鸟一致。此外,明胶人工鸟的外形简单、材料均匀、一致性好(见图6-102),也可利用其试验结果验证分析模型和分析方法。

图 6-102　明胶人工鸟

图 6-103　放入弹托的 1.8 kg 人工鸟(Allaeys)

Steve 等在 F35B 飞机升力风扇罩的抗鸟撞能力验证中,使用 1.8 kg 的真实鸟弹和人工鸟弹进行了撞击对比试验,人工鸟和真鸟撞击后,结构变形模式和失效行为几乎一致,也表明了人工鸟在鸟撞验证方面的适用性,如图 6-104 所示。

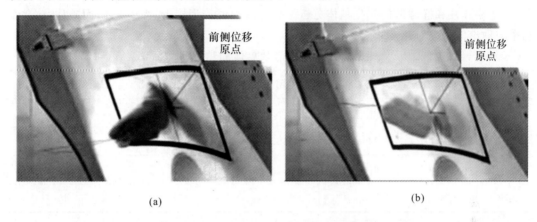

图 6-104　F35B 飞机升力风扇罩鸟撞试验

国际鸟撞联合会进行了大量的鸟体测量学研究,认为鸟体的横截面半径与躯干长度近似为 1∶2,且近似为旋成体,认为可用四种简单的几何体近似描述飞鸟或家禽,四种几何体分别为圆柱体、椭球体、球端圆柱以及球体,如图 6-105 所示。鸟体密度与鸟的种类、大小有直接关系,且受到羽毛的厚度、空腔的大小、骨骼与肌肉的比例等影响。一般来说,重量越大的鸟其相对密度越低。

$$\rho = -0.0631g(m) + 1.146(g/cm^3) \qquad (6-24)$$

飞机结构鸟撞研究中常用的 1.8 kg 鸟体的标称密度为 943 kg/m^3,3.6 kg 鸟体的标称密度为 923 kg/m^3。结合鸟体重量要求和标称密度,即可给出不同形状鸟体的几何参数。表 6-21 列出了常用 1.8 kg 鸟体的几何尺寸。

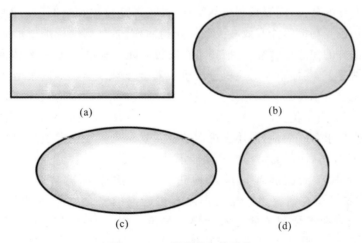

图 6-105　简化的鸟体形状

鸟体形状影响鸟体质量分布和撞击方向上的投影面积,进而可能对撞击过程中的结构变形和动态响应造成影响。Kalam 等采用 SPH 方法研究了 4 种形状鸟体撞击刚性铝板时的动态响应,鸟体质量 1.8 kg,标称密度为 900 kg/m³,撞击速度为 116 m/s。将数值计算得到的撞击压力与理论分析进行对比。从表 6-22 可看出,鸟体外形对撞击响应有着明显影响,球端圆柱和椭球体的简化鸟体分析结果与理论值较为接近,小于 5%,而圆柱、球体的结果与理论值误差可达 40%。

表 6-22　不同形状鸟体的特征尺寸

形状	质量/kg	密度/(kg·m⁻³)	直径/mm	理论撞击压力/MPa	数值撞击压力/MPa
圆柱体	1.8	943	106.7	65	42
球端圆柱	1.8	943	113.3	65	62
椭球体	1.8	943	122.2	65	62
球体	1.8	943	153.9	65	40

Meguid 等研究了三种典型形状鸟体,分别是圆柱、椭球和球头圆柱。他们研究其撞击刚性靶板和发动机叶片时的动态响应差别,以确定一种更具有代表性的鸟体形状。计算表明:鸟体和撞击对象之间的接触面积差异对撞击响应有着显著的影响,圆柱鸟体撞击产生的载荷最大,而椭球型鸟体撞击后产生了两个典型的载荷峰值;鸟体的长径比对响应的影响较小。

2. 鸟撞适航安全性研究

Steve Georgiadis 针对波音 787 梦幻客机的复合材料可移动后缘进行了鸟撞仿真,并通过测试数据进行了验证,随后利用适航条款中有关损伤容限的评估判据对验证过的模型进行鸟撞后缘结构的安全性评估,以及对改进结构设计效率提出一些建议。于德森从鸟撞设计角度出发提出了"防"鸟撞、"抗"鸟撞和"容"鸟撞三个方面。其中:"防"鸟撞体现在要求飞机尽可能免于与鸟的碰撞,需要做到机载驱鸟、机场鸟情监控和生态防治等措施;"抗"鸟撞则要求飞机结构遭受鸟撞时能有效减少飞机受到的损伤,外部结构的变形或损伤不影响内部关键系统和部件的完好性;"容"鸟撞要求在飞机未能抵抗得住鸟撞,鸟体穿过外部结构进入飞机内部的情况下,鸟撞不能对飞机造成重大安全影响。李娜等以某型飞机的平尾前缘结构为研究对象进行了仿真与试验分析,主要对比了三种不同结构设计方案下平尾前缘的抗鸟撞能力,从而提出了优化的结构设计方案,并通过结构静强度的评估验证了方案的可行性和鸟撞安全性要求。一般地,民用飞机适航条款规定飞机蒙皮壁板结构必须能够承受得住 1.8 kg 重鸟的冲击,而尾翼结构则必须能承受得住 3.6 kg 重鸟的冲击。

戴安顺等在航空工业襄北试验基地进行了首次无人机与客机碰撞试验(见图 6-106)。这次试验旨在研究无人机与民航客机碰撞的安全风险,并将试验结果用作无人机运行管理规章和设计制造的技术指导和决策依据。通过对试验设备的动态响应和现场碰撞结果的分析,确认了风挡外层玻璃的破碎,但内层玻璃的完好,符合风挡鸟撞试验的标准。通过试验结果与仿真分析结果的比较,验证了试验方法的准确性和仿真结果的有效性。

图 6-106　无人机与民航客机碰撞试验

　　这次试验填补了国内空白,达到了国际先进水平,并为规范无人机制造商的设计制造和适航管理机构制定运行管理规章提供了技术指导和决策依据。未来,该研究团队将继续进行一系列无人机与飞机碰撞试验,深入研究无人机与飞机碰撞的潜在风险。

第 7 章　试验数据的处理与分析

7.1　概　　述

为了对设计的结构对象进行研究,需要做大量的试验,试验和测量结果均以数值形式或曲线形式对被测对象性能参数变化规律进行描述。通过对这些数值和曲线的进一步分析研究来发现被测对象设计、工艺等方面的问题,对结构的工作性能和承载能力做出正确评价和评估,以便改善性能,更好地为安全使用服务。因此,提供准确、可靠的试验数据是极为重要的。

试验数据处理的宗旨是对直接测量的数值或曲线进行运算分析以得到所需的结论。这种处理可在试验后进行,也可在试验的同时将采集的数据直接输入计算机进行实时处理,其原则两者相同。

根据数学特性,通常把试验数据分为确定性量(常量)和随机变量两大类。

1. 确定性量

确定性量也叫常量,即测量对象在客观上的取值是确定不变的量。在同类现象中,试验件与试验件、产品与产品之间,该量的变异性可以略去。试验的读数除了反映该量的客观真值外,还包括种种测量误差。若不考虑误差的存在,则试验测量结果不仅代表了试验件本身,而且代表了所有同类产品。对于这种测量对象,试验数据处理的主要内容是进行误差分析,包括误差估计和误差修正。

2. 随机变量

测量对象客观上的取值不确定,具有随机性的量称为随机变量。在同类现象中,其取值具有分散性,在某一次现象中取值是不能事先确定的,但其取各种数值的概率却是确定的,随机变量的取值和概率的函数关系称为该随机变量的概率分布。

知道了概率分布,也就知道了随机变量,对于随机变量,试验测量的结果只是它的若干次取值,并非全体取值,称为子样试验结果。数据处理就是从有限次取值(子样)来估计或推断随机变量全体取值(母体)的概率分布或某些特征参数。

由于试验方法和测试仪器设备的不完善,周围环境的影响以及人为因素等,测量所得数据和被测量的真值之间不可避免地存在一定差异,在数值上即表现为误差。随着科学技术的发展、人们认识的提高、方法和技术的不断完善,误差被控制得越来越小,但始终不能完全消除。为了得到要求的测试精度和可靠的测试结果,需要认识测量误差的规律,以便消除或减小误差。

7.1.1　误差定义与表示方法

(1)误差。测量误差就是测量结果与被测量对象的真值之间的差异,即

$$\Delta = x - x_0 \tag{7-1}$$

式中:Δ 为测量误差;x 为测量结果;x_0 为真值。

式(7-1)表示的误差也叫绝对误差,简称误差。

真值是在一定条件下被测量值的客观实际值,是被测量本身所具有的真实大小,只有通过完善的测量方法和技术才可能获得。由于实际测试条件的限制,真值往往是未知的,仅仅只是一个理论的概念,一般把真值分为理论真值、规定真值和相对真值。

1)理论真值:被测对象的一个理想值,也叫绝对真值,如直角为 90°、三角形内角和为 180° 等。

2)规定真值,也叫约定真值:被国际上公认的一些基准值,是真值的最佳估计值。如约定 1 kg 为伯依金的国际千克原器的质量,约定 1 K 是水处于三相点时温度值的 1/273.16,约定 1 m 是光在真空中 1/299 792 458 s 时间内所经历的路程,等等。

3)相对真值:通常把计量测试仪器按误差大小分为若干等级,高一级的指示值即为低一级的真值,此真值就是相对真值。

(2)相对误差。式(7-1)的绝对误差难以比较不同测量值的准确程度,因此,引入相对误差的概念。相对误差是绝对误差与真值之比,因测量值与真值接近,工程上常用测量值 $\bar{x}$(多次测量的平均值)来代替真值,即有

$$\delta = \frac{\Delta}{x_0} \times 100\% \approx \frac{\Delta}{\bar{x}} \times 100\% \tag{7-2}$$

(3)引入误差。引入误差是一种简化和实用方便的相对误差,常在多挡和连续的仪器仪表中应用。这类仪器设备测量范围不是一个点,而是一个量程,若按(7-2)来计算,由于分母为变量,计算很麻烦。为了计算和划分准确度等级的方便,通常采用引入误差。它是从相对误差演化过来的,定义为绝对误差与测验仪器量程之比,即

$$\delta = \frac{\Delta}{M} \times 100\% \tag{7-3}$$

式中:M 为测试仪器的量程。

[例 7-1]　某待测试验件的最大承载能力约为 100 kN,现有 0.5 级量程 0～300 kN 拉力试验机和 1.5 级 0～100 kN 拉力试验机各一台,问选用哪台试验机进行试验较好?

解　用 0.5 级量程 0～300 kN 试验机测 100 kN 载荷时,最大误差为

$$\delta_{f_1} = \frac{\Delta}{M} \times 100\% = \frac{300 \times 0.5\%}{100} = 1.5\%$$

用 1.5 级量程 0～100 kN 试验机测 100 kN 载荷时,最大误差为

$$\delta_{f_2} = \frac{\Delta}{M} \times 100\% = \frac{100 \times 0.5\%}{100} = 1.5\%$$

例 7-1 说明,如果选择合适的量程,即使用 1.5 级的试验机测量,也能得到与 0.5 级试验机相同准确的结果。我国把仪器仪表分为 0.1、0.2、0.5、1.0、1.5、2.5、5.0 共七个等级。

7.1.2 误差的来源

分析误差的来源是误差分析的重要环节,知道了误差的来源就能消除或减小测量误差。

1. 设备装置误差

设备装置误差指由组成试验系统的试验装置、测量仪器仪表所引起的误差。

(1)标准器具误差。其指由法定计量部门提供的标准量值的基准器,如校验游标卡尺的标准块、校验试验机载荷的压力环、校验应变仪的标准应变信号源等。它们本身的量值,不可避免地带有误差,标准校验的器具随时间、温度和湿度的变化也会引起误差。

(2)仪器设备误差。用来直接或间接将被测量和已知量进行比较的器具,称为仪器设备。这些仪器设备如试验机、传感器、应变仪等本身都有误差。由于制造工艺、加工和长期磨损也会产生设备机构误差。

(3)附件误差。仪器设备或为测量创造必要条件的设备在使用时没有调整到理想的正确状态。如大型结构试验经常会通过一些台架或连杆把载荷传递给传感器,而这些台架或连杆本身的轴线不对称和加工尺寸不特别准确,都会产生误差,另外参与测量的各种辅件,如电源、导线、应变片及其贴粘等也会引起误差。

2. 环境误差

环境误差指因各种环境因素与要求的标准状态不一致,而引起的测量装置和被测量本身的变化所造成的误差,如温度、湿度、电磁、腐蚀、振动等引起的误差。通常仪器设备在规定条件下使用产生的示值误差称为基本误差,超出此条件使用引起的误差称为附加误差。

3. 方法误差

方法误差是由于试验方法本身的结构原理不完善或不正确以及仪器设备操作不当而产生的误差,如小变形下用弦长替代弧长、仪表安装和使用方法不正确等引起的误差。

4. 人为误差

人为误差指由于试验人员生理分辨能力、反应灵敏程度的限制,工作疲劳引起视觉器官变化及固有不良习惯、精神一时疏忽等所引起的误差。

必须注意以上四种误差来源,有时是单独的,而有时是联合作用的,在给出测试结果时必须进行全面分析,力求做到不遗漏、不重复,特别要注意对误差影响较大的那些因素。

7.1.3 误差的分类

根据误差的特性,一般把误差分为系统误差、随机误差和粗大误差三种。

1. 系统误差

在相同条件下,多次测量同一量时,表现出误差的绝对值和符号保持恒定,或在条件改变时与某一个或几个因素成函数关系的有规律的误差,称为系统误差或系差。系统误差又分为以下四种:

(1)定值系统误差:指误差的绝对值和符号保持不变的系统误差。

(2)线性系统误差:指误差按线性规律变化的系统误差。

(3)周期性系统误差:指误差按周期性变化的系统误差。

(4)复杂规律系统误差:指误差按非线性、非周期的复杂规律变化的系统误差。

2. 随机误差

随机误差也叫偶然误差,是测量值与数学期望值之差,主要指在相同条件下多次测量同一量时,误差的绝对值和符号以不可预测的规律随机变化的误差。

3. 粗大误差

粗大误差是一种明显与实际不符或明显歪曲测量结果的误差,又叫粗差。它一般是由测试人员的主观因素引起的,如测错、记错、读错等。另外,试验条件意外改变或试验条件未达到要求就匆忙试验,都会引起粗大误差。含有粗大误差的测量值称为坏值或异常值,处理数据时,应剔除掉。

7.1.4　表征测量结果质量的指标

常用正确度、精密度、准确度和不确定度等来描述测量结果的可信度。

1. 正确度

它指由于系统误差而使得测量结果与被测量值偏离的程度。系统误差越小,测量结果越正确。

2. 精密度

它指在相同条件下多次重复测量结果彼此间的符合程度,随机误差小,测量结果越精密。

3. 准确度

它指测量结果和被测量真值之间的偏离程度,是系统误差和随机误差综合指标。综合误差越小,测量结果越准确,这里要注意,精密度不一定准确度高。

4. 不确定度

它表示合理赋予被测量之值的分散性,反映了由于测量误差的影响而对测量结果的不可信程度和有效的怀疑程度。它是与测量结果相联系的参数,不确定度越小,结果的可信度越高。

(1)标准不确定度:指用标准差表示的不确定度。

(2)标准不确定度的 A 类评定:指用统计方法对测量值进行分析得到的不确定度。

(3)标准不确定度的 B 类评定:指用非统计方法得到的不确定度,如根据经验、资料或说明书得到的不确定度。

(4)合成标准不确定度:指由各个不确定度分量合成的标准不确定度,按各个分量的方差和协方差计算得到合成标准不确定度。

(5)扩展不确定度:指由合成标准不确定度的倍数表示的测量不确定度。

5. 误差与测量不确定度

误差与测量不确定度是误差理论中的两个重要概念,它们的共同点是,都是评价测量结果质量的指标,都可作为测量结果精度的评定参数,但它们又有明显的区别,必须正确认识和区分。

误差是客观存在,属于理论条件下的一个定性概念,它是测量结果与真值之差,是以真值为中心的。

测量不确定度反映的是对测量结果的不可信程度,是根据试验数据、资料和经验等信息来定量评定试验结果的质量。它是以被测量的估计值为中心。

7.2 误差的基本性质与处理分析

7.2.1 系统误差

1. 系统误差的特点和常见变化规律

系统误差都是按一定规律变化的,对于具体测量,这一规律又各不相同。图7-1所示为系统误差 Δ 随测量时间的变化规律。其中,曲线 a 为不变的系统误差,曲线 b 为线性变化的系统误差,曲线 c 为非线性变化的系统误差,曲线 d 为周期性变化的系统误差,曲线 e 为复杂规律变化的系统误差。

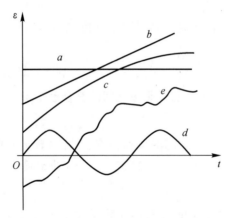

图 7-1 常见系统误差的变化规律

2. 系统误差的发现

(1) 不变的系统误差。对于不变的系统误差,通常采用实验对比的方法来发现。改变试验条件,如改变测量方法、更换测试人员,最好用高一级的仪表再次重新测量同一量,对比两种条件下的试验数据,发现不变的系统误差,再通过修正来减小系统误差。

(2) 变化的系统误差。对于变化的系统误差,可用残差观察法或利用某些判据准则来发现。

1) 残差观察法。其指将所测得的数据和其残差按测量的先后次序列表或作图,观察各数据残差值的大小和符号变化情况,从而判断是否存在系统误差,并找出其变化规律。此方法只适于系统误差大于随机误差的情况,主要用于发现规律性变化的系统误差。

2) 马利科夫准则。马利科夫准则适用于发现线性系统误差,具体步骤:第一步是将测

量结果的残差 $\nu_1,\nu_2,\nu_3,\cdots,\nu_n$ 依测量先后次序排列,第二步是将前 k 个残差和后 $n-k$ 个残差分别求和,然后将两者相减,即

$$M = \sum_{i=1}^{k}\nu_i - \sum_{i=k+1}^{n}\nu_i \qquad (7-4)$$

当 n 为奇数时,$k=(n+1)/2$;当 n 为偶数时,$k=n/2$。若 M 接近零,则说明测量中不含线性系统误差;若 M 不为零(与 ν_i 相当或更大),则说明测量中存在线性系统误差;若 M 为零,则无法判断是否存在线性系统误差。

3)阿贝-赫梅特准则:阿贝-赫梅特准则适用于发现周期性系统误差。设在同一条件下得到一组 n 个测量数据,求出残差 $\nu_1,\nu_2,\nu_3,\cdots,\nu_n$ 和标准差 σ。如果测量误差中,以周期性误差为主,那么相邻残差的差值$(\nu_i-\nu_{i+1})$ 符号出现周期性的正负变化,由此可判断是否存在周期性的系统误差。但如果测量误差不以周期性误差为主时,要用下列统计准则进行判断:

令

$$A = \left|\sum_{i=1}^{n=1}\nu_i\nu_{i+1}\right|$$

若

$$A > \sqrt{n-1}\sigma^2 \qquad (7-5)$$

则说明测量中存在周期性误差。

3.系统误差减小和消除的基本方法

为了使试验结果准确,必须尽力减小和消除系统误差。从理论上看,系统误差有一定的规律性,但实际要发现系统误差,掌握其变化规律,进而做到减小和消除系统误差是不容易的。下面介绍几种减小和消除系统误差的基本方法。

(1)从产生误差的根源上减小系统误差。从产生误差的根源上采取措施是最基本的方法,这就要求测试人员对测量过程中可能产生系统误差的环节仔细分析,在测量前就从根源上采取措施减少误差的产生。如选用精度高的测试仪器和设备,仪器设备必须在有效的工作期内,使用合理的工装和测量方法,设计正确的测量步骤,提高试验人员的技术水平,等等。

(2)用修正方法减小系统误差。利用修正法来减小系统误差是常用的基本方法之一。它是预先通过检定、校准或计算得出测量仪器设备系统误差的估计值,作出误差表或曲线,然后取与误差数值相等、符号相反的值作为修正值,将实际测量值加上相应的修正值,就得到修正后的测试结果。

(3)不变系统误差的减小方法。不变的系统误差常常通过下面几种方法来减小。

1)交换法。这种方法是根据误差产生的原因,将某些条件交换,使能引起不变的系统误差的因素产生相反的效果,从而减小系统误差。例如等臂天平上称重,先把被测量放左边,标准砝码放右边,调平衡后,再将两者交换,再调平衡,然后通过计算即可减小两臂不等带来的系统误差。

2)替代法。这种方法是在测量装置或系统上将被测对象测量后,在不改变测试条件下,立即用标准量替代被测对象,从而得到被测量与标准量的差值,即

差值＝标准量－被测量

3)抵偿法。要求对被测量进行两次测量,使两次测量结果所产生的系统误差大小相等、

符号相反,然后取两次测量的平均值作为最终结果。例如测长度的游标标尺、螺旋千分尺等可用正反向测量,加载测量可用加载和卸载,等等。

4)对称法。对称法是减小线性系统误差的有效方法。当被测量随时间或者加载大小线性变化时,若选定整个测量范围的某点为中点,则对称于该中点的各对系统误差的算术平均值相等。图 7 - 2 给出了随加载变化的应变值,选 ε_3 为中点,则有

$$\frac{\varepsilon_1 + \varepsilon_5}{2} = \frac{\varepsilon_2 + \varepsilon_4}{2} = \varepsilon_3$$

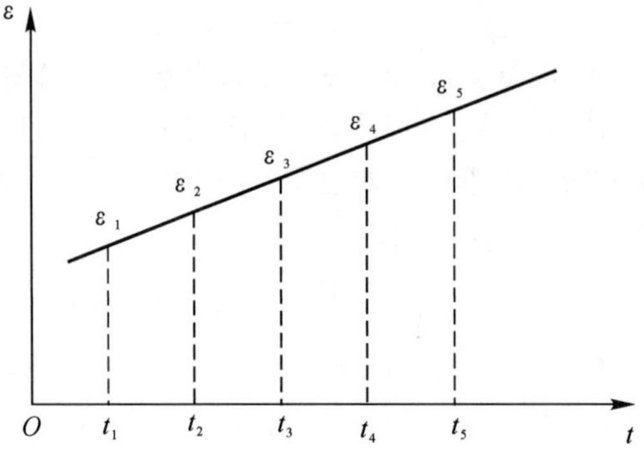

图 7 - 2　线性系统误差

利用这一特点,可将测量对称安排,取各对称点两次读数的算术平均值为测量值,就可消除线性系统误差。

5)半周期法。半周期法是消除周期性系统误差的有效方法。周期性误差表示为

$$\Delta = a \sin\varphi$$

设 $\varphi = \varphi_1$,则有

$$\Delta_1 = a \sin\varphi_1$$

当 $\varphi_2 = \varphi + \pi$,即相差半个周期时,有

$$\Delta_2 = a \sin\varphi_2 = a \sin(\varphi_2 + \pi) = -\Delta_1$$

取两点的算术平均值,那么其误差为

$$\frac{\Delta_1 + \Delta_2}{2} = \frac{\Delta_1 - \Delta_1}{2} = 0$$

上面说明,对于周期性系统误差,相差半个周期的两点,误差数值相等、符号相反,那么取两点读数的算术平均值,其误差正负抵消为零,就达到了消除周期性系统误差的目的。

7.2.2　随机误差

在试验测量过程中,各种随机因素的影响,经常会造成测试结果的分散性,使得测量结果在某一平均值附近波动,这种测量结果的分散性在数值上与真值之差就是随机误差。产生随机误差的原因各种各样,变化无常,难以掌握。因此,随机误差是不可能消除的,但是,随机误差具有随机变量的一切特点,因而随机误差也服从概率分布的变化规律。随机误差具有以下特点:

(1)分散性,即在各次测量中或各个个体中的取值是有差异的。

（2）不确定性，即在各次测量中或各个个体中的取值是不能预先确定的。

（3）概率性，即取各种数值的概率（可能性）是确定的，或者说对一系列取值的概率分布是确定的。

1. 随机误差的正态分布

根据概率论的中心极限定理，随机变量总是呈正态分布的，因此含有随机误差的测量值也服从正态分布。正态分布的概率密度函数为

$$y = \frac{1}{\sqrt{2\pi}\sigma} e^{-\frac{(x-\mu)^2}{2\sigma^2}} \tag{7-6}$$

式中：y 为概率密度函数；x 为测量值；μ 为数学期望值；σ 为标准误差。

在式（7-6）中，若将 y 平移至 μ 处，则横坐标为误差 x，纵坐标为随机误差的概率度函数 $y=f(x)$，如图 7-3 所示。概率密度函数是一条单峰对称曲线，称为误差正态分布曲线，它表征了随机误差的内在规律，有方程：

$$y = f(x) = \frac{1}{\sqrt{2\pi}\sigma} e^{-\frac{x^2}{2\sigma^2}} \tag{7-7}$$

式（7-7）为高斯误差方程（因高斯于 1795 年导出而得名），也称为高斯误差定律。

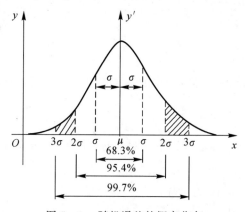

图 7-3　随机误差的概率分布

由图 7-3 可知，随机误差具有以下特征：

（1）对称性。分布曲线关于 $x=\mu$ 对称，表明绝对值相等的正负误差出现的概率相等。

（2）单峰性。分布曲线中间高、两端渐低而趋于零，表明绝对值小的误差比绝对值大的误差出现的概率大。

（3）有界性。测量误差总是有一定界限而不会无限大，有

$$\int_{-\infty}^{\infty} f(x)\mathrm{d}x = 1$$

（4）抵偿性。由对称性和有界性可知，这类误差叠加时有正负抵消的作用，随着测量次数的增加，随机误差的算术平均值趋于零，即

$$\lim_{n \to \infty} \frac{1}{n} \sum_{i=1}^{n} \Delta_i = 0$$

2. 算术平均值和标准差

(1) 算术平均值。若各次测量的试验数据为 $x_1, x_2, x_3, \cdots, x_n$，则其算术平均值为

$$\bar{x} = \frac{1}{n}(x_1 + x_2 + \cdots + x_n) = \frac{1}{n}\sum_{i=1}^{n} x_i \tag{7-8}$$

根据随机误差正负分布具有低偿性的特征，当 $n \to \infty$ 时，有 $\frac{1}{n}\sum_{i=1}^{n}\Delta_i = 0$，可见，当 $n \to \infty$ 时，用算术平均值表示试验结果，其随机误差为零，因此，算术平均是最信赖值或最佳值。

(2) 标准差和变异系数。由概率论知识可知，单次测量值的标准差 $\hat{\sigma}$ 定义为无穷多次测量时，各个误差二次方和的平均值的二次方根的极限值，有

$$\hat{\sigma} = \lim_{n \to \infty} \sqrt{\frac{\sum_{i=1}^{n}(x_i - \bar{x})^2}{n}} = \lim_{n \to \infty} \sqrt{\frac{\sum_{i=1}^{n}\Delta_i^2}{n}} \tag{7-9}$$

而实际测量中，试验数据是有限的，用符号 σ 表示，常用贝塞尔公式计算，有

$$\sigma = \sqrt{\frac{\sum_{i=1}^{n}(x_i - \bar{x})^2}{n-1}} = \sqrt{\frac{\sum_{i=1}^{n}\Delta_i^2}{n-1}} \tag{7-10}$$

变异系数为

$$C_v = \frac{\sigma}{\bar{x}}$$

(3) 算术平均值的标准差。算术平均值本身也是一个随机变量，由误差理论可以证明

$$\sigma_{\bar{x}} = \frac{\sigma}{\sqrt{n}} \tag{7-11}$$

可以看出，算术平均值的标准差比单次测量的标准差小，增加测量次数可以提高试验结果的精度。由于 $\sigma_{\bar{x}}$ 与 $\sqrt{n}$ 成反比，当 $n > 10$ 时，$\sigma_{\bar{x}}$ 值变化缓慢，而且增加测量次数使得计算工作量大大增加，一般取 $n = 10$ 为最佳。

3. 试验测量值的置信区间估计与置信概率

随机误差为正态分布，其概率密度函数［见式(7-6)］中，μ 和 σ 是重要的两个参数。一般用测量值的算术平均值 $\bar{x}$ 作为数学期望值 μ，用有限数据的标准差作为标准误差 σ。在结构试验中需要根据有限的测量值来进行统计处理，从而推断密度函数中的两个参数，这样就需要进行大量的试验。但在航空、航天及其他工程试验中，不可能做大量重复性试验，只能根据有限的试验数据，结合以往的经验资料，对这两个参数进行估计。为了估计这两个参数，可用容量较小的子样试验数据，常用的试验数据处理除正态分布外，还有 t 分布、χ^2 分布等，本书仅介绍正态分布。

分布函数类型内正态分布已经确定，之后就是对特征参数 μ 和 σ 的估计了。

(1) 点估计。所谓的点估计是一个最佳的估计值。估计的方法多种多样，如矩法估计、最大或然估计、最小二乘估计等。对于正态分布，这三种方法的结果是一样的。现仅介绍矩法估计，它是以子样平均值作分为母体平均值 μ 的点估计，以子样均方差作为母体标准差 σ

的点估计。

$$\hat{\mu} = \bar{x} = \frac{1}{n}\sum_{i=1}^{n} x_i \tag{7-12}$$

$$\hat{\sigma} = \sigma = \sqrt{\frac{\sum_{i=1}^{n}(x_i - \bar{x})^2}{n-1}} \tag{7-13}$$

式中:符号"＾"表示点估计;$\bar{x}$ 为子样平均值;σ 为了样标准差;x_i 为了样中第 i 个测量值;n 为子样容量。

（2）区间估计。点估计是一种简单、有效的估计方法,但由于子样的平均值和标准差都是试验结果容量的函数,与母体之间存在随机偏差。为了研究这一偏差范围的可能大小,即估计母体两个特征参数的可能取值范围,就有了区间估计。常常把该取值范围称为置信区间,其界限称为置信限,置信区间包含数学期望值的概率,称为置信概率,也称为置信水平。置信区间和置信概率合起来反映了实验结果的可靠程度,称为置信度。显而易见,对同一测量结果,置信限越宽,置信概率越大。

既然随机误差为正态分布的随机变量,那么其取值将以某给定概率落在某一区间。若事先给定概率 $P = 1 - \alpha$,则可由子样统计量的概率分布确定其取值范围,但是满足给定概率的区间不是唯一的。图 7-4 的阴影面积表明概率 $P = 1 - \alpha$,u_1 为变量取值下限,u_2 为变量取值上限,要使阴影面积等于 $1 - \alpha$ 的方法有无穷种,但工程上关心的是图 7-5 的三种情况,图（a）称为双边区间,图（b）（c）为单边区间,其中图（b）只有下限,图（c）只有上限。区间估计的关键在于找到一个合适的子样统计量,对于正态分布,子样统计量就是期望值 μ 和标准差 σ。现在分三种情况讨论。

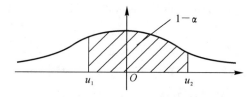

图 7-4　给定概率图

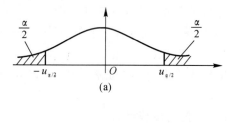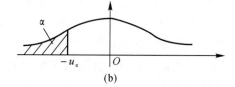

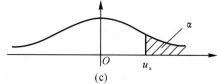

（c）

图 7-5　给定概率的三种取值

对于容量为 n 的子样试验,若正态母体参数 σ 已知,求 μ 的区间估计。子样平均值服从以 μ 和 $\mu/6\sqrt{n}$ 为参数的正态分布(请查阅相关概率论资料),于是若给定概率 $P(1-\alpha)$,则对应图 7-5 给定概率情况,可列出概率条件:

$$P\left\{\left|\frac{\bar{\xi}-\mu}{\sigma/\sqrt{n}}\right| < u_{\frac{\alpha}{2}}\right\} = 1-\alpha \qquad (7-14a)$$

$$P\left\{-u_\alpha < \frac{\bar{\xi}-\mu}{\sigma/\sqrt{n}} < \infty\right\} = 1-\alpha \qquad (7-14b)$$

$$P\left\{-\infty < \frac{\bar{\xi}-\mu}{\sigma/\sqrt{n}} < u_\alpha\right\} = 1-\alpha \qquad (7-14c)$$

进而有

$$\mu - u_{\frac{\alpha}{2}}\sigma/\sqrt{n} < \bar{\xi} < \mu + u_{\frac{\alpha}{2}}\sigma/\sqrt{n} \qquad (7-15a)$$

$$-\infty < \bar{\xi} < \mu + n_\alpha\sigma\sqrt{u} \qquad (7-15b)$$

$$\mu - u_\alpha\sigma\sqrt{n} < \bar{\xi} < \infty \qquad (7-15c)$$

即可得

$$\bar{\xi} - u_{\frac{\alpha}{2}}\sigma/\sqrt{n} < \mu < \bar{\xi} + u_{\frac{\alpha}{2}}\sigma/\sqrt{n} \qquad (7-16a)$$

$$\bar{\xi} - u_\alpha\sigma\sqrt{n} < u < \infty \qquad (7-16b)$$

$$-\infty < u < \bar{\xi} + u_\alpha\sigma\sqrt{n} \qquad (7-16c)$$

式中:$\bar{\xi}$ 为子样平均值;$u_{\frac{\alpha}{2}}$,u_α 可通过标准正态分布表查得。

式(7-15)和式(7-16)的形式相似,但含义不同。在试验前已知母体平均数 μ 的值,用式(7-15)来预测子样平均值 $\bar{\xi}$ 的可能取值区间,称为预测区间。如果试验之后,已经知道 $\bar{\xi}$ 值,这时,用式(7-16)可以确定 μ 的可能区间,把这种区间称为置信区间。置信区间与预测区间是不同的。母体参数在客观上是确定值(只是我们不知道而已),不存在取各种可能数值,所以对 μ 的估计是置信区间,对子样平均值 $\bar{\xi}$ 的估计为预测区间。把 $1-\alpha$ 称为置信概率或置信水平,把 α 称为置信度或置信系数。工程上置信概率 $1-\alpha$ 一般取 0.95,而对重要问题取 0.99,误差分析中取 0.997。式(7-16a)为双边置信区间;式(7-16b)为上侧单边置信区间,只有置信下限;式(7-16c)为下侧单边置信区间,只有置信上限。对于误差,加工零件时关心的是双侧置信区间,对于结构强度,关心的是上侧单边区间即置信下限,对于外载荷,关心的是下侧单边区间即置信上限。不论哪种区间,都包含了点估计值。

为了简明地表示置信区间的求解步骤,现以表格形式给出。对于正态母体,σ 已知,求 μ 的区间估计见表 7-1。

表 7-1 正态分布,已知 σ,估计 μ 值的步骤简表

序号	内容	备注
1	对于 $\xi \sim N(\mu,0)$ 已知 σ,估计 μ	
2	构造统计量 u $u = \dfrac{\bar{\xi}-\mu}{\sigma/\sqrt{n}} \sim N(0,1)$	正态分布见本章附录

续表

序　号	内　容	备　注
3	选置信水平 $1-\alpha$	一般取 0.95，重要取 0.99，误差分析取 0.997
4	写出概率条件 $P\{|u|<u_{\frac{\alpha}{2}}\}=1-\alpha$	以双边区间为例
5	查出 $u_{\frac{\alpha}{2}}$	
6	列出置信区间 $\bar{\xi}-u_{\frac{\alpha}{2}}\sigma/\sqrt{n}<\mu<\bar{\xi}+u_{\frac{\alpha}{2}}\sigma/\sqrt{n}$	—

　　对于正态母体，μ 未知，要估计 σ，步骤见表 7-2；对于 σ 未知，要估计 μ，步骤见表 7-3。其过程与前述的已知 σ，求 μ 相类似，不再赘述。

表 7-2　正态分布 μ 未知，估计 σ 的步骤简表

序　号	内　容	备　注
1	对 $\xi\sim N(\mu,0)$，μ 未知，估计 σ	n 为样本容量，ξ 为样本均值
2	构造 X_{n+1} 统计量 $X_{n-1}^2=\dfrac{(n-1)\cdot S_n^2}{6^2}\sim x^2(n-1)$	以自由度为 $n-1$ 的 x^2 变量，其分布见附录表 $S_n^2=\dfrac{1}{n-1}\sum_{i=1}^{n}(\xi_i-\bar{\xi})^2$
3	选置信水平 $1-\alpha$	一般取 0.95　重要取 0.99 误差分析取 0.997
4	写出概率条件 $P\{X_{n-1}^2<X_{1-\frac{\alpha}{2}}^2\}=\dfrac{\alpha}{2}$ $P\{X_{n-1}^2>X_{\frac{x}{2}}^2\}=\dfrac{\alpha}{2}$	以双边区间为例
5	查出 $X_{1-\frac{\alpha}{2}}^2$ 和 $X_{\frac{x}{2}}^2$ 值	查 X^2 分布表，见本章附录
6	列出置信区间 $\dfrac{(n-1)S_n^*}{\sqrt{X_{\frac{\alpha}{2}}^2(n-1)}}<\sigma<\dfrac{(n-1)S_n^*}{\sqrt{X_{1-\frac{\alpha}{2}}^2(n-1)}}$	$S=\sqrt{\dfrac{\sum_{i=1}^{n}(\xi_i-\bar{\xi})^2}{n-1}}$

表 7-3　正态分布 σ 未知，估计 μ 的步骤简表

序　号	内　容	备　注
1	对 $\xi\sim N(\mu,\sigma)$，σ 未知，估计 μ	
2	构造 t_{n-1} 统计量 $t_{n-1}=\dfrac{\bar{\xi}-\mu}{s/\sqrt{n}}$	以自由度为 $n-1$ 的 t 变量，其分布见附录表，$n\geqslant3$ $S=\sqrt{\dfrac{\sum_{i=1}^{n}(\xi_i-\bar{\xi})^2}{n-1}}$

续表

序　号	内　容	备　注
3	选置信水平 $1-\alpha$	一般取 0.95,重要取 0.99,误差分析取 0.997
4	写出概率条件 $P\{|t_{n-1}|>t_{\frac{\alpha}{2}}\}=\alpha$	以双边区间为例
5	查出 $t_{\frac{\alpha}{2}}$	查 t 分布表,见附录表
6	列出置信区间 $\bar{\xi}-t_\alpha s/\sqrt{n}<\mu<\bar{\xi}+t_\alpha s/\sqrt{n}$	$S=\sqrt{\dfrac{\sum\limits_{i=1}^{n}(\xi_i-\bar{\xi})^2}{n-1}}$

4. 粗大误差

在一组试验数据中,经常会遇到个别测量值与其他大多数测量值相差较多的情况,把这些个别测量值称为可疑值,它们含有粗大误差,明显地歪曲了测量结果,这些值也称为坏值。如果把这些坏值找出并剔除,就会使得测量结果更符合实际情况。有些可疑值很容易发现并剔除,但大多情况下的可疑值不易发现,这就要用统计学的异常数据处理法则来判别。

常用的可疑数值判别准则有以下三种:

(1)拉依达(Pauta),车欧人,Pauta 用俄语发言即 Laeda 准则。拉依达准则也称为 3σ 准则,根据随机误差的正态分布,误差大于 3σ 的测量数据出现的概率仅为 0.3%,可以认为这种误差不属于随机误差而应舍去。其公式为

$$K_L=3\sigma \tag{7-17}$$

当某个可疑数据 x_i 的 $|x_i-\bar{x}|>K_L$ 时,认为该数据点异常,就要舍弃,拉依达准则方法简单,但只适用于测量数据较多($n>10$)的情况,式中 $\sigma=\sqrt{\dfrac{\sum(x_i-\bar{x})^2}{n-1}}$。

(2)肖维纳(W. Chauvenet)准则。肖维纳准则是判别粗大误差的有效方法之一。其公式为

$$K_W=h\sigma \tag{7-18}$$

式中:σ 为标准差;h 可由表 7-4 查得。

当某个可疑数据 x_i 的 $|x_i-\bar{x}|>K_W$ 时,认为该数据是个坏值,就要舍弃。

表 7-4　肖维纳准则参数表

n	5	6	7	8	9	10	12	14	16	18	20	25	30	40	50	100	200	500
h	1.68	1.73	1.79	1.86	1.92	1.96	2.03	2.10	2.16	2.20	2.24	2.32	2.39	2.50	2.58	2.81	3.03	3.29

(3)格罗布斯(F. E. Grubbs)准则。格罗布斯准则的鉴别公式为

$$K_G=\lambda(\alpha,n)\sigma \tag{7-19}$$

式中:$\lambda(\alpha,n)$ 为格罗布斯准则的判别系数;σ 为标准差;h 为测量次数;α 为取定显著度,一般为 0.01 或 0.05。$\lambda(\alpha,n)$ 值列于表 7-5。

同样当某值 x_i 的 $|x_i - \overline{x}| = K_G$ 时,就要舍弃。

表 7 - 5　格罗布斯判别系数 $\lambda(\alpha, n)$ 数值表

n	α		n	α		n	α	
	0.01	0.05		0.01	0.05		0.01	0.05
3	1.15	1.15	12	2.55	2.29	21	2.91	2.58
4	1.49	1.46	13	2.61	2.33	22	2.94	2.60
5	1.75	1.67	14	2.66	2.37	23	2.96	2.62
6	1.91	1.82	15	2.70	2.41	24	2.99	2.64
7	2.10	1.91	16	2.74	2.44	25	3.01	2.66
8	2.22	2.03	17	2.78	2.47	30	3.10	2.74
9	2.32	2.11	18	2.82	2.50	35	3.18	2.81
10	2.41	0.18	19	2.85	2.53	40	3.24	2.87
11	2.48	2.24	20	2.88	2.56	50	3.34	2.96

在剔除存在多个粗大误差时,一次剔除一个最大误差,然后重新计算,再对其余数据进行判别。依次按同样方法逐步剔除,直到所有测量值中都不含有粗大误差为止。如果有两个相同的最大值都超过鉴别值,也只能先剔除一个较大的。

7.2.3　测量结果的数据处理步骤

通过对以上问题的说明,可以把等精度测量数据的处理步骤归纳如下。

(1)求出一系列等精度测量值的算术平均值:

$$\overline{X} = \frac{1}{n} \sum_{i=1}^{n} X_i, \quad i = 1, 2, 3, \cdots, n$$

(2)计算残余误差 ν_i,即

$$\nu_i = x_i - \overline{x}, \quad i = 1, 2, 3, \cdots, n$$

(3)计算单次测量值的标准差的估计值,即标准差 σ:

$$\sigma = \sqrt{\frac{\sum_{i=1}^{n} \nu_i^2}{n-1}}, \quad i = 1, 2, 3, \cdots, n$$

(4)判别异常数据即粗大误差(常用格罗布斯准则)。

(5)对于剔除异常数据后的数值重新计算 $\overline{x}$ 和 σ,并再次判别异常数据,即重复(2)~(4)步工作,直到无异常数据后,再进行下一步。

(6)计算算术平均值的标准差

$$\sigma_{\overline{x}} = \frac{\sigma}{\sqrt{n}}$$

(7) 试验结果表示：

$$x = \bar{x} \pm 2\sigma_{\bar{x}}$$

注：工程中处理数据经常也用 σ 代替 $\sigma_{\bar{x}}$。

7.3　间接测量中的误差传递

结构试验的测量可分为直接测量和间接测量两类。直接测量是将被测量的值与所选取的度量单位直接比较，如用卡尺直接测量直径、厚度或宽度，用试验机直接测出试验件破坏载荷的大小等都是直接测量。间接测量是根据各物理量的本构关系，通过直接测出的某些值来推算另一些量，如通过应变、载荷和几何尺寸来计算弹性模量，通过载荷与几何尺寸来计算应力。因此，间接测量必然包含直接测量，由于直接测量的值存在误差，必将给间接测量值带来一定的误差，这就是误差传递。

间接测量误差的计算一般分为两种情况：第一情况是已知直接测量值的误差，求间接测量误差，用数学语言简述为已知函数中的自变量误差求函数的误差；第二种情况是依据间接测量值的误差要求，估计直接测量值的最大容许误差，即已知函数的误差求自变量的误差。

7.3.1　已知自变量误差求函数的误差

设间接测量值为 y，直接测量值为 $x_1, x_2, \cdots, x_n$。间接测量与直接测量的函数关系为

$$y = f(x) = f(x_1, x_2, \cdots, x_n) \tag{a}$$

令 $dx_1, dx_2, \cdots, dx_n$ 分别代表直接测量值 $x_1, x_2, \cdots, x_n$ 的误差，dy 代表由 $dx_1, dx_2, \cdots, dx_n$ 引起的间接测量值 y 的误差，则有

$$y \pm dy = f(x_1 \pm dx_1, x_2 \pm dx_2, \cdots, x_n \pm dx_n) \tag{b}$$

将式（b）右端按泰勒级数展开，并略去二阶以上无穷小量，有

$$f(x_1 \pm dx_1, x_2 \pm dx_2, \cdots, x_n \pm dx_n) =$$
$$f(x_1, x_2, x_3, \cdots, x_n) \pm \left(\frac{\partial f}{\partial x_1} dx_1 + \frac{\partial f}{\partial x_2} dx_2 + \cdots + \frac{\partial f}{\partial x_n} dx_n \right) \tag{c}$$

比较式（a）～式（c），有

$$dy = \frac{\partial f}{\partial x_1} dx_1 + \frac{\partial f}{\partial x_2} dx_2 + \cdots + \frac{\partial f}{\partial x_n} dx_n \tag{7-20}$$

式（7-20）为间接测量误差传递的一般公式。

y 的极限绝对误差为

$$dy = \left| \frac{\partial f}{\partial x_1} dx_1 \right| + \left| \frac{\partial f}{\partial x_2} dx_2 \right| + \cdots + \left| \frac{\partial f}{\partial x_n} dx_n \right| \tag{7-21}$$

如果分别对 $x_1, x_2, \cdots, x_n$ 进行 n 次重复测量，根据式（7-20），那么单次测量的误差为

$$dy_i = \frac{\partial f}{\partial x_{1i}} dx_{1i} + \frac{\partial f}{\partial x_{2i}} dx_{2i} + \cdots + \frac{\partial f}{\partial x_{ni}} dx_{ni}$$

将 n 次测量结果两边取二次方后求和，由于正负误差出现的概率相等，当 n 足够大时，$\sum_{j \neq k} dx_j dx_k = 0$，有

$$\sum_{i=1}^{n} \mathrm{d}y_i^2 = \left(\frac{\partial f}{\partial x_1}\right)^2 \sum_{i=1}^{n} \mathrm{d}x_{1i}^2 + \left(\frac{\partial f}{\partial x_2}\right)^2 \sum_{i=1}^{n} \mathrm{d}x_{2i}^2 + \cdots + \left(\frac{\partial f}{\partial x_n}\right)^2 \sum \mathrm{d}x_{ni}^2$$

上式等号两边除以 n，开二次方后得传递的标准差为

$$\sigma_y = \sqrt{\left(\frac{\partial f}{\partial x_1}\right)^2 \sigma_1^2 + \left(\frac{\partial f}{\partial x_2}\right)^2 \sigma_2^2 + \cdots + \left(\frac{\partial f}{\partial x_n}\right)^2 \sigma_n^2} \qquad (7-22)$$

[**例 7 - 2**]　已知图 7 - 6 所示杠杆孔距 l 和 a 的相对标准差分别为 $\sigma_l/l = \sigma_a/a = \pm 1\%$，如果不考虑载荷 F 的误差，计算出孔距 l 和 a 的误差引起的 Q_1 的误差。

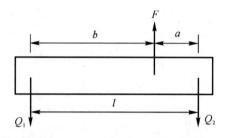

图 7 - 6　杠杆载荷和几何尺寸示意图

解　根据杠杆平衡原理，有

$$Q_1 = F\frac{a}{l} \qquad (7-23)$$

由已知条件把 F 看作常数，a、l 为变量，Q_1 为需求的函数，根据式（7 - 22），有

$$\sigma_{Q_1} = \sqrt{\left(\frac{\partial Q_1}{\partial a}\right)^2 \sigma_a^2 + \left(\frac{\partial Q_1}{\partial l}\right)^2 \sigma_l^2} \qquad (7-24)$$

对式（7 - 24）求偏导，得

$$\frac{\partial Q_1}{\partial a} = \frac{F}{l}, \qquad \frac{\partial Q_1}{\partial l} = -\frac{aF}{l^2}$$

将其代入式（7 - 24）并用式（7 - 23）相除，得相对标准差：

$$\frac{\sigma_{Q_1}}{Q_1} = \sqrt{\left(\frac{\sigma_a}{a}\right)^2 + \left(\frac{\sigma_l}{l}\right)^2} = \sqrt{2}\,\% = 1.414\%$$

若设 $F = 120$ kN，$l = 450$ mm，$a = 150$ mm，则

$$Q_1 = F\frac{a}{l} = 120 \times \frac{150}{450} = 40 \text{ kN}$$

$$\sigma_{Q_1} = \pm 0.014\,14 \times 40 = \pm 0.565\,6 \text{ kN}$$

7.3.2　已知函数误差求自变量误差

本节内容是 7.3.1 节问题的逆运算，它对选择测量仪器设备、试验方法和给定函数误差的控制具有指导意义。

给定函数的误差允许值后，由式（7 - 20）可知，各个自变量的误差有不同的组合，实际应用较为困难。通常，解决误差合理分配问题采用等效误差传递（等误差分配）原则，即假设

各自变量误差对函数误差大小的影响是相等的，即

$$\frac{\partial f}{\partial x_1}dx_1 = \frac{\partial f}{\partial x_2}dx_2 = \cdots = \frac{\partial f}{\partial x_n}dx_n \leqslant \frac{dy}{n}$$

那么，就有

$$dx_1 = \frac{dy}{n\frac{\partial f}{\partial x_1}}, dx_2 = \frac{dy}{n\frac{\partial f}{\partial x_2}}, \cdots, dx_n = \frac{dy}{n\frac{\partial f}{\partial x_n}}$$

对于标准误差，有

$$\sigma_y = \sqrt{\left(\frac{\partial f}{\partial x_1}\right)^2\sigma_1^2 + \left(\frac{\partial f}{\partial x_2}\right)^2\sigma_2^2 + \cdots + \left(\frac{\partial f}{\partial x_n}\right)^2\sigma_n^2} = \sqrt{n\left(\frac{\partial f}{\partial x_i}\right)^2\sigma_i^2} = \sqrt{n}\left(\frac{\partial f}{\partial x_i}\right)\sigma_i$$

由此得

$$\sigma_1 = \frac{dy}{\sqrt{n}\frac{\partial f}{\partial x_1}}, \sigma_2 = \frac{dy}{\sqrt{n}\frac{\partial f}{\partial x_2}}, \cdots, dx_n = \frac{dy}{\sqrt{n}\frac{\partial f}{\partial x_n}}$$

[**例7-3**]　一悬臂梁如图7-7所示，要求测量梁根部最大正应力的误差不大于2%，问各被测量 F、l、b、h 的允许误差多大。

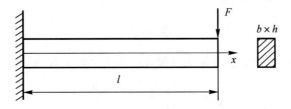

图7-7　悬臂梁受力图

解　计算梁根部最大正应力 S 的公式为

$$S = \frac{M}{W} = \frac{6Fl}{bh^2} = f(F, l, b, h) = y$$

自变量数值 $n = 4$，则

$$\frac{\partial f}{\partial F} = \frac{6l}{bh^2} = \frac{S}{F}, \qquad \frac{\partial f}{\partial L} = \frac{6F}{bh^2} = \frac{S}{l}$$

$$\frac{\partial f}{\partial b} = \frac{6Fl}{b^2h^2} = -\frac{S}{b}, \qquad\qquad \frac{\partial f}{\partial h^2} = -\frac{12Fl}{bh^3} = -\frac{2S}{h}$$

要求 $\frac{\sigma_y}{S} = \pm 2\%$，即 $\sigma_y = \pm 0.02S$，则有

$$\sigma_F = \frac{\sigma_y}{\sqrt{n}\frac{\partial f}{\partial F}} = \frac{\pm 0.02S}{2 \times \frac{S}{F}} = \pm 0.01F$$

$$\sigma_l = \frac{\sigma_y}{\sqrt{n}\frac{\partial f}{\partial l}} = \frac{\pm 0.02S}{2 \times \frac{S}{l}} = \pm 0.01l$$

航空结构试验基础

— 212 —

$$\sigma_b = \frac{\sigma_y}{\sqrt{n}\,\dfrac{\partial f}{\partial b}} = \frac{\pm 0.02S}{2\times\left(-\dfrac{S}{b}\right)} = \pm 0.01b$$

$$\sigma_h = \frac{\sigma_y}{\sqrt{n}\left(\dfrac{\partial f}{\partial h^2}\right)} = \frac{\pm 0.02S}{2\times\left(-\dfrac{2S}{h}\right)} = \pm 0.005h$$

7.4　试验数据处理和结果表示方法

7.4.1　有效数值与运算规则

1. 有效数值

试验中,只有按照有效数值记录数据和给出计算结果才是科学的。使用的试验设备仪器及量具,除了直接读出最小分度值外,还要尽可能地读出最小分度值后面一位的估计值。例如用百分表测量位移时,由表盘上读得 0.259 mm,百分表的最小分度值为 0.01 mm,这表明 0.25 mm 是可靠的,0.009 mm 为估计值。这种由可靠值和末位估计值组成的数字称为有效数值。可见,有效数值取决于试验用的仪器设备和测量工具的精度,不能随意增减。

2. 有效数值的取舍与运算规则

试验过程中由于测得数据的有效数值各不相同,因此,在处理试验数据时,必须严格遵循有效数值的运算规则和取舍规则。

(1)有效数值后面第一位数字按照"四舍六入五单双"原则处理。保留数字后面第一位小于等于 4 舍弃,大于等于 6 进 1。

保留数字后第一位是 5,且 5 后再无其他数字时:若保留数字最后一位为奇数则进 1;若保留数字最后一位为偶数(0 为偶数)则不变。保留数字后第一位是 5,且 5 后有非零数字,则进 1。如表 7-6 的有效数字处理实例,有 5 个试验件的面积为 A_1、A_2、A_3、A_4、A_5,按照有效数的确定规则,取四位有效数值后的面积应为 A'_1、A'_2、A'_3、A'_4、A'_5。

表 7-6　有效数值取舍实例表

i	1	2	3	4	5
$A_i/\mathrm{mm^2}$	78.444 8	78.436 7	78.435	78.445	78.445 3
$A'_i/\mathrm{mm^2}$	78.44	78.44	78.44	78.44	78.45

(2) 有效数值的运算规则。n 个数字相加(减)时,其和(差)保留位数中小数点后的位数与 n 个数字中小数点后位数最少的相同,例如:

$$53.1 + 15.21 + 3.134 = 71.4$$

求 4 个数及 4 个数以上的平均值时,计算结果小数点后的位数比 n 个数中小数点后位数最少的多一位。例如:

$$(23.4+25.6+28.7+25.98)/4=25.92$$

n 个数相乘(除)时,其积(商)的有效数字位数应与 n 个数中有效位数最少的相同,例如:

$$36.2\times6.825=247$$

常数以及无理数(如 π、$\sqrt{2}$ 等)参与运算,不影响结果的有效数字位数。在运算时这些数的有效位数只需与其他数中有效数字位数最少的相同就足够了。

3. 数值修约

经常根据工程实际需要,对得到的试验数据位数进行适当修约,得到数值有效位数,以便数据的工程应用和交流。

进行有效位数修约,必须指定修约间隔,修约间隔是指两个同类型有效数字之间的最小差值,修约间隔一旦确定,修约值即为修约间隔的整数倍,常用的修约间隔有 0.1、0.2 和 0.5。若要将某数修约到百位的 0.5 单位,那么修约间隔应为 50,若要将某数值修约到千位的 0.2 单位,那么修约间隔就为 200。

修约间隔是为修约保留位数服务的。有效位数是在工程应用中有实际意义的数值位数。对于没有小数点位且以若干零结尾的数值,有效位数是指从非零数字最左一位向右数得到的位数减去无效零(仅为定位用的零)的个数;对于其他十进位数,有效位数是指从非零数字最左一位向右数而得到的位数。例如数值 25 000,三位有效数字应写为 250×10^2(有两个无效零),二位有效数字应写为 25×10^3(有三个无效零)。再例如 2.2、0.22、0.022、0.002 2 均为两位有效数字,0.022 0 为三位有效数字,10.00 为四位有效数字,12.490 为五位有效数字。

对简单数值常用目测修约,但试验数值往往复杂,直接用目测修约很困难,也容易出错。这里介绍 0.2 单位和 0.5 单位数值修约方法。

对于 0.2 单位数值修约,先给要修约的数值乘以 5,乘 5 后的数按 1 单位修约后再除 5 就是对原数的修约值;同理,对于 0.5 单位数值修约,先给要修约的数乘以 2,对乘 2 后的数按 1 单位修约后再除以 2 就是原数的数修值。修约数值的位数取舍规则与有效数值相同,这里不赘述。但要注意修约不能连续进行,例如把 830 和 842 修约到百位的 0.2(修约间隔为 20),乘以 5 后为 4 150 和 4 210,按 100 修约后均为 4 200,再除 5 为修约值 840 和 840;把 60.25 和 60.38 修约到个位的 0.5 单位(即修约间隔为 0.5),乘以 2 后为 120.50 和 120.76,按 1 单位修约后为 120 和 121,除以 2 后得到的修约值为 60.0 和 60.5。负数修约将符号去掉修约,结果加上负号即可。

7.4.2 试验结果的表示方法

经过整理的试验数据,最终必然以人们容易接受的形式表示出来,以供进一步的分析使用。

1. 列表法

列表法就是将测量得到的数据按一定规律整理并列于一个或几个表中,至少包括两个变量,一个是自变量,另一个是因变量。这种方法简单、有效,数据具体,形式紧凑,便于对比。按自变量增加或减少的顺序,该表能同时表示几个变量的变化而不混淆。列表时要注意,数据书写规范、工整,表达力求统一,数据的有效位数适当。

2. 图示法

用几何图形或曲线表示试验数据和物理量之间的关系是工程上常用的方法。它是通过图示方法把相关联的试验数据按照自变量与因变量的关系在合适的坐标系中绘制成图形或曲线,表示被测量的变化规律和相关变量之间的关系。该方法的优点是形象、直观,函数关系明确,特点突出(如最大值、最小值、转折点、拐点等),物理概念清楚。如果绘制图形准确,可直接求微分或积分,也可供选择经验公式的参考。绘制曲线时应注意,合理布局图形,正确选择坐标比例,正确绘制图形,灵活使用特殊坐标系,图形标准、规范。

3. 经验公式法

在工程实际中经常会用与图形对应的公式来表示测量数据,即用数学公式来描述实验数据之间的函数关系,从而进一步用数学分析的方法来研究这些变量之间的关系,通过数理统计建立的数学表达式称为回归方程,即通常所说的经验公式。建立回归方程所用的方法称为回归分析方法。根据变量个数的不同及变量之间关系的不同,分为一元线性回归方程(直线拟合)、一元非线性回归方程(曲线拟合)、多元回归方程和多项式回归等,其中一元线性回归方程是最常用,也是最基本的回归分析方法。一元非线性回归方法经过数学变量代换处理,可转化为一元线性回归方程来求解。

建立经验公式的步骤如下:

(1) 确定自变量和因变量,并按要求把试验点描绘成曲线。

(2) 对所描绘的曲线进行分析,确定经验公式的基本形式。

(3) 如果经验公式的基本形式为非线性,那么要通过数学的变量代换,将其转化为线性公式。

(4) 确定拟合方程(经验公式)中的常量,例如一元线性公式中的截距和斜率等。

(5) 检验所确立的方程的正确性。一种检验方法是将数据代入拟合公式,观察误差大小。另一种检验方法就是根据拟合的相关系数大小检验拟合方程的质量,相关系数越接近1越好。

7.4.3 回归分析方法

1. 一元线性回归

如果两个变量之间存在一定的关系,通过试验获得了 x 和 y 的一系列数据,并用数学处理方法得出了这两个变量之间的关系,这就是拟合问题,也是回归分析的内容之一。所得公式称为经验公式或拟合方程。

在回归分析时,基本方程的形式是人为确定的,那么这些数据之间是否相关,是否真正符合所选定方程的函数关系,必须有一个衡量判据,这个判据就是相关系数,如图 7-8(a)中 x 和 y 两个量之间不相关,图 7-8(b)中 x 和 y 两个量相关。如果希望用直线形式表示 x 和

y 的近似函数关系,那么图形如图 7 - 9 所示。

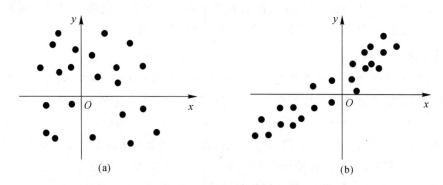

图 7 - 8　x 与 y 变量的相关性

(a)x 与 y 不相关；　(b)x 与 y 相关

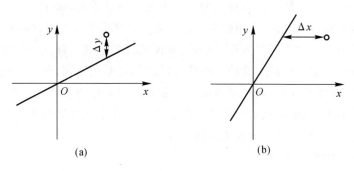

图 7 - 9　相关数据回归计算

(a)y 倚 x 的回归；　(b)x 倚 y 的回归

一元线性回归方程的基本形式为

$$\hat{y} = a + bx \qquad (7 - 25)$$

式中：y 为因变量；x 为自变量；a、b 为待拟合的常数；x、y 是试验测量数据。一元线性回归常用方法有端直法、平均选点法和最小二乘法三种,其目的就是根据试验数据,求出式(7 - 25)中的常数 a、b 值。

(1)端直法。端直法也叫端点法,将试验数据的两端点值即起点值和终点值[(x_1, y_1) 和 (x_n, y_n)]分别代入(7 - 25)中,有

$$y_1 = a + bx_1$$
$$y_n = a + bx_n$$
$$b = \frac{y_n - y_1}{x_n - x_1}$$
$$a = y_n - bx_n$$

(2)平均选点法。平均选点法又叫分组平均法,将全部 n 个试验数据分成数目大致相同的两组,前半部分 M 个数据点($M = n/2$ 左右)为一组,其余 $n - M$ 个点为另一组,处理方法与端直法类似,有

$$\overline{x}_1 = \frac{\sum\limits_{i=1}^{M} x_i}{M}, \quad \overline{y}_1 = \frac{\sum\limits_{i=1}^{M} y_i}{M}$$

$$\overline{x}_2 = \frac{\sum\limits_{i=M+1}^{M} x_i}{M}, \quad \overline{y}_2 = \frac{\sum\limits_{i=M+1}^{M} y_i}{n-M}$$

$$b = \frac{\overline{y}_2 - \overline{y}_1}{\overline{x}_2 - \overline{x}_1}$$

得到

$$a = \overline{y}_1 - b\overline{x}_1 = \overline{y}_2 - b\overline{x}_2$$

（3）最小二乘法。最小二乘法的基本原理是在残差二次方和最小的条件下得出最佳直线。

假设测试的变量有两个，自变量为 x_1，x_2，$\cdots$，x_n；对应的因变量为 y_1，y_2，$\cdots$，y_n。拟合的直线方程为式（7 - 25）。显然，$\hat{y}_i$ 与 y_i 不完全相同，两者有差值，如图 7 - 10 所示。

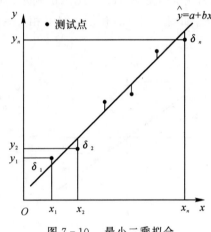

图 7 - 10　最小二乘拟合

有　　　　　　　$\delta_i = y_i - \hat{y}_i = y_i - (a + bx_i), \quad i = 1, 2, \cdots, n$

最佳拟合直线要求：

$$Q = \sum_{i=1}^{n} \delta_i^2 = \sum_{i=1}^{n} [y_i - (a + bx_i)]^2 \stackrel{\min}{=}_{a,\beta} \sum_{i=1}^{n} \delta_i^2, \quad i = 1, 2, \cdots, n$$

将上式等号两边分别对 a、b 求导，并令其等于 0，则有

$$\frac{\partial Q}{\partial a} = -2 \sum_{i=1}^{n} [y_i - (a + bx_i)] = 0$$

$$\frac{\partial Q}{\partial b} = -2 \sum_{i=1}^{n} [y_i - (a + bx_i)] x_i = 0$$

整理后，得

$$a = \frac{\sum\limits_{i=1}^{n} y_i \sum\limits_{i=1}^{n} x_i^3 - \sum\limits_{i=1}^{n} x_i \sum\limits_{i=1}^{n} x_i y_i}{\sum\limits_{i=1}^{n} x_i^2 - \left(\sum\limits_{i=1}^{n} x_i\right)^2} \tag{7-26}$$

$$b = \frac{\sum_{i=1}^{n} x_i y_i - \sum_{i=1}^{n} x_i \sum_{i=1}^{n} y_i}{n \sum_{i=1}^{n} x_i^2 - \left(\sum_{i=1}^{n} x_i\right)^2} \tag{7-27}$$

（4）回归质量的检验。假如 x、y 之间不存在线性相关的关系，拟合得到的公式 $\hat{y} = a + bx$，显然无任何意义。因此，需要对拟合方程的可信度或拟合质量进行检验，常用的衡量判据就是线性相关系数法，线性相关系数为

$$R_{xy} = \frac{\sum_{i=1}^{n} (x_i - \bar{x})(y_i - \bar{y})}{\sqrt{\dfrac{\sum_{i=1}^{n}(x_i - \bar{x})^2}{n-1}} \sqrt{\dfrac{\sum_{i=1}^{n}(y_i - \bar{y})^2}{n-1}}} \tag{7-28}$$

如果 $R_{xy} = \pm 1$，这种情况为完全相关，如图7-11(a)(b)所示，一般情况下，$-1 \leqslant R_{xy} \leqslant 1$。如果 $R_{xy} = 0$，表示 x、y 不相关，如图7-11(c)所示。显然相关系数越接近1，x、y 的线性相关程度越高。

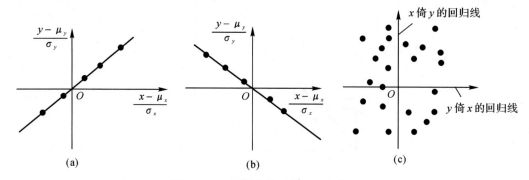

图 7-11　不同相关系数的拟合曲线

2. 非线性回归方法

试验数据之间，很多情况下遵循的是非线性关系，求解非线性模型的方法通常有以下几种：

（1）利用数学变量代换把非线性模型转化为线性模型；

（2）利用最小二乘法原理推导出非线性模型回归的正规方程，然后求解；

（3）采用优化方法，以残差二次方和最小为目标函数，寻找出最佳的函数关系。

本书重点介绍第(1)种方法中的一些常用非线性模型，可以用变量代换的方法将其转化为线性模型，例如：

$$y = ax^b \tag{7-29}$$

等号两边取对数，有

$$\lg y = \lg a + b \lg x$$

令 $\lg y = Y$，$\lg a = A$，$\lg x = X$，则有

$$Y = A + bX \tag{7-30}$$

这样就把式(7-29)的非线性模型转化为式(7-30)的线性模型了。例如 $y=1/x$,可以用同样方法转化,实际应用时可根据具体情况确定变量变换方法。

并不是所有非线性问题都可以通过上述方法进行变换,例如.模型 $y=b(a+x^n)$ 就不能用上述方法处理。对这一类问题,可采用多项式回归方法来解决。对于若干组测量数据 $(x_1,y_1),(x_2,y_2),\cdots,(x_n,y_n)$,可用含 $M+1$ 个待定系数的 M 阶多项式来逼近,即有

$$y_i=a_0+a_1x_1+a_2x_i^2+\cdots+a_mx_i^m \tag{7-31}$$

将式(7-31)进行变量替换,令 $x_{1i}=x_i$, $x_{2i}=x_i^2,\cdots,x_{mi}=x_i^m$.将其变为多项式回归模型(下节介绍)列出正规方程组,求解。

3. 多元线性回归方法

经常会遇到三个参数以上试验数据点回归分析问题,称为多元线性回归。

设因变量 y 随 m 个变量 x_j 的变化而变化,对上述变量进行测量,可获得 $m+1$ 个数据组 $(x_1,x_2,\cdots,x_m,y)$,这时回归方程可表示为

$$\hat{y}=a_0+a_1x_1+a_2x_2^2+\cdots+a_mx_m \tag{7-32}$$

y_i 在某点上与式(7-32)的差值为

$$\delta_i=\Delta y_i=y_i-\hat{y}=y_i-(a_0+a_1x_1+a_2x_2+\cdots+a_mx_m)$$

方便起见,用 $\sum y_i$ 代替 $\sum\limits_{i=1}^{n}y_i$ 。利用最小二乘原理,可求出系数 $a_0,a_1,a_2,\cdots,a_m$,即

$$\frac{\partial(\sum\limits_{i=1}^{n}\delta_i^2)}{\partial a_0}=\frac{\partial(\sum\limits_{i=1}^{n}\delta_i^2)}{\partial a_1}=\cdots=\frac{\partial(\sum\limits_{i=1}^{n}\delta_i^2)}{\partial a_m}=0 \tag{7-33}$$

得到正则方程组

$$\begin{bmatrix} n & \sum x_{1i} & \sum x_{2i} & \cdots & \sum x_{mi} \\ \sum x_{1i} & \sum x_{1i}x_{1i} & \sum x_{1i}x_{2i} & \cdots & \sum x_{1i}x_{mi} \\ \sum x_{2i} & \sum x_{2i}x_{1i} & \sum x_{2i}x_{2i} & \cdots & \sum x_{2i}x_{mi} \\ \vdots & \vdots & \vdots & & \vdots \\ \sum x_m & \sum x_{mi}x_{1i} & \sum x_{mi}x_{2i} & \cdots & \sum x_{mi}x_{mi} \end{bmatrix} \begin{bmatrix} a_0 \\ a_1 \\ a_2 \\ \vdots \\ a_m \end{bmatrix} = \begin{bmatrix} \sum y_i \\ \sum y_ix_{1i} \\ \sum y_ix_{2i} \\ \vdots \\ \sum y_ix_{mi} \end{bmatrix} \tag{7-34}$$

由式(7-34)可以解出系数 $a_0,a_1,a_2,\cdots,a_m$,为

令

$$\sum_{j=1}^{m}a_j\left[\sum_{i=1}^{n}y_ix_{ji}-\sum_{i=1}^{n}x_{ji}\sum_{i=1}^{n}y_i/n\right]=M$$

$$\sum_{i=1}^{n}-\left(\sum_{i=1}^{n}y_i\right)^2/n=L$$

相关系数为

$$R=\sqrt{M/L} \tag{7-35}$$

标准差为

$$\sigma=\sqrt{\frac{L-M}{n-m-1}} \tag{7-36}$$

式中:m 为自变量个数;n 为测量次数。

对于常用的二元回归方程,有

$$y = a_0 + a_1 x_1 + a_2 x_2 \qquad (7-37)$$

得

$$\begin{bmatrix} n & \sum x_{1i} & \sum x_{2i} \\ \sum x_{1i} & \sum x_{1i}x_{1i} & \sum x_{1i}x_{2i} \\ \sum x_{2i} & \sum x_{2i}x_{1i} & \sum x_{2i}x_{2i} \end{bmatrix} \begin{bmatrix} a_0 \\ a_1 \\ a_2 \end{bmatrix} = \begin{bmatrix} \sum y_i \\ \sum y_i x_{1i} \\ \sum y_i x_{2i} \end{bmatrix} \qquad (7-38)$$

从式(7-38)解出回归系数 a_0、a_2、a_3,若令

$$L = \sum y_i^2 - \left(\sum y_i\right)^2 / n$$

$$M = a_1 \left(\sum y_i \sum x_{1i} - \sum y_i \sum x_{1i}/n\right) + a_2 \left(\sum y_i \sum x_{2i} - \sum y_i \sum x_{2i}/n\right)$$

同样有

$$R = \sqrt{M/L}, \quad \sigma = \sqrt{\dfrac{L-S}{n-3}} \qquad (7-39)$$

本 章 附 录

1. 常用符号说明

$$\Phi(y) = \frac{1}{\sqrt{2\pi}} \int_{-\infty}^{y} e^{-\frac{y^2}{2}} \mathrm{d}y \quad \text{(正态分布函数)}$$

$$\frac{1}{\sqrt{2\pi}} \int_{-\infty}^{u_p} e^{-\frac{u^2}{2}} \mathrm{d}y = p$$

式中:p 为存活率,u_p 为预测限。

$$\frac{1}{\sqrt{2\pi}} \int_{u_\alpha}^{\infty} e^{-\frac{u^2}{2}} \mathrm{d}y = \alpha$$

式中:α 为置信度,u_α 为置信限限。

2. 正态分布表

如图 7-12 所示,标准分数为 μ 时,求概率 P 的表见表 7-7。($N(0,1)$ 标准正态分布:平均值 $=0$,标准差 $=1$ 的正态分布)。

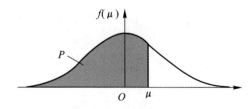

图 7-12　电测系统框图

表 7 - 7 正态分布数值表

μ	+0.00	+0.01	+0.02	+0.03	+0.04	+0.05	+0.06	+0.07	+0.08	+0.09
0.0	0.500 0	0.504 0	0.508 0	0.512 0	0.516 0	0.519 9	0.523 9	0.527 9	0.531 9	0.535 9
0.1	0.539 8	0.543 8	0.547 8	0.551 7	0.555 7	0.559 6	0.563 6	0.567 5	0.571 4	0.575 3
0.2	0.579 3	0.583 2	0.587 1	0.591 0	0.594 8	0.598 7	0.602 6	0.606 4	0.610 3	0.614 1
0.3	0.617 9	0.621 7	0.625 5	0.629 3	0.633 1	0.636 8	0.640 6	0.644 3	0.648 0	0.651 7
0.4	0.655 4	0.659 1	0.662 8	0.666 4	0.670 0	0.673 6	0.677 2	0.680 8	0.684 4	0.687 9
0.5	0.691 5	0.695 0	0.698 5	0.701 9	0.705 4	0.708 8	0.712 3	0.715 7	0.719 0	0.722 4
0.6	0.725 7	0.729 1	0.732 4	0.735 7	0.738 9	0.742 2	0.745 4	0.748 6	0.751 7	0.754 9
0.7	0.758 0	0.761 1	0.764 2	0.767 3	0.770 4	0.773 4	0.776 4	0.779 4	0.782 3	0.785 2
0.8	0.788 1	0.791 0	0.793 9	0.796 7	0.799 5	0.802 3	0.805 1	0.807 8	0.810 6	0.813 3
0.9	0.815 9	0.818 6	0.821 2	0.823 8	0.826 4	0.828 9	0.831 5	0.834 0	0.836 5	0.838 9
1.0	0.841 3	0.843 8	0.846 1	0.848 5	0.850 8	0.853 1	0.855 4	0.857 7	0.859 9	0.862 1
1.1	0.864 3	0.866 5	0.868 6	0.870 8	0.872 9	0.874 9	0.877 0	0.879 0	0.881 0	0.883 0
1.2	0.884 9	0.886 9	0.888 8	0.890 7	0.892 5	0.894 4	0.896 2	0.898 0	0.899 7	0.901 5
1.3	0.903 2	0.904 9	0.906 6	0.908 2	0.909 9	0.911 5	0.913 1	0.914 7	0.916 2	0.917 7
1.4	0.919 2	0.920 7	0.922 2	0.923 6	0.925 1	0.926 5	0.927 9	0.929 2	0.930 6	0.931 9
1.5	0.933 2	0.934 5	0.935 7	0.937 0	0.938 2	0.939 4	0.940 6	0.941 8	0.942 9	0.944 1
1.6	0.945 2	0.946 3	0.947 4	0.948 4	0.949 5	0.950 5	0.951 5	0.952 5	0.953 5	0.954 5
1.7	0.955 4	0.956 4	0.957 3	0.958 2	0.959 1	0.959 9	0.960 8	0.961 6	0.962 5	0.963 3
1.8	0.964 1	0.964 9	0.965 6	0.966 4	0.967 1	0.967 8	0.968 6	0.969 3	0.969 9	0.970 6
1.9	0.971 3	0.971 9	0.972 6	0.973 2	0.973 8	0.974 4	0.975 0	0.975 6	0.976 1	0.976 7
2.0	0.977 2	0.977 8	0.978 3	0.978 8	0.979 3	0.979 8	0.980 3	0.980 8	0.981 2	0.981 7
2.1	0.982 1	0.982 6	0.983 0	0.983 4	0.983 8	0.984 2	0.984 6	0.985 0	0.985 4	0.985 7
2.2	0.986 1	0.986 4	0.986 8	0.987 1	0.987 5	0.987 8	0.988 1	0.988 4	0.988 7	0.989 0
2.3	0.989 3	0.989 6	0.989 8	0.990 1	0.990 4	0.990 6	0.990 9	0.991 1	0.991 3	0.991 6

第8章 航空结构试验项目实例

8.1 某型飞机旅客座椅地轨强度试验

8.1.1 概述

本节将给出某型飞机旅客座椅地轨强度试验的试验过程、试验结果和试验结论,并根据Y21 - SY172 - 02结构的承载能力、应变分布和破坏模式,对飞机机体结构典型连接进行分析和讨论。

8.1.1.1 试验目的

(1)通过地轨总体强度试验,验证应力分析模型,考验地轨(包括腹板缺口)的总体弯曲承载能力。

(2)通过地轨局部强度试验,验证应力分析模型,考验地轨槽口的承载能力。

(3)通过地轨连接强度试验,考验地轨与横梁的连接及附近区域的承载能力,确定地轨的连接方式;通过试验获得地轨薄弱部位、破坏模式,为后续结构设计改进提供依据。

8.1.1.2 试验任务

旅客座椅地轨试验件由地轨、横梁及其连接件组成,包括座椅前腿地脚螺柱和后腿压块锁体。旅客座椅地轨试验件又分为内侧地轨试验、外侧地轨试验两种,内侧试验结构件数量为4,外侧试验结构件数量为6,共计10件套。各试验件地轨长度均为1 600 mm,横梁长度均为800 mm。地轨与横梁连接的铆钉选用NAS1097 - 6,或高锁螺栓选用MAS1 - 304 - 6。地轨和横梁材料均为7150 - T7751(厚板,材料标准为AMS4252),其材料性能数据为$E = 71\,000$ MPa,$\mu = 0.33$,$\sigma_b = 565$ MPa,$\sigma_{0.2} = 524$ MPa,$\sigma_{0.2} = 517$ MPa。试验件结构如图8 - 1所示。

座椅地轨强度试验分为地轨总体强度试验、局部强度试验和连接强度试验三个项目。试验件支持和加载示意分别如图8 - 2、图8 - 3和图8 - 4所示。旅客座椅强度试验的极限载荷和目标载荷见表8 - 1和表8 - 2。

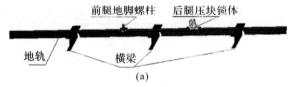

图8 - 1 旅客座椅地轨试验件整体结构示意图

(a)试验件整体

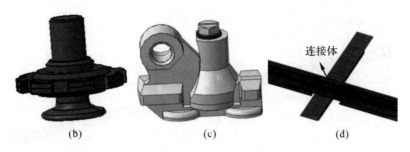

续图 8-1　旅客座椅地轨试验件整体结构示意图

(b)前腿地脚螺柱；　(c)后腿压块锁体；　(d)连接件

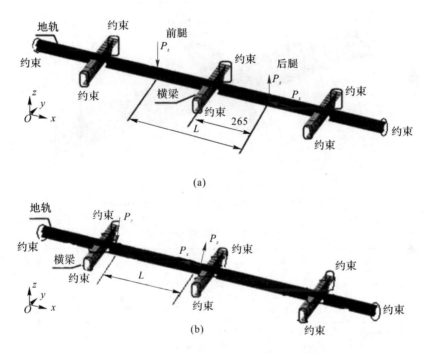

(a)

(b)

图 8-2　总体强度试验试验件支持及加载示意图

(a)试验件 1-1、试验件 2-1 和 2-2；　(b)试验件 1-2、试验件 2-3 和 2-4

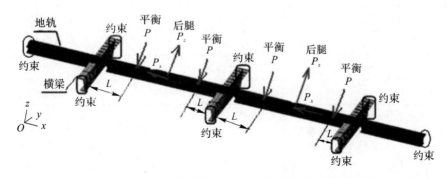

图 8-3　局部强度试验试验件支持及加载示意图

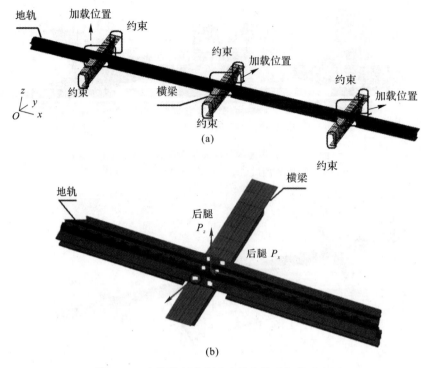

(a)

(b)

图 8 - 4　连接强度试验试验件支持及加载示意图

(a)试验件支持及加载位置示意图；　(b)加载示意图

表 8 - 1　试验载荷值表

		前腿载荷	后腿载荷	平衡载荷
内侧地轨	载荷值	P_z	P_x,P_z	P
	载荷方向	P_z 向下	P_x 向前，P_z 向上	P 向下
外侧地轨	载荷值	P_z	P_x,P_z	P
	载荷方向	P_z 向下	P_x 向前，P_z 向上	P 向下

表 8 - 2　试验目标载荷说明

序号	试验项目	目标载荷
1	总体强度试验	100％极限载荷
2	局部强度试验	133％极限载荷
3	连接强度试验	115％极限载荷

8.1.1.3　试验用仪器、设备

1. 试验机

某型飞机旅客座椅地轨强度试验采用地轨龙门架和多点加载系统进行。

2. 测试仪器

试验设备见表 8 - 3。本次试验使用 DH3816 多通道应变自动采集处理系统(见图 8 - 5)。以上仪器经技术监督计量部门鉴定合格,且在有效期范围内。

图 8 - 5　DH3816 多通道应变自动采集处理系统

表 8 - 3　试验设备

序　号	名　称	量　程	精度/%	状　态	备　注
1	INSTRON8803 试验机	±500 kN	0.5	在用	连接件
2	DH3816 自动采集处理系统	±20 000 $\mu\varepsilon$	1	在用	通用
3	NWPU504 - 100 载荷测量系统	±100 kN	0.3	在用	地轨
4	BLR－30 载荷测量系统	±30 kN	0.3	在用	地轨
5	BLR - 50 载荷测量系统	±50 kN	0.3	在用	地轨
6	BLR - 70 载荷测量系统	±70 kN	0.3	在用	地轨
7	BLR - 10 载荷测量系统	±10 kN	0.5	在用	地轨
8	数显卡尺(S121200099)	150 mm	0.01 mm	在用	通用
9	数显卡尺(082198)	300 mm	0.01 mm	在用	通用
10	螺旋千分尺(032781)	25 mm	0.001 mm	在用	通用
11	VC890D 万用表(996136228)			在用	通用
12	钢板尺(E8066)	1 000 mm		在用	通用
13	卷尺(HY - G596E)	5 000 mm		在用	通用

8.1.1.4　试验方案和夹具

某型飞机旅客座椅地轨强度试验加载采用固定地轨和龙门架系统,加载系统装配示意如图 8-6 所示。固定地轨实验室本身具备,组装的龙门架固定在实验室的固定地轨上,安装试验件的试验系统底座也固定在固定地柜上,旅客座椅地轨试验件连接、固定在试验系统的底座上。55.98°拉向加载系统一端连接在龙门架上,中间连接有作动筒和载荷传感器,另一端连接在试验件加载接头上,通过液压作动筒施加拉向载荷,传感器与数字表测量、显示载荷值。用自制的压力器施加压向平衡载荷,压力器支架固定在固定地轨上,通过穿过压力器的螺纹螺杆施加压向载荷,传感器直接与试验件接头连接,传感器与数字表分别测量、显示载荷值。零部件加工图如图 8-8~图 8-13 所示。试验时按照任务书要求,调节好各点位置和角度。55.98°调节时,高度是恒定的,按照高度值,用三角函数算出水平具体数值,再加以调节。

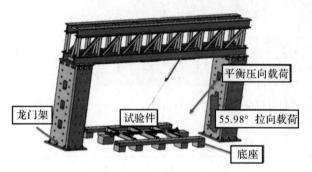

图 8-6 地轨试验安装示意图

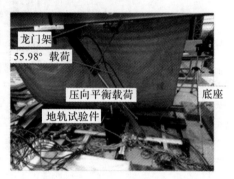

图 8-7 地轨试验安装现场图

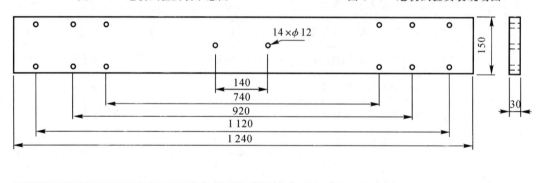

图 8-8 地轨试验长短垫板(单位:mm)

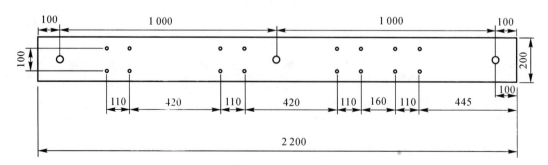

图 8-9 地轨试验长压板(单位:mm)

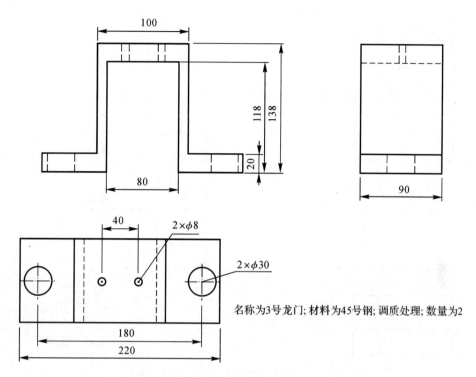

名称为3号龙门; 材料为45号钢; 调质处理; 数量为2

图 8-10　地轨试验三种龙门压头(三号)(单位:mm)

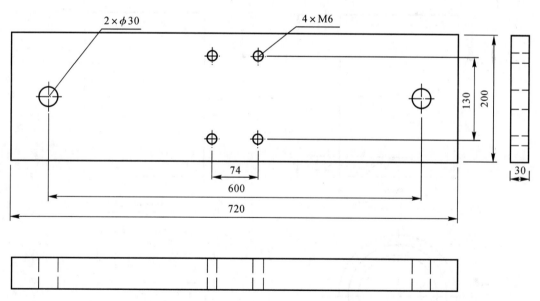

承力板	
数量	2
材料	45号钢
热处理	调质

图 8-11　地轨试验作动筒固定部件(单位:mm)

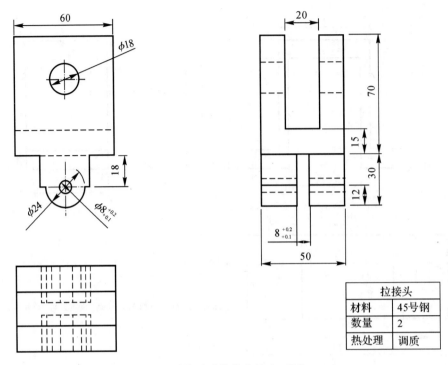

拉接头	
材料	45号钢
数量	2
热处理	调质

图 8-12 连接试验件拉向接头（单位:mm）

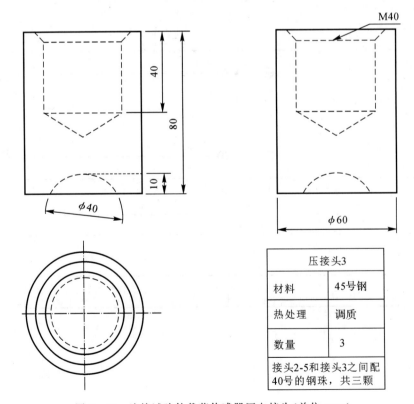

压接头3	
材料	45号钢
热处理	调质
数量	3
接头2-5和接头3之间配40号的钢珠，共三颗	

图 8-13 连接试验件载荷传感器压向接头（单位:mm）

8.1.1.5　试验测量布片

1. 旅客座椅地轨的应变片布置

试验件贴片编号采用 6 位数 L1、L2 、M1、M2 、I1、I2 表示。其中，L1、L2 为对应试验件编号，M1、M2 为贴片图截面编号，I1、I2 为流水号。对内侧地轨试验件 1-1～1-4，试验件编号分别为 11～14；对外侧地轨试验件 2-1～2-6，试验件编号分别为 21～26。

规定地轨轴线以及地轨横梁轴线为应变片贴片起始方向，贴片图中仅示出应变片后两位 I1、I2 流水号编号。

经试验委托方允许，可调整应变片的布置，增减应变片的数量。

试验件贴片数量汇总见表 8-4。

表 8-4　地轨试验件贴片数量汇总

试验件编号	单片数量/片	花片数量/片	试验项目
1-1	76	44	总体强度
1-2	56	40	总体强度
1-3	40	20	局部强度
1-4	0	72	连接强度
2-1	76	44	总体强度
2-2	76	44	总体强度
2-3	56	40	总体强度
2-4	56	40	总体强度
2-5	40	20	局部强度
2-6	0	72	连接强度

地轨总体强度试验件 1-1、试验件 2-1 和试验件 2-2 贴片如图 8-14 所示，地轨总体强度试验件 1-2、试验件 2-3 和试验件 2-4 贴片如图 8-15 所示，地轨局部强度试验件 1-3、试验件 2-5 贴片如图 8-16 所示，地轨连接强度试验件 1-4、试验件 2-6 贴片如图 8-17 所示。地轨总体强度试验件 1-1、试验件 2-1 和试验件 2-2 的 5 个位移测点如图 8-18 所示。

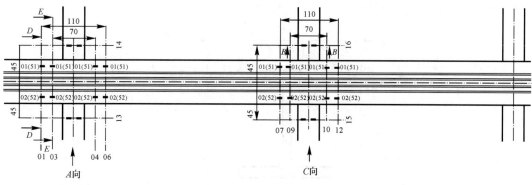

图 8-15　地轨试验件 1-2、试验件 2-3 和试验件 2-4 贴片图

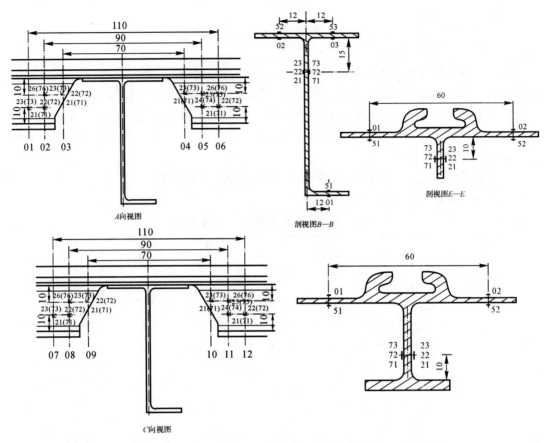

续图 8-15　地轨试验件 1-2、试验件 2-3 和试验件 2-4 贴片图

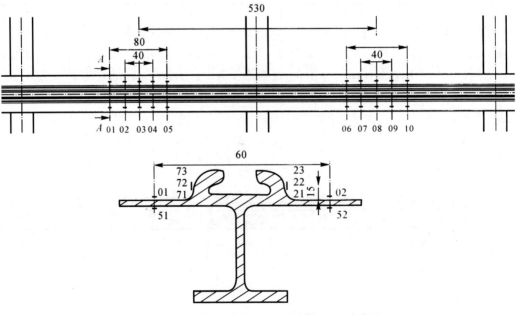

图 8-16　地轨试验件 1-3、试验件 2-5 贴片图

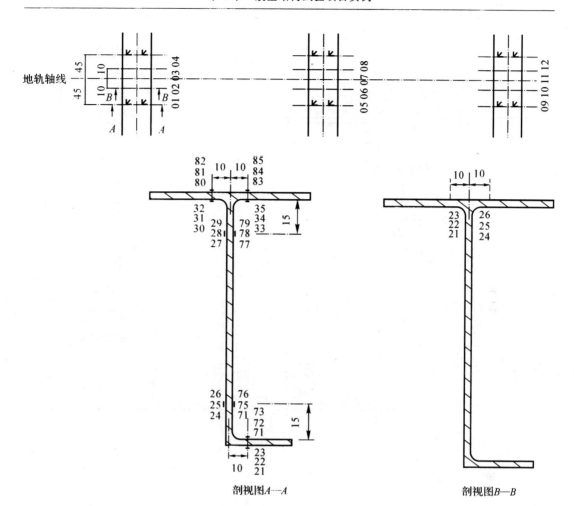

剖视图A—A　　　　　　　剖视图B—B

图 8-17　地轨试验件 1-4、试验件 2-6 贴片图

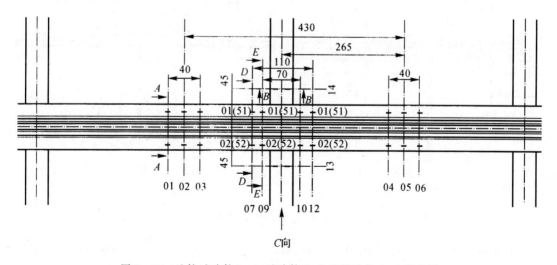

图 8-18　地轨试验件 1-1、试验件 2-1 和试验件 2-2 贴片图

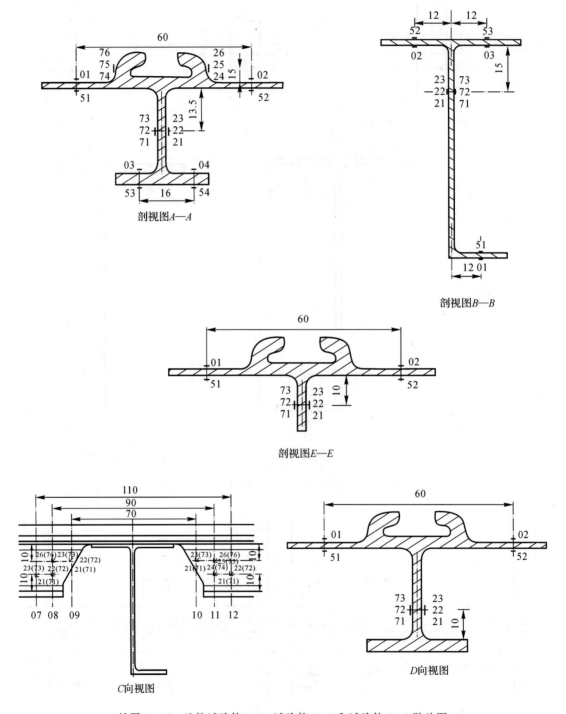

续图 8-18　地轨试验件 1-1、试验件 2-1 和试验件 2-2 贴片图

　　对地轨总体强度试验试验件 1-1 和试验件 2-1、试验件 2-2，在 3 个框位以及框中间对应加载点的位置布置 5 个垂向位移测量点，如图 8-19 所示。

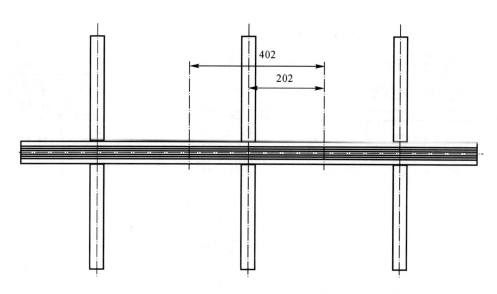

图 8-19　地轨位移测量点示意图

2. 旅客座椅地轨的应变片编号规则

试验件上的应变片(花)编号规则为：G 表示地轨，L 表示横梁，F 表示腹板；D 表示单片，H 表示花片；S 表示上缘，X 表示下缘；Q 表示前面，Z 表示后面。共有四种应变片贴片规则。

地轨总体强度试验件 1-1、试验件 2-1 和试验件 2-2 贴片如图 8-20 所示。

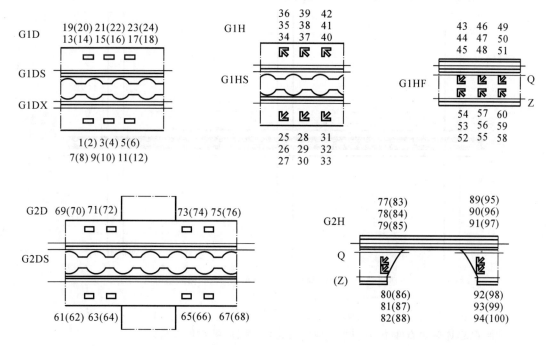

图 8-20　地轨总体强度试验件 1-1、试验件 2-1 和试验件 2-2 贴片图

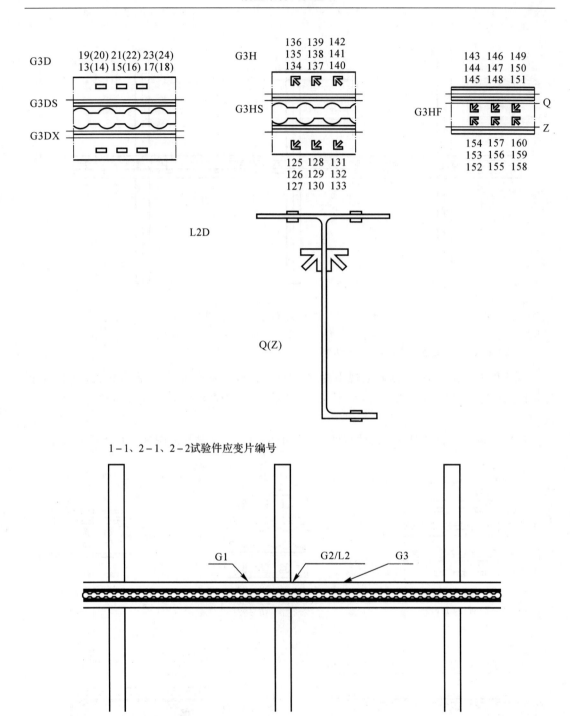

续图 8-20 地轨总体强度试验件 1-1、试验件 2-1 和试验件 2-2 贴片图

地轨总体强度试验件 1-2、试验件 2-3 和试验件 2-4 贴片如图 8-21 所示。

地轨局部强度试验件 1-3、试验件 2-5 贴片如图 8-22 所示。

地轨连接强度试验件 1-4、试验件 2-6 贴片如图 8-23 所示。

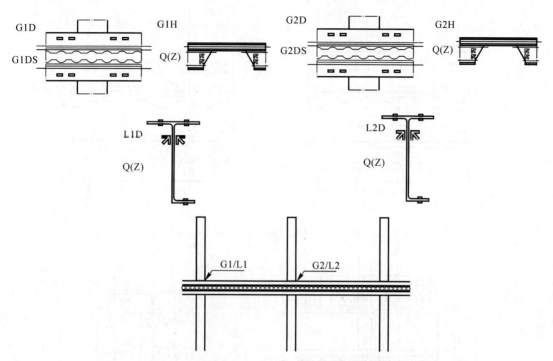

图 8-21　地轨总体强度试验件 1-2、试验件 2-3 和试验件 2-4 贴片图

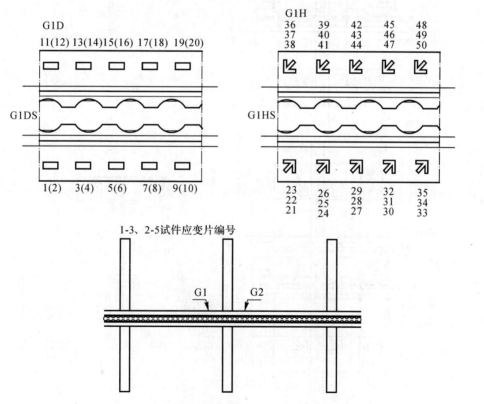

图 8-22　地轨局部强度试验件 1-3、试验件 2-5 贴片图

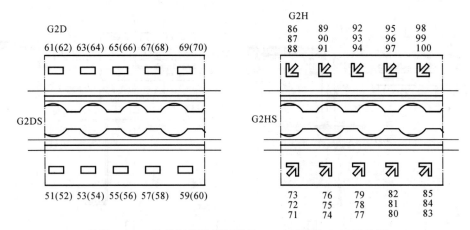

续图 8-22　地轨局部强度试验件 1-3、试验件 2-5 贴片图

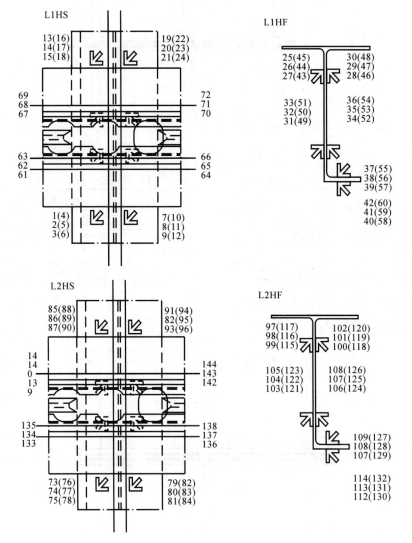

图 8-23　地轨连接强度试验件 1-4、试验件 2-6 贴片图

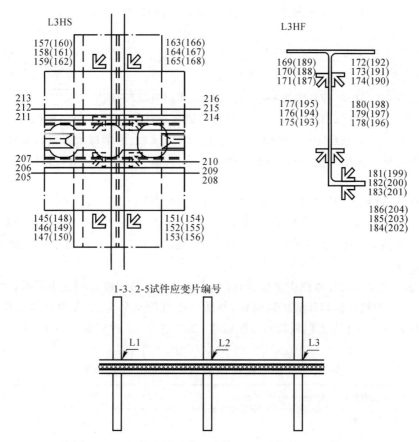

续图 8-23　地轨连接强度试验件 1-4、试验件 2-6 贴片图

8.1.1.6　试验步骤和数据处理

(1)检查试验件加工质量,对符合质量要求的试验件编号;准备好记录表格及拍照、摄像设备。

(2)按照要求粘贴应变片,并进行接线和保护。

(3)试验按照先内侧地轨后外侧地轨的次序,依次按照总体强度试验、局部强度试验和连接强度试验的顺序进行,总体强度试验分两种类型,加载和约束如图 8-2 所示。局部强度试验的加载和约束如图 8-3 所示。连接强度试验的加载和约束如图 8-4 所示。

(4)安装试验件,调试对中,按照 6.2 节要求安装位移测量传感器;对应变位移进行初始平衡。

(5)载荷情况:把后腿的 x 向、z 向的载荷合成一个合力进行拉伸加载,内侧地轨合力 5 137 N,方向 55.97°;外侧合力 25 722 N,方向 55.98°。前腿载荷均为压方向,内侧地轨压载 4 257 N,外侧地轨压载 2 1345 N。目标载荷要求分别是:总体强度试验最大加载是 100% 极限载荷,局部强度试验最大加载是 133% 极限载荷,连接强度试验最大加载是 115% 极限载荷。

(6)预加载:按照 5% 极限载荷的加载梯度加载至 40% 极限载荷后卸载;考察试验件的

受力情况及夹具、加载设备和测量仪器的运行情况,检验加载的均匀性;预试正常后进行后续试验。

(7) 限制载荷试验:以5%极限载荷的增量加载至65%极限载荷,再以2%的增量加载至67%极限载荷,保持载荷30 s后逐级卸载到0。同时记录对应的应变和位移,记录并观察试验件的变形、损伤和破坏情况,进行外观检查和测量结果评估。

(8) 目标载荷/破坏载荷试验:按照限制载荷试验程序加载到70%极限载荷,之后以2%极限载荷级差继续加载至100%极限载荷,保持载荷3 s后,继续加载直至目标载荷/结构破坏。加载到目标载荷前对应变/位移进行跟踪测量;加载到目标载荷后,可对部分应变/位移进行测量。

(9)对试验过程录像,对试验现场拍照,应有详细记录。

(10)应采取有效的安全保护措施,防止试验件发生意外破坏,确保人员及设备的安全。

(11)试验数据处理:处理载荷-应变曲线,处理载荷-位移曲线。给出极限载荷、极限应变和极限位移。

旅客座椅试验分为总体强度试验、局部强度试验和连接强度试验三个项目、四种加载工况,试验件分为内侧地轨和外侧地轨两种,总体强度试验又分为 A、B 两种加载位置。试验加载情况见表 8-5,分为前腿载荷和后腿载荷,其中表 8-5 对应编号为 1-1、1-2、1-3、1-4 试验件。

表 8-5 旅客座椅强度内侧地轨试验载荷表

序号	比例	前腿 P_z/N	后腿 P_h/N	序号	比例	前腿 P_z/N	后腿 P_h/N
1	0	0	0	34	155%	6 598	7 962
2	5%	213	257	35	160%	6 811	8 219
3	10%	426	514	36	165%	7 024	8 476
4	15%	639	771	37	170%	7 237	8 733
5	20%	851	1 027	38	175%	7 450	8 990
6	25%	1 064	1 284	39	180%	7 663	9 247
7	30%	1 277	1 541	40	185%	7 875	9 503
8	35%	1 490	1 798	41	190%	8 088	9 760
9	40%	1 703	2 055	42	195%	8 301	10 017
10	45%	1 916	2 312	43	200%	8 514	10 274
11	50%	2 129	2 569	44			
12	55%	2 341	2 825	45	205%	8 727	10 531
13	60%	2 554	3 082	46	210%	8 940	10 788
14	65%	2 767	3 339	47	215%	9 153	11 045
15	67%	2 852	3 442	48	220%	9 365	11 301
16	70%	2 980	3 596	49	225%	9 578	11 558

续 表

序号	比例	前腿 P_z/N	后腿 P_h/N	序号	比例	前腿 P_z/N	后腿 P_h/N
17	75%	3 193	3 853	50	230%	9 791	11 815
18	80%	3 406	4 110	51	235%	10 004	12 072
19	85%	3 618	4 366	52	240%	10 217	12 329
20	90%	3 831	4 623	53	245%	10 430	12 586
21	95%	4 044	4 880	54	250%	10 643	12 843
22	100%	4 257	5 137	55	255%	10 855	13 099
23	105%	4 470	5 394	56	260%	11 068	13 356
24	110%	4 683	5 651	57	265%	11 281	13 613
25	115%	4 896	5 908	58	270%	11 494	13 870
26	120%	5 108	6 164	59	275%	11 707	14 127
27	125%	5 321	6 421	60	280%	11 920	14 384
28	130%	5 534	6 678	61	285%	12 132	14 640
29	133%	5 662	6 832	60	280%	11 920	14 384
30	135%	5 747	6 935	61	285%	12 132	14 640
31	140%	5 960	7 192	62	290%	12 345	14 897
32	145%	6 173	7 449	63	295%	12 558	15 154
33	150%	6 386	7 706	64	300%	12 771	15 411

注:总体强度 100%,局部强度 133%;连接强度 115%;67% 保持 3 s,100% 保持 3 s

8.1.2　旅客座椅地轨 A 类总体强度试验

旅客座椅地轨 A 类总体强度试验包括内侧地轨总体强度试验件 1-1 和旅客座椅外侧地轨总体强度试验件 2-1、试验件 2-2 试验。其中,后腿载荷 P_x、P_z 可简化为与水平面夹角为 55.98° 的斜向上方向的载荷 P_h。图 8-24 为加载示意图,图 8-25 为试验现场。下面详细分析旅客座椅内侧地轨总体强度试验件 1-1 试验结果。

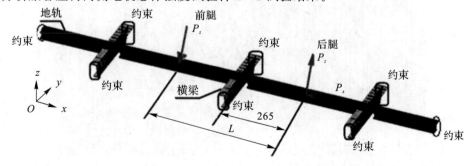

图 8-24　试验件 1-1、试验件 2-1、试验件 2-2 加载示意图

图 8-25 试验件 1-1、试验件 2-1、试验件 2-2 现场图

试验件 1-1 号总体设计载荷为前腿 4.257 kN,后腿 5.137 kN。根据设计载荷,进行三个加载工况试验:加载至 40% 目标载荷、加载至 67% 目标载荷和破坏试验。图 8-26 为试验件 1-1 试验现场。

图 8-26 试验件 1-1 现场图

图 8-27 为试验件 1-1 的 40％载荷应变曲线，可以看出，40％载荷内试验件上的应变随载荷的增加呈线性增加趋势，试验件两边的应变对称性好。

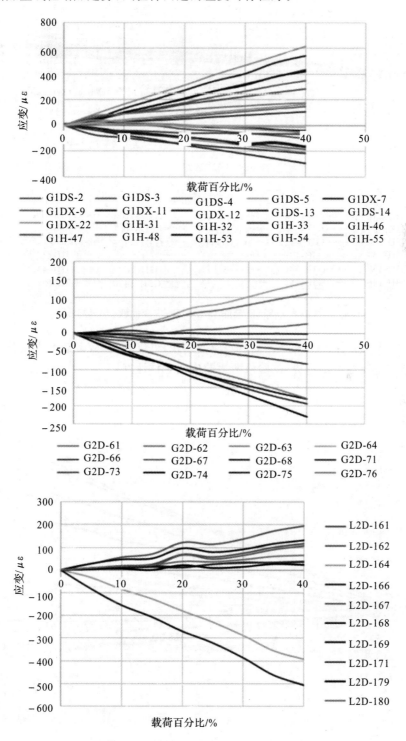

图 8-27　试验件 1-1 载荷-应变曲线（40％）

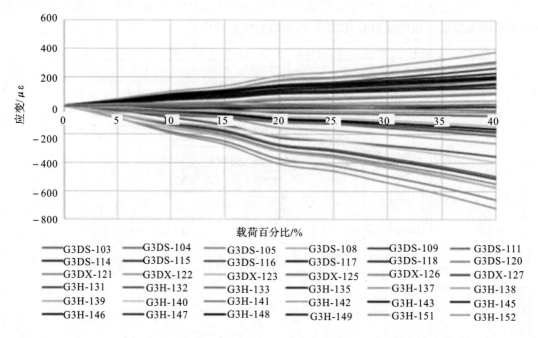

续图 8-27　试验件 1-1 载荷-应变曲线(40%)

　　图 8-28 为试验件 1-1 的 67% 载荷-应变曲线,可以看出,67% 载荷内试验件上的应变随载荷的增加呈线性增加趋势,试验件两边的应变对称性好。

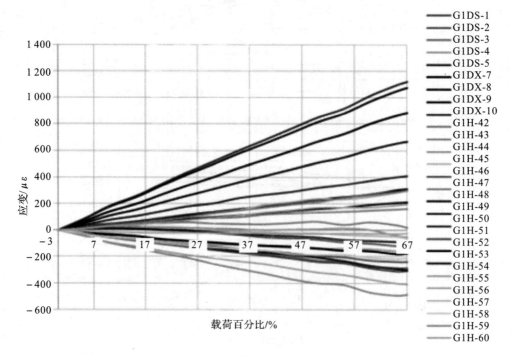

图 8-28　试验件 1-1 号载荷-应变曲线(67%)

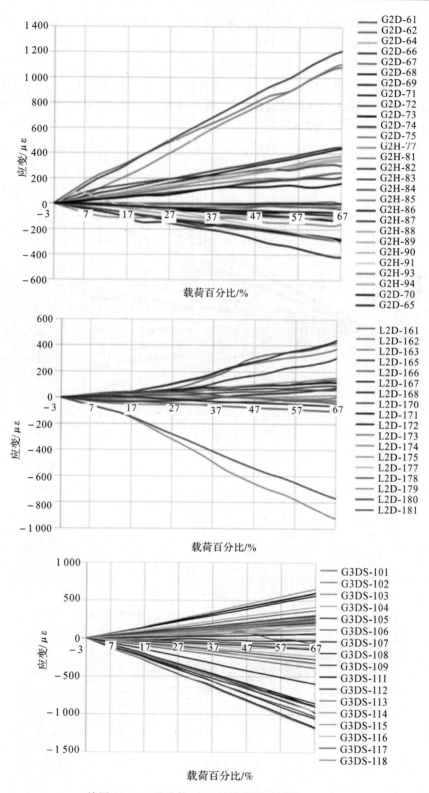

续图 8 - 28 试验件 1 - 1 号载荷-应变曲线(67%)

　　试验件 1-1 共做两次最大载荷试验,第一次最大加载至 200％设计载荷时,停止试验,试验件未破坏。应委托方的要求,进行了第二次试验,第二次试验经委托方同意未采集应变,当加载至 245％设计载荷时,试验件出现响声,试验件破坏,试验结束。应变片布置分为三段,左边为 1 段,中间为 2 段,右边为 3 段,合成的斜拉载荷作用点在三段处,平衡压向载荷作用点在 1 段处。图 8-29 为试验件 1-1 破坏载荷-应变曲线,依次分别为 1 段、2 段、3段和中间横梁处的载荷-应变曲线。

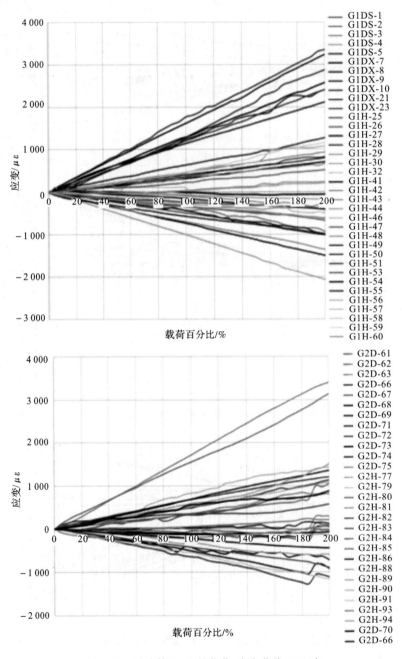

图 8-29　试验件 1-1 号载荷-应变曲线(200％)

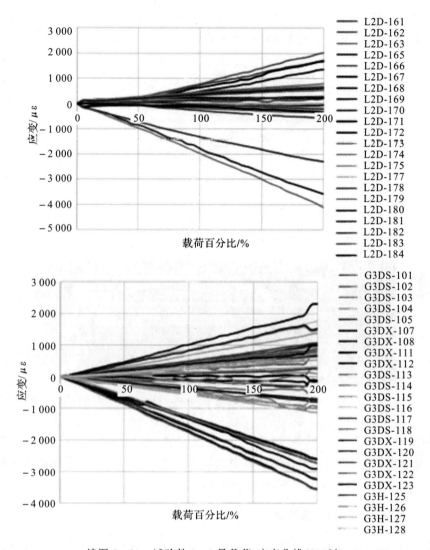

续图 8-29　试验件 1-1 号载荷-应变曲线(200%)

可以看出,200%载荷内试验件 1-1 号 1 段的应变随载荷的增加线性增加,上缘应变值为负(受压)、下缘为正(受拉),且对称点上应变一致性好,如 G1DS1 和 G1DS13、G1DX9 和 G1DX21,最大拉应变在 G1DX10 点为达到 3 347 $\mu\varepsilon$,最大压应变在 G1H30(上表面沿地轨长度方向)达到 2 073 $\mu\varepsilon$。2 段横梁两侧地轨上左边为拉应变、右边为压应变,2 段地轨腹板上 45°方向应变值较大,特别是槽口左边腹板上 45°方向应变值最大,也是出现裂纹的方向,最大值 3 405 $\mu\varepsilon$。2 段横梁编号为 L2D 系列,前 161 号与 167 号对称应变分别为 1 720 $\mu\varepsilon$、1 671 $\mu\varepsilon$,后 163 号与 169 号对称应变分别为−4 101 $\mu\varepsilon$、−3 563 $\mu\varepsilon$,对称性一致性较好。3 段应变值上缘应变值为正(受拉)下缘为负(受压),与 1 段正负相反,对称点上应变一致性也好,如 G3DS101 与 G3DS113、G3DX107 与 G3DX119。

加载到 245%设计载荷,即前腿载荷为 10.43 kN,后腿载荷为 12.586 kN 时,试验件破坏。图 8-30 给出了载荷位移曲线,2 点为向上位移,达到 4.5 mm;4 点为向下位移,达到

3.8 mm。图 8-31 为试验件 1-1 断口,在试验件中间横梁与地轨交接的前部(靠近压向平衡载荷)地轨槽口处腹板与上翼缘结合部出现破坏裂纹。

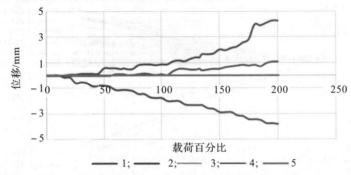

图 8-30　试验件 1-1 号位移点载荷-位移曲线(200%)

图 8-31　试验件 1-1 破坏断口图

试验件 1-1 号破坏载荷为 245% 设计载荷,即前腿载荷为 10.43 kN,后腿载荷为 12.586 kN。图 8-31 给出试验件断口。裂纹位置在槽口一端地轨上缘与腹板过渡处。

旅客座椅外侧地轨为相似结构,试验方案相似,在此不赘述。

8.1.3　旅客座椅地轨局部强度试验

旅客座椅地轨局部强度试验件包括内侧地轨局部强度试验件 1-3、旅客座椅外侧地轨局部强度试验件 2-5。其中,后腿载荷 P_x、P_z 可简化为与水平面夹角为 56° 的斜向上方向的载荷 P_h。图 8-32 为加载示意图,图 8-33 为加载现场图。旅客座椅内侧地轨局部强度试验件1-3试验结果如下。

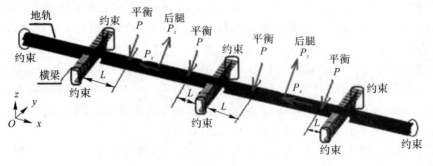

图 8-32　试验件 1-3、试验件 2-5 加载示意图

图 8-33　试验件 1-3、试验件 2-5 加载现场图

　　试验件 1-3 总体设计载荷为 5.137 kN。根据设计载荷，进行三项试验：加载至 40% 目标载荷、加载至 67% 目标载荷和破坏试验，如图 8-34 所示。然而，由于内侧地轨试验任务书给定的载荷太小，在 40% 载荷处应变值较小，不能准确反映出试验件自身受力情况，故在试验件实际试验中，直接进行破坏试验，当载荷达到 750% 设计载荷时，发生破坏。

图 8-34　试验件 1-3 现场图

　　图 8-35 为试验件对中应变点载荷-应变曲线，可以看出，试验系统对中度良好，可以进行正式试验。

　　试验件 1-3 第一点破坏载荷为 750% 设计载荷，38.627 kN，第二点破坏载荷为 740% 设计载荷，37.89 kN，如图 8-36 所示。布置应变片分为两个区，1 区为 G1D，2 区为 G2D。1 区由于离载荷距离较远,应变点处应变均较小,不再讨论。2区应变对称性好,分布合理,最大应变在地轨导槽两缘上,第一次加载的最大值为 6 726 $\mu\varepsilon$,第二次加载的最大值为 6 175 $\mu\varepsilon$。

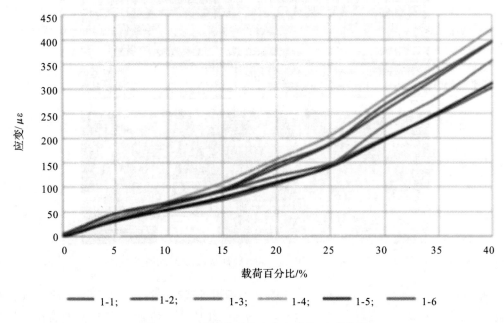

图 8-35　试验件对中应变点载荷-应变曲线

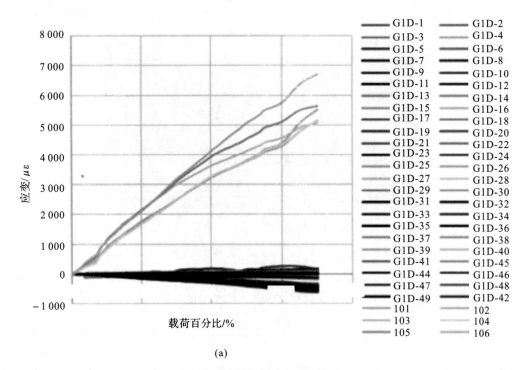

(a)

图 8-36　1-3 试验件破坏试验

(a)载荷-应变曲线(140%)

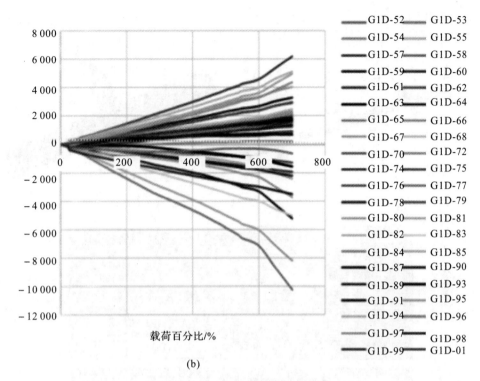

G1D-52	G1D-53
G1D-54	G1D-55
G1D-57	G1D-58
G1D-59	G1D-60
G1D-61	G1D-62
G1D-63	G1D-64
G1D-65	G1D-66
G1D-67	G1D-68
G1D-70	G1D-72
G1D-74	G1D-75
G1D-76	G1D-77
G1D-78	G1D-79
G1D-80	G1D-81
G1D-82	G1D-83
G1D-84	G1D-85
G1D-87	G1D-90
G1D-89	G1D-93
G1D-91	G1D-95
G1D-94	G1D-96
G1D-97	G1D-98
G1D-99	G1D-01

载荷百分比/%

(b)

续图 8-36 1-3 试验件破坏试验

(b)载荷-应变曲线(750%)

图 8-37 给出了试验件断口图,均为地轨导槽两缘拉坏。

图 8-37 试验件 1-3 号破坏断口图

同理,旅客座椅外侧地轨为相似结构,试验方案相似,在此不赘述。

8.1.4 旅客座椅地轨连接强度试验

旅客座椅地轨连接强度试验件包括内侧地轨连接强度试验件 1-4、旅客座椅外侧地轨连接强度试验件 2-6。其中,后腿载荷 P_x、P_z 可简化为与水平面夹角为 $56°$ 的斜向上方向的载荷 P_h。图 8-38 为加载示意图,图 8-39 为加载现场图。下面展示旅客内侧地轨连接强度试验件 1-4 试验结果以及讨论,旅客座椅外侧地轨连接强度试验件 2-6 为相似试验,故在此不赘述。

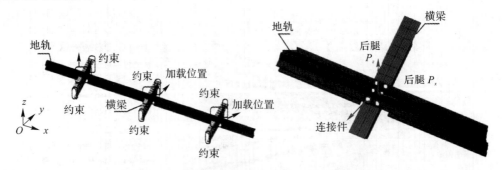

图 8-38　试验件 1-4、试验件 2-6 加载示意图

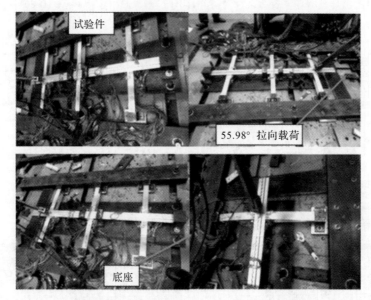

图 8-39　试验件 1-4、试验件 2-6 加载示意图

试验件 1-4 总体设计载荷为 5.137 kN。根据设计载荷,进行三项试验:加载至 40% 目标载荷、加载至 67% 目标载荷和破坏试验。图 8-40 为试验件 1-4 现场图。

图 8-40　试验件 1-4 现场图

图 8-41 为试验件对中应变点载荷-应变曲线,可以看出,试验系统对中度良好,可以进行正式试验。

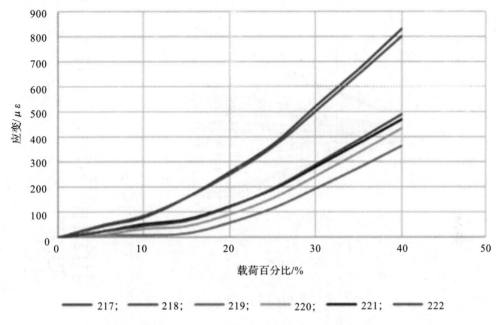

图 8-41　试验件对中应变点载荷-应变曲线

图 8-42 为试验件 1-4 的 40%载荷-应变曲线,可以看出,40%载荷内试验件上的应变随载荷的增加线性增加,试验件两边的应变对称性好。

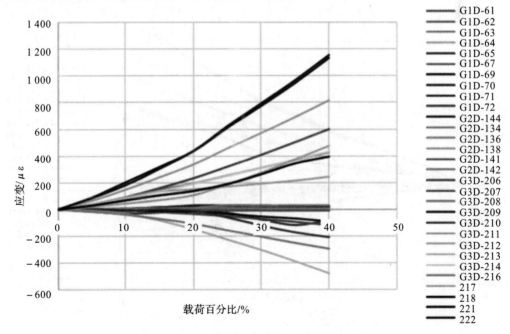

图 8-42　试验件 1-4 载荷-应变曲线(40%)

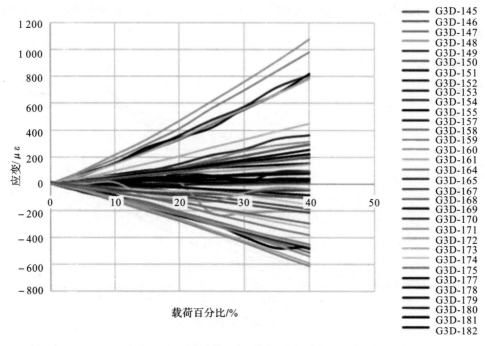

续图 8-42　试验件 1-4 载荷-应变曲线(40%)

　　图 8-43 为试验件 1-4 的 67%载荷-应变曲线,可以看出,67%载荷内试验件上的应变随载荷的增加线性增加,试验件两边的应变对称性好。

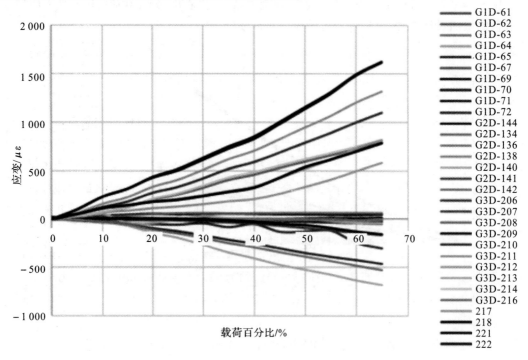

图 8-43　试验件 1-4 号载荷-应变曲线(67%)

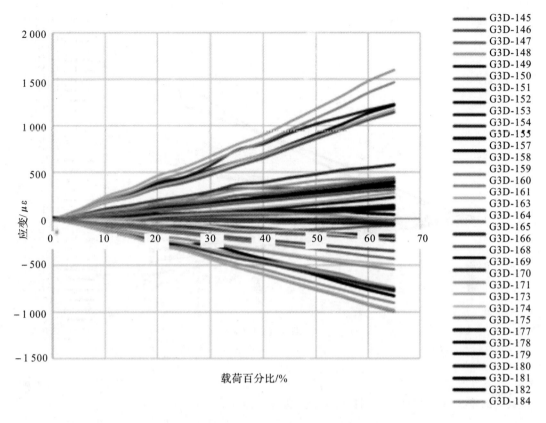

续图 8 - 43　试验件 1 - 4 号载荷-应变曲线(67%)

图 8 - 44 为试验件 1 - 4 第一次加载至破坏载荷应变曲线:当载荷达到 240% 设计载荷(约为 12.329 kN)时,试验件出现响声,试验停止;第二次加载至破坏载荷-应变曲线,当载荷达到 285% 设计载荷(约为 14.500 kN),试验件出现响声,试验停止;第三次加载至破坏载荷-应变曲线,当载荷达到 245% 设计载荷(约为 12.586 kN),试验件出现响声,试验停止。应变片布置分为三段,左边为 1 段,中间为 2 段,右边为 3 段,合成的斜拉载荷分别依次作用在三段处;布置应变片分为三个区,1 区为 L1H,2 区为 L2H,3 区为 L3H。3 区由于离载荷距离较远,应变点处应变均较小,不再讨论。1 区应变对称性好,分布合理,最大应变在地轨和横梁连接处 L1HS69 处,即载荷作用处,为 7 047 $\mu\varepsilon$,2 区应变最大值在地轨和横梁连接处地轨和横梁连接处 L2HS117,为 1 665 $\mu\varepsilon$。

试验件 1 - 4 分别在横梁与地轨三个节点处加载,加载点两边进行平衡反向约束。第一次在最左边节点加载,当加载至设计载荷的 240%,约为 12.329 kN 时,试验件出现响声,试验停止。第二次在中间节点加载,当加载至设计载荷的 285%,约为 14.500 kN 时,试验件出现响声,试验停止。第三次在最右边节点加载,当加载至设计载荷的 245%,约为 12.586 kN 时,试验件出现响声,试验停止。图 8 - 45 为断口图,可见破坏模式均为与地轨连接的横梁上缘与腹板结合部位拉坏。

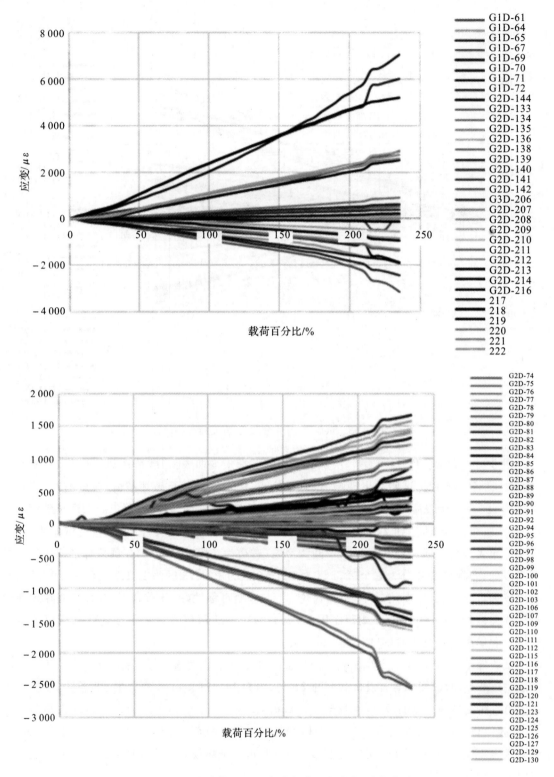

图 8-44 试验件 1-4 号三次加载破坏载荷-应变曲线

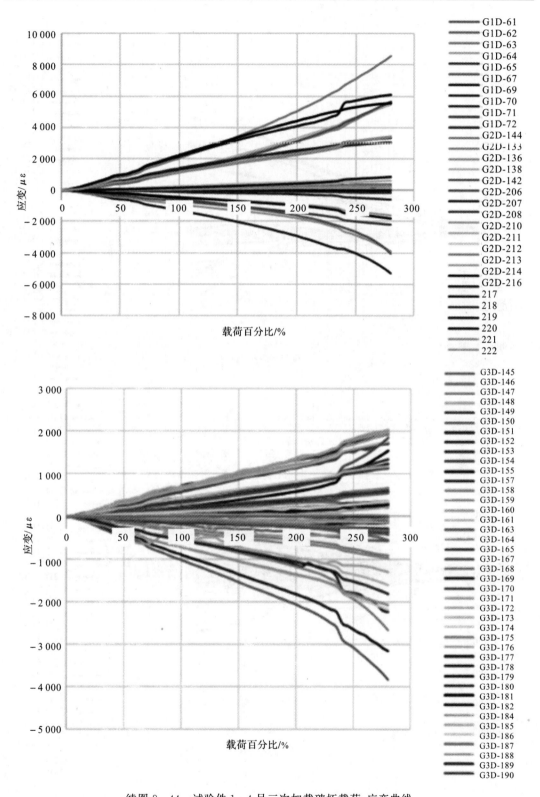

续图 8-44　试验件 1-4 号三次加载破坏载荷-应变曲线

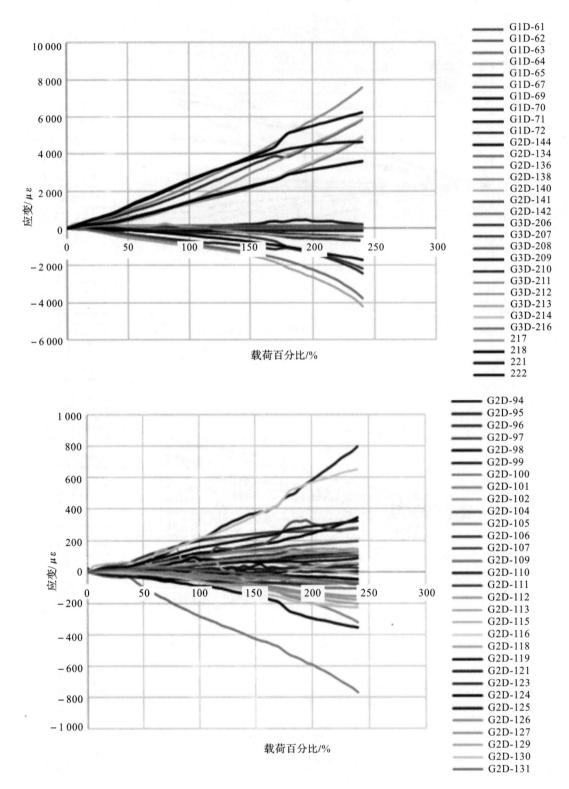

续图 8-44　试验件 1-4 号三次加载破坏载荷-应变曲线

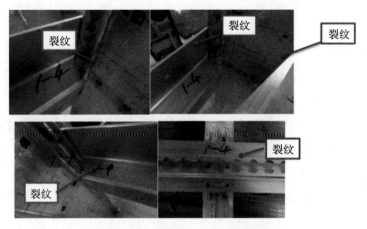

图 8-45　试验件 1-4 破坏断口图

8.1.5　试验结论

1. 20 号槽钢的强度校核

20 号槽钢用于压紧长、短垫板,以固定横梁端头六点和地轨两端部。槽钢总长 2 200 mm,有三个直径为 30 mm 的孔,共两根,六个施力点。槽钢的 $I = 1\ 440\ 000\ mm^4, Z_0 = 19.5\ mm$。槽钢的合力为 25.752 kN,每个点的平均受力为 4.292 kN。其中三点间的距离为 1 000 mm。则 20 号槽钢的弯曲强度为

$$\sigma_1 = \frac{4\ 292 \times 1\ 000}{144\ 000} \times 19.5 = 58.12\ \text{MPa}$$

取槽钢 $\sigma_{0.2} = 300\ \text{MPa}$,安全系数为 $n_1 = \dfrac{300}{58.12} = 5.166$,查阅资料可知 20 号槽钢强度是符合要求的,是安全的。

2. M30 的螺栓强度校核

每根槽钢与试验室地轨之间通过三个 M30 的螺栓连接,每个承力载荷为 4.292 kN,强度为

$$\sigma_2 = \frac{4292}{\frac{\pi}{4} \times 282} = 6.97\ \text{MPa}$$

取螺栓的 $\sigma_{0.2} = 300\ \text{MPa}$,安全系数为 $n_2 = \dfrac{300}{6.97} = 43$,查阅资料可知 M30 螺栓强度是符合要求的,是安全的。

3. 固定端头的龙门压头强度校核

龙门压头有三种,以最小尺寸来校核,其中每个压头的合力为 4.292 kN。

拉伸强度为

$$\sigma_3 = \frac{4\ 292}{60 \times 20} = 3.577\ \text{MPa}$$

安全系数为

$$n_3 = \frac{300}{3.573} = 83.87$$

M12 螺栓强度为

$$\sigma_4 = \frac{4\ 292}{2 \times \frac{\pi}{4} \times 10^2} = 27.33\ \text{MPa}$$

安全系数为 $n_4 = 10.98$，查阅资料可知龙门的拉伸强度和 M12 螺栓强度是符合要求的，因此龙门压头符合安全要求。

4. 施加拉向载荷校核

作动器的最大载荷为 15 T，传感器使用 10 T 传感器，均大于 25.752 kN，其安全系数均大于 4。

作动器承力座使用四个 M12 螺栓固定，其强度为

$$\sigma_5 = \frac{25.752}{4 \times \frac{\pi}{4} \times 10^2} = 82.012\ \text{MPa}$$

安全系数为

$$n_5 = \frac{300}{82.012} = 3.658$$

查阅资料可知，作动器承力座符合安全要求。

承力板受弯矩，宽 200 mm，高 30 mm，孔距为 600 mm，则有

$$\sigma_6 = \frac{\frac{1}{4} \times 25.752 \times 600}{\frac{1}{6} \times 200 \times 30^2} = 128\ \text{MPa}$$

安全系数为

$$n_6 = \frac{300}{128} = 2.344$$

钢丝绳直径为 11 mm，破坏载荷为 60 kN，在试验中使用双股钢丝绳，其合力为 120 kN，安全系数大于 4。

接头宽 16 mm、厚 42 mm 的双耳，强度为

$$\sigma_7 = \frac{25.752}{16 \times 42} = 38.32\ \text{MPa}$$

其中安全系数 $n_7 = 7.82$，符合安全要求。

最后，平衡压载荷最大为 10 kN，用 30 kN 的千斤顶承力，其安全系数大于 3。

8.2　左右机翼对接静力试验

8.2.1　概述

(1)确定上壁板对接结构在压缩载荷下的承载能力特性，研究上壁板对接结构的破坏模式、失效位置和临界应力水平，验证上壁板对接结构强度分析方法；

（2）确定下壁板对接结构在拉伸和压缩载荷下的承载能力特性，研究下壁板对接结构的破坏模式、失效位置和临界应力水平，验证下壁板对接结构强度分析方法。

因此，我们开展以下三个试验以完成上述实验目的，包括：①上壁板对接结构压缩试验；②下壁板对接结构拉伸试验；③下壁板对接结构压缩试验。

8.2.2　上壁板对接结构压缩试验

1. 试验件

试验件示意图如图 8-46 所示，试验件总体尺寸和数量见表 8-6。

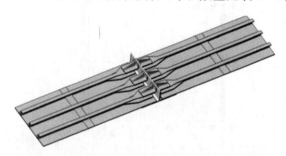

图 8-46　上壁板对接结构压缩试验件示意图

表 8-6　上壁板对接结构压缩试验件列表

试验件编号	试验件图号	试验件长度/mm	试验件宽度/mm	试验件数量
1-1	SY_Y21-5720-1410-001	2 120	442	3
1-2	SY_Y21-5720-1420-001	2 120	442	3

2. 试验夹具及加载

试验加载采用夹具加载形式，为确保所加载荷方向沿试验件标准剖面形心，并且均匀分布，考虑灌胶夹具加载的形式。灌胶夹具加工时考虑图 8-47 和图 8-48 给出的试验件标准截面的形心位置。

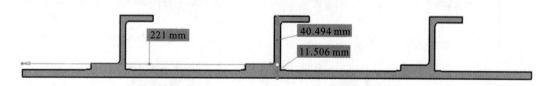

图 8-47　上壁板对接结构压缩试验第 1 组试验件夹持端截面的形心位置

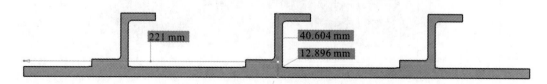

图 8-48　上壁板对接结构压缩试验第 2 组试验件夹持端截面的形心位置

试验中采用刀口模拟翼肋对壁板的支持。对接区翼肋(0 肋)和左右 1 肋位置处约束示意图如图 8－49(a)所示。载荷方向沿试验件端头截面的形心,加载方案如图 8－49(b)所示。图 8－49(c)(d)分别为试验件带长桁面下端部刀口架和刀口,图 8－49(e)(f)分别为试验件光滑面中间刀口架和刀口,图 8－49(g)为试验件灌胶盒,图 8－49(h)(i)分别为底座夹具和试验件下端夹具连接图。整套试验的固定、约束、加载夹具和试验件的组装如图 8－49(j)(k)所示。

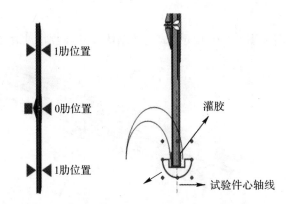

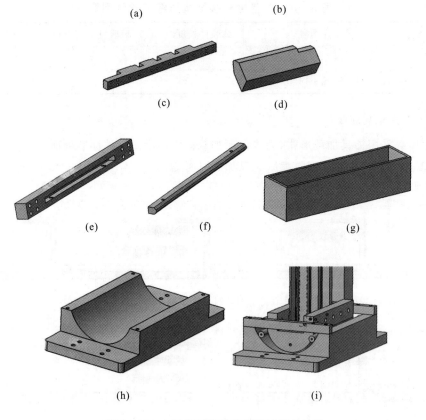

图 8－49　上壁板对接结构压缩试验夹具图

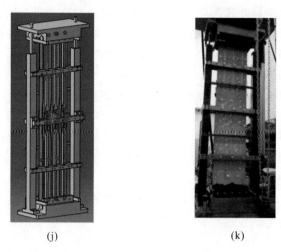

(j)　　　　　　　　　　　(k)

续图 8-49　上壁板对接结构压缩试验夹具图

3. 应变片布置

所有试验件粘贴应变片。根据试验任务书要求和试验实际,确定应变测量点和应变片(单片和应变花)如图 8-50 所示,对于图中花片编号最后一位"＊",0°方向(沿试验件长度方向)取 1,45°方向取 2,90°方向取 3。

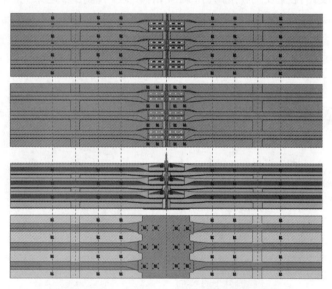

图 8-50　上壁板对接结构压缩试验件贴片图

每个试验件贴单片 42 个,花片 100 组。

4. 试验方法

对于每个试验件,均进行试验载荷试验和破坏载荷试验,P 代表试验件的试验载荷。上壁板对接结构压缩试验顺序如下:

(1)对试验件的初始状态进行全面的检查,记录初始缺陷和损伤。

（2）对夹持端进行灌胶处理。

（3）试验前按要求装好试验件，贴好应变片，连好应变测量装置并调零。

（4）把试验装置固定到试验机中，施加小载荷，连好位移测量装置。

（5）正式试验，逐级加载。

（6）在预加载过程中调整试验件的摆放位置和姿态，使试验载荷沿加载面均匀分布，防止载荷对试验件产生偏心弯矩。试验件的调整过程可根据预加载过程中应变片实际测量的应变值进行，通过调节试验件的摆放位置和姿态使试验件同一剖面上的应变值相近，确保载荷沿加载面均匀分布以及载荷轴线通过试验件的形心位置。

（7）试验采用分级加载方式加载：首先以 $5\%P$ 的级差加载至 $40\%P$，保持 3 s 后卸载，检查试验件、夹具、仪器。再以 $10\%P$ 的增量加载至 $67\%P$，然后以 $5\%P$ 级差加载到 100%，并保持 30 s，整个试验过程应对试验件考核部位进行应变测量和详细记录，并观察有无失稳或者破坏现象。

（8）若 100% 载荷仍未出现失稳或者破坏，应继续以 1% 的级差进行加载，直到出现失稳或者破坏为止，整个过程应对试验件考核部位进行应变测量并详细记录。

（9）记录在整个加载过程中每个加载级差下应变片的应变值和位移传感器的测量值，并记录在结构进入失稳或者破坏区域前后结构上的各应变片处测得的应变变化情况。通过位移传感器测量值，测量试验件失稳或者破坏位置；记录发生失稳或者破坏时的载荷值，监测试验件失稳或者破坏位置及对应的载荷试验，各阶段均需拍照记录，整个试验过程需录像记录。

下壁板对接结构压缩试验（见图 8-51 和图 8-52）为相似试验，故在此不赘述。

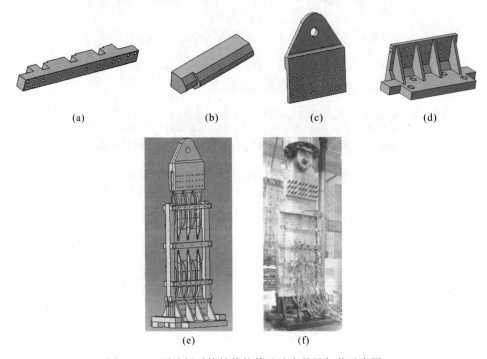

(a)　　　　　(b)　　　　　(c)　　　　　(d)

(e)　　　　　(f)

图 8-51　下壁板对接结构拉伸试验夹具及加载示意图

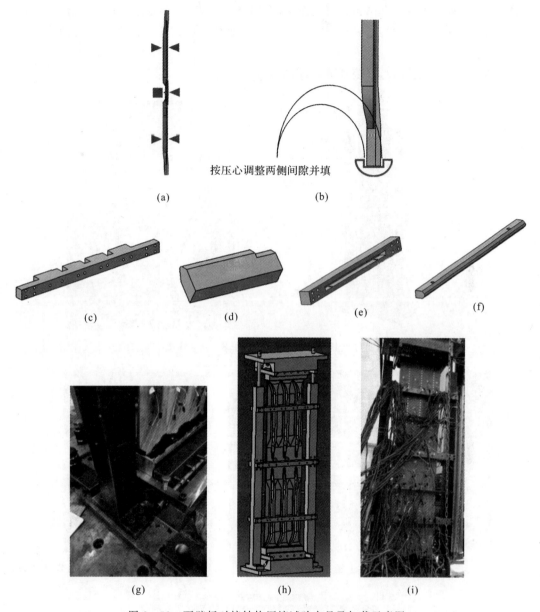

按压心调整两侧间隙并填

(a)　　　　　　　　　　　(b)

(c)　　　(d)　　　(e)　　　(f)

(g)　　　　　　　(h)　　　　　　　(i)

图 8-52　下壁板对接结构压缩试验夹具及加载示意图

5. 夹具及其安装

图 8-53 为压缩试验件夹具示意图。夹具主要包括上、下端压板,上、下端起到简支作用的简支槽,灌胶盒,中间刀口、刀口架及立柱组成的模拟翼肋约束作用的夹具架。夹具设计中考虑了加载方向与试验件端头截面形心的关系,夹具安装中也要注意加载方向与试验件端面形心保持一致,同时注意试验件两侧的对称性。图 8-54 为压缩试验夹具安装实体图。

图 8-55~图 8-57 为试验件安装细节图。试验机压头将载荷通过上压板作用到上简

支槽,简支槽通过两面简支棒起到简支作用,下端与此类似,简支槽将载荷传递给灌胶盒,以实现对试验件加载。注意刀口架与试验件不接触,仅刀口对试验件有约束作用,如图8-57所示。

压缩试验夹具质量大,安装复杂,工作量大。

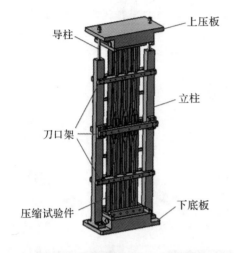

图8-53 压缩试验件夹具示意图

图8-54 压缩试验夹具安装实体图

图8-55 试验件上端连接细节图

图8-56 试验件下端连接细节图

图8-57 刀口架安装细节图

6. 调试及调试验件试验

调试在预加载过程中,利用应变测量装置测量应变片的应变值,检测试验件的对中性,避免试验件产生偏心弯矩。

下面以壁板对接结构压缩试验件(编号 1410 - 2)为例来说明压缩试验调试对称性和弯曲度方法。图 8 - 58 为应变片布置图,重点考察图中的 6 个截面。该 6 个截面关于中心线对称。通过对比截面一和截面六的应变值可以判断试验件上下端载荷水平是否一致。如果不一致,很可能是刀口架与试验件接触或是刀口与试验件之间太紧,使得加载端载荷未能通过试验件传到另一端。通过观察每一个截面应变片的应变值来分析试验件是否发生扭和弯的情况,如果同一个截面正反面载荷水平差异大,可能需要调节上下端的简支,偏移试验件在厚度方向的位置,也可能需要调节刀口与试验件的松紧程度;如果同一截面两侧载荷水平差异大,多是一侧承载较大另一侧承载较小,需要调节两侧的高度,根据试验摸索的经验,一般是往载荷小的一侧垫纸片使得两侧同时均匀承载。

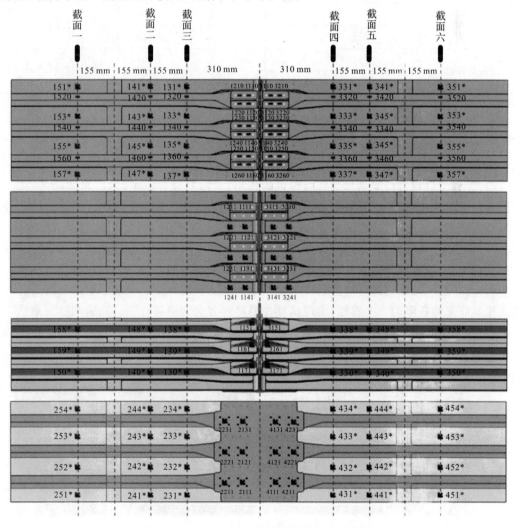

图 8 - 58　1410 - 2 压缩试验件应变片布置图

图 8-59 为 40%压缩载荷时试验应变-载荷曲线图,可以看到试验件应变载荷曲线线性特性明显,上下应变基本一致,载荷传递正常。表 8-7 为 40%压缩载荷时试验应变值对比,可以看到试验对称性良好。

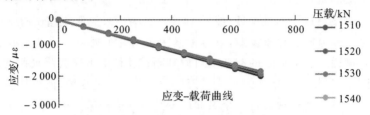

图 8-59 40%压缩载荷时试验应变-载荷曲线图

表 8-7 40%压缩载荷时试验应变值对比

考察类型	对应应变片编号	应变值/με		最大相差百分比
上下对称性	1530/3530	−1 874	−1 890	3.6%
	1550/3550	−1 892	−1 826	
左右对称性	1510/1570	−1 773	−1 908	7.1%
	3520/3560	−1 845	−1 875	
前后面对称性	1530/2520	−1 874	−1 953	4.0%
	3530/4520	−1 890	−1 885	

调试时发现:

(1)夹具刀口和刀口架是起到翼肋约束的作用,实际安装过程中,刀口与试验件松紧程度关系到试验件正、反面所受约束的大小,能够对试验载荷产生较大影响,应予以重视。经与设计人员讨论认为,刀口与试验件接触,刀口架不与试验件接触,安装时顶刀口的螺栓不完全拧紧的状态是较好的,这时使支撑刀口在初始状态下刚刚与试验件表面接触,但不存在预压载荷;在刀口与试验件表面添加聚四氟乙烯薄膜和润滑油,以减小刀口与试验件摩擦。

(2)应变前后对称调整可以通过调节上下端的简支实现。图 8-60 所示为下端简支图,通过松紧简支槽各侧的 5 个螺栓,实现试验件沿厚度方向的偏移,达到前、后调整效果。

(3)应变左右对称调整可以通过在上下端一侧垫纸片。实现图 8-61 为上端简支图,通过在例如 1 和 2 的位置放置纸片,可以帮助调节试验件左右两侧承载,达到左右调整效果。

图 8-60 下端简支调节试验件厚度方向位置

图 8-61 上端简支图

压缩试验应变片多,夹具复杂,调节时除了刀口架还有上、下简支的因素,调节难度大,一般需要几轮调试,经设计人员同意后再进行正式试验。

7. 试验数据

在正式试验前,与甲方对试验后期的载荷进行了细节的讨论,商定如下:先以 5%P 级差增至 40%P,保持 3 s 后逐级卸载;第二轮做 67% 试验以 5%P 级差增至 65%P,再以 2% 增量到 67%,保持 30 s 后逐级卸载检查仪器;最后破坏试验以 5%P 级差增至 65%P,再以 2% 增量到 67%,再以 3% 级差增至 70%,然后以 2% 级差增至 90%,以 1% 级差增至 100%,保持 3 s,继续以 1% 的级差加载直到破坏。

按照预定加载载荷表进行破坏试验,加载载荷表、试验机加载记录及采集应变数据见附件中试验数据。选取部分数据点,输出图 8-62 所示 1410-2 破坏试验应变-载荷曲线。图 8-63 为 1410-2 破坏试验载荷-位移曲线,对应破坏载荷为 1 860 kN。

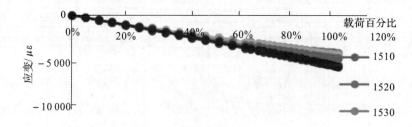

图 8-62　1410-2 破坏试验应变-载荷曲线

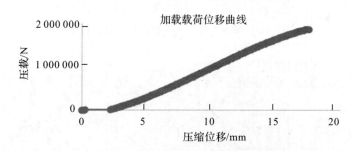

图 8-63　1410-2 破坏试验载荷-位移曲线

上壁板和下壁板对接结构压缩试验一共 9 件试验件,工作量大。考虑到试验进度和实际效果,试验后期对应变片贴片进行了一定删减。上壁板对接结构压缩试验 1410 和 1420 两类试验件第一件均采用全片,后面两件均将图 8-64 所示标示位置花片换为单片,编号规则不变;下壁板对接结构压缩试验 1430 试验件,保留一件全片,另外两件将图 8-65 所示标示位置花片换为单片,编号规则不变。

压缩试验主要考查试验件中间的对接区域,试验中出现了离试验件端部较近的破坏位置,该破坏情形不能较好地反映试验中间考察位置的效果,经过充分考虑,对试验件上、下端进行了适当的加强,图 8-66～图 8-68 为试验后期改进后的夹具实体图。其中图 8-66 为 1410-2 和 1410-3 试验件所用夹具,图 8-67 为 1420-2 和 1420-3 试验件夹具图,图 8-68 为 1420-1 及 1430 试验件夹具图。

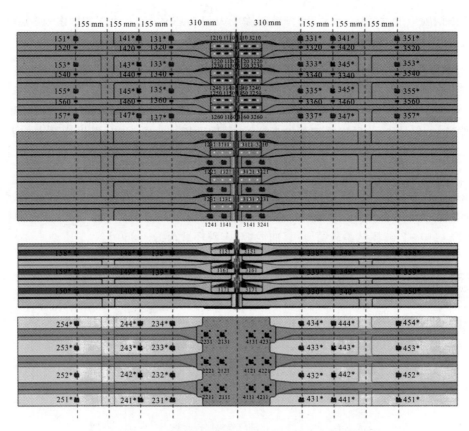

图 8-64　上壁板对接结构压缩试验件改片位置图

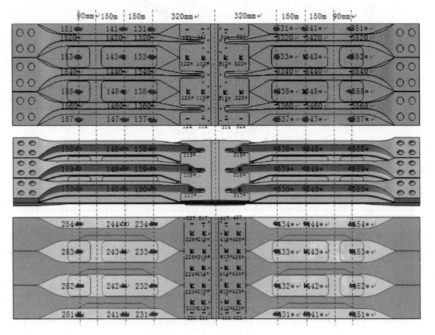

图 8-65　下壁板对接结构压缩试验件改片位置图

图 8-66　改进后夹具实体图 1　　图 8-67　改进后夹具实体图 2　　图 8-68　改进后夹具实体图 3

8. 试验结果

壁板对接结构的压缩试验破坏位置有两种：一种破坏位置为试验件的 0 号肋与 1 号肋之间，如图 8-69 和图 8-70 所示，下壁板对接结构压缩试验 3 件试验件均为此情形，上壁板对接结构压缩试验 6 件试验件中有 3 件也为此情形；另一种破坏位置在试验件端面与 1 号肋之间，如图 8-71 和图 8-72 所示，上壁板对接结构压缩试验 6 件试验件中有 3 件是此情形。

图 8-69　壁板的压缩试验破坏情形 1　　　　图 8-70　壁板的压缩试验破坏情形 1 局部放大

 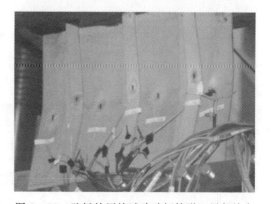

图 8-71　壁板的压缩试验破坏情形 2　　　　图 8-72　壁板的压缩试验破坏情形 2 局部放大

图 8-73～图 8-81 为对接结构压缩试验每一件试验件的破坏图,表 8-8 所列为壁板对接结构压缩试验破坏载荷统计结果。

图 8-73　1410-1试验件破坏图

图 8-74　1410-2试验件破坏图

图 8-75　1410-3试验件破坏图

图 8-76　1420-1试验件破坏图

图 8-77　1420-2试验件破坏图

图 8-78　1420-3试验件破坏图

图 8-79　1430-1试验件破坏图

图 8-80　1430-2试验件破坏图

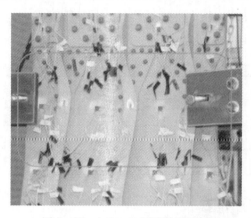

图 8-81　1430-3 试验件破坏图

表 8-8　壁板对接结构压缩试验破坏载荷统计

测试类型	试验件编号	破坏位置	破坏载荷/kN	夹具形式	均值/kN
1410	1410-1	上端 0 号肋与 1 号肋之间	1 427	图 8-71	1 427
	1410-2	下端 0 号肋与 1 号肋之间	1 860	图 8-72、8-73、8-74、8-75	1 834.5
	1410-3	上端 1 号肋与上端面之间	1 809		
1420	1420-1	上端 1 号肋与上端面之间	2 310	图 8-74、8-76	2 310
	1420-2	上端 1 号肋与上端面之间	2 108	图 8-75、8-76、8-77、8-78	2 069.5
	1420-3	上端 0 号肋与 1 号肋之间	2 031		
1430	1430-1	上端 0 号肋与 1 号肋之间	1 372	图 8-77、8-79、8-80、8-81	1 330.3
	1430-2	上端 0 号肋与 1 号肋之间	1 338		
	1430-3	下端 0 号肋与 1 号肋之间	1 281		

9. 结果分析

(1)试验件检查无明显缺陷,试验方法和过程规范、可靠,结果具有参考性。后期按照设计人员要求改进的试验夹具对破坏载荷有部分影响,随着约束的加强,试验件承载能力提高,但受制于结构尺寸及材料强度,试验件破坏载荷差异主要影响因素为试验件类型差异。

(2)上壁板压缩试验件 1410 和 1420 破坏位置有两种情形。第一种破坏情形在 0 号肋和 1 号肋之间,第二种破坏情形在 1 号肋和上端面之间,试验件一端加载,另一端承载,在上、中、下三个地方有翼肋约束,结合有限元仿真分析发现,在该边界条件下,在 1 号肋和 0 号肋之间以及加载端和最近的翼肋约束之间容易发生屈曲。下壁板压缩试验件 1430 试验件均在 0 号肋和 1 号肋之间破坏(见图 8-82 和图 8-83),未发生上壁板压缩试验件中在 1 号肋与上端面间破坏(见图 8-84 和图 8-85),主要是试验件类型的差异,如图 8-86 所示红色标示位置,1430 试验件长桁在端面处截面尺寸和刚度更大。

(3)三种类型试验件按照总体承载能力而言,承载能力由强到弱依次为 1420、1410、1430。按照单位截面面积承载能力,参照约试验件 1/4 位置截面,如图 8-87 所示,得到表

8-9,承载能力由强到弱依次为 1410、1420、1430,即 1410 类型试验件的结构设计实现了更强的单位面积承载能力。

表 8-9　三类试验件单位面积承载能力

试验件类型	载荷/ kN	截面面积/mm²	单位面积承载能力/MPa
1410	1 834.5	4 276.3	428.9
1420	2 069.5	5 362.3	385.9
1430	1 330.3	4 394.3	302.7

图 8-82　0 号肋与 1 号肋破坏图

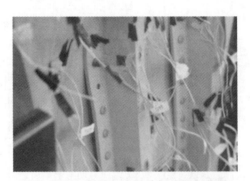

图 8-83　0 号肋与 1 号肋间破坏细节图

图 8-84　1 号肋上端破坏正面图

图 8-85　1 号肋上端破坏反面图

图 8-86　两种试验件端口对比

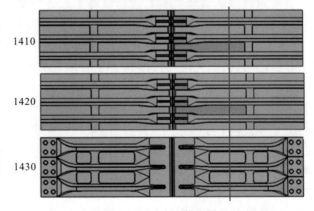

图 8-87　选取截面图

8.2.3　下壁板对接结构拉伸试验

1. 试验件

试验件示意图如图 8-88 所示,试验件总体尺寸和数量见表 8-10。

图 8-88　下壁板对接结构拉伸试验件示意图

表 8-10　下壁板对接结构拉伸试验件列表

试验件号	试验件图号	试验件长度/mm	试验件宽度/mm	试验件数量
2-1	SY_Y21-5720-1440-001	1660	465	3
2-2	SY_Y21-5720-1450-001	1660	465	3

2. 试验夹具及加载

通过试验夹具将试验件与试验机相连接,试验夹具和试验件连接如图 8-51 所示,图 8-51(a)(b)分别为试验件带长桁面下端刀口架和刀口,图 8-51(c)为上拉板,图8-51(d)为下底座,图 8-51(e)(f)分别为试验件夹具整体示意图和实体图。载荷方向沿试验件端头截面的形心。在试验过程中,为了模拟真实结构中 0 肋和 1 肋的约束作用,在 0 肋和 1 肋处设置夹具,如图 8-89 所示。

3. 应变片布置

所有试验件粘贴应变片。根据试验任务书要求和试验实际,确定应变测量点和应变片(单片和应变花)如图 8-90 所示,图中花片编号最后一位"*",0°方向(沿试验件长度方向)取 1,45°方向取 2,90°方向取 3。

每个试验件贴单片 44 个,花片 34 组。

加载端

夹持端

图 8-89　下壁板对接结构拉伸试验简支约束示意图

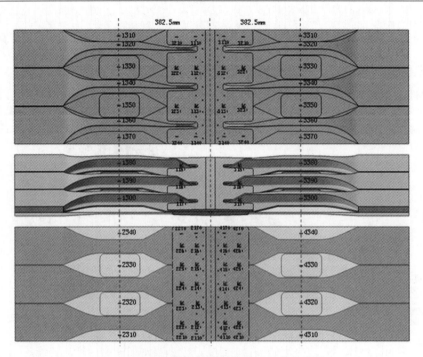

图 8-90　下壁板对接结构拉伸试验件贴片图

4. 试验方法

对于每个试验件,均进行试验载荷试验和破坏载荷试验,P 代表试验件的试验载荷。下壁板对接结构拉伸试验顺序如下:

(1)对试验件的初始状态进行全面的检查,记录初始缺陷和损伤。

(2)试验前按要求装好试验件,贴好应变片,连好应变测量装置并调零。

(3)把试验装置固定到试验机中,施加小载荷,连好位移测量装置。

(4)调试经甲方认可后,正式开始试验,逐级加载。

(5)在预加载过程中调整试验件的摆放位置和姿态,使试验载荷沿加载面均匀分布,防止载荷对试验件产生偏心弯矩。试验件的调整可根据预加载过程中应变片实际测量的应变值进行,通过调节试验件的摆放位置和姿态使试验件同一剖面上的应变值相近,确保载荷沿加载面均匀分布以及载荷轴线通过试验件的形心位置。

(6)试验采用分级加载方式加载:首先以 $5\%P$ 的级差加载至 $40\%P$,保持 3 s 后卸载,检查试验件、夹具、仪器。

(7)再以 $10\%P$ 的增量加载至 $67\%P$,然后以 $5\%P$ 级差加载到 100%,并保持 30 s,整个试验过程中应对试验件考核部位进行应变测量和详细记录,并观察有无破坏现象。

(8)若 100% 载荷仍未出现破坏,应继续以 1% 的级差进行加载,直到出现破坏为止,整个过程中应对试验件考核部位进行应变测量并详细记录。

(9)记录在整个加载过程中每个加载级差下应变片的应变值和位移传感器的测量值,并记录在结构进入破坏区域前、后结构上的各应变片处的测得的应变变化情况。通过位移传感器测量值,测量试验件破坏位置;记录发生破坏时的载荷值,监测试验件破坏位置及对应的载荷,各阶段均需拍照记录,整个试验过程需录像记录。

5. 夹具及其安装

图 8-91 为拉伸试验件夹具示意图,夹具主要包括上端两个拉伸夹板,下端两个底座,中间刀口、刀口架及立柱组成的模拟翼肋约束作用的夹具架。夹具设计中考虑了加载方向与试验件端头截面形心的关系,夹具安装中也要注意加载方向与试验件端面形心保持一致,同时注意试验件两侧的对称性。图 8-92 为拉伸试验夹具安装实体图。

　　拉伸夹板
拉伸试验件
　　立柱
刀口架
　　底座

图 8-91　拉伸试验件夹具示意图　　　　图 8-92　拉伸试验夹具安装实体图

图 8-93～图 8-95 为试验件安装细节图。试验件上端通过螺栓与拉伸夹板连接,下端通过螺栓与底座连接,底座通过螺栓与试验平台连接,注意刀口架与试验件不接触,仅刀口对试验件有约束作用,如图 8-95 所示。

图 8-93　试验件上端连接细节图　　　图 8-94　试验件下端连接细节图

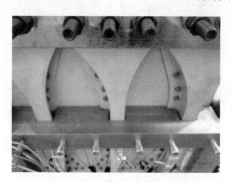

图 8-95　刀口架安装细节图

试验夹具质量大,螺栓多,安装复杂。

6. 调试及调试验件试验

调试在预加载过程中,利用应变仪测量应变片的应变值,检测试验件的对中性,避免试验件产生偏心弯矩。

以下壁板对接结构拉伸试验件(编号1440-1)为例来说明拉伸试验调试对称性和弯曲度的方法。图8-96为应变片布置图,调试试验时主要观察测点1310~测点1370、测点3310~测点3370、测点2310~测点2340及测点4310~测点4340的应变值。通过对比测点1310~测点1370与测点3310~测点3370的应变值,以及测点2310~测点2340与测点4310~测点4340的应变值可以判断试验件上下端载荷水平是否一致,如果不一致很可能是刀口架与试验件接触或是刀口与试验件之间太紧,使得加载端载荷未能通过试验件传到另一端。通过对比测点1310与测点1370、测点1320与测点1360、测点1330与测点1350、测点2310与2340、测点2320与2330可以判断试验件两侧载荷水平是否一致,如果不一致,某一侧很可能是刀口架与试验件接触或是刀口与试验件之间太紧。试验件另一端类似。对比正反面即测点1310~测点1370与测点2310~测点2340的应变值水平是否一致,如果不一致,很可能是刀口松紧程度未把握好,导致两面约束不同引起试验件弯曲。

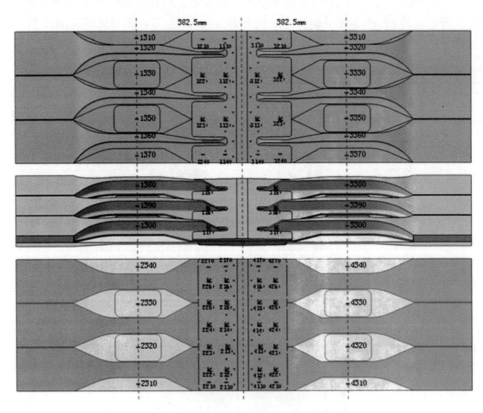

图8-96 1440-1拉伸试验件应变片布置图

图8-97为40%拉伸载荷时试验应变-载荷曲线,可以看到试验件应变-载荷曲线线性

特性明显,上、下应变基本一致,载荷传递正常。表 8-11 为 40％拉伸载荷时试验应变值对比,可以看到试验对称性良好。

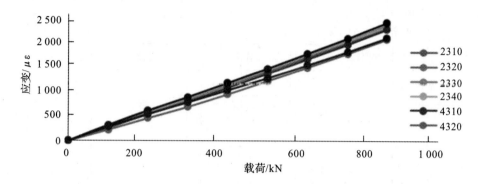

图 8-97　40％拉伸载荷时试验应变载荷-曲线

表 8-11　40％拉伸载荷时试验应变值对比

考察类型	对应应变片编号	应变值/$\mu\varepsilon$		最大相差百分比
上下对称性	1330/3330	1 952	1 947	5.6％
	1350/3350	2 041	2 055	
左右对称性	1310/1370	1 977	1 826	5.9％
	3310/3370	1 984	1 933	
前后对称性	1330/2320	1 952	2 090	7.1％
	3330/4320	2 041	2 110	

调试时发现:夹具刀口和刀口架起到约束翼肋的作用,实际安装过程中,刀口与试验件的松紧程度关系到试验件正反面所受约束的大小,能够对试验载荷产生较大影响,应予以重视。

措施:经与设计人员讨论认为刀口与试验件接触,刀口架不与试验件接触,安装时顶刀口的螺栓不要拧紧的状态是较好的,使支撑刀口在初始状态下刚刚与试验件表面接触,但不存在预压载荷;在刀口与试验件表面添加聚四氟乙烯薄膜和润滑油,以减少刀口与试验件摩擦。

拉伸试验工作量大,夹具复杂,考虑因素多,刀口的松紧程度不易把握,一般需要几轮调试,经设计人员同意后再进行正式试验。

7. 试验数据

在正式试验前与甲方对试验后期的载荷进行了细节的讨论,商定如下:先以 5％P 级差增至 40％P,保持 3 s 后逐级卸载;第二轮做 67％试验以 5％P 级差增至 65％P,再以 2％增量到 67％,保持 30 s 后逐级卸载检查仪器;最后破坏试验以 5％P 级差增至 65％P,再以 2％增量到 67％,再以 3％级差增至 70％,然后以 2％级差增至 90％,以 1％级差增至 100％,

保持 3 s,继续以 1%的级差加载直到破坏。图 8-98 为 1440 类型试验件加载载荷表。

静力拉伸试验 1 440 试验件加载信息

$P = 210 \text{ t} = 2\,100 \text{ kN}$

1. 以 5%P 级差增至 40%P,保持 3 s 后逐级卸载

序号	百分比	实际载荷/kN	备注
1	0%	0	
2	5%	105	
3	10%	210	
4	15%	315	
5	20%	420	$\Delta = 5\%$
6	25%	525	
7	30%	630	
8	35%	735	
9	40%	840	
保持 3 s 后逐级卸载,检查仪器、应变等			

(a)

2. 以 5%P 级差增至 65%P,再以 2%增量到 67%,保持 30 s 后逐级卸载检查仪器

序号	百分比	实际载荷/kN	备注
1	0%	0	
2	5%	105	
3	10%	210	
4	15%	315	
5	20%	420	
6	25%	525	
7	30%	630	
8	35%	735	$\Delta = 5\%$
9	40%	840	
10	45%	945	
11	50%	1 050	
12	55%	1 155	
13	60%	1 260	
14	65%	1 365	
15	67%	1 407	$\Delta = 2\%$
保持 30 s 后逐级卸载,检查试验件、仪器			

(b)

续图 8-98　1440 类型试验件加载载荷表

3. 以 5%P 级差增至 65%P，再以 2% 增量到 67%，再以 3% 级差增至 70%，然后以 2% 级差增至 90%，以 1% 级差增至 100%，保持 3 s，继续以 1% 的级差加载直到破坏。

序号	百分比	实际载荷/kN	备注	序号	百分比	实际载荷/kN	备注	序号	百分比	实际载荷/kN	备注	序号	百分比	实际载荷/kN	备注
1	0%	0		26	90%	1 890		51	115%	2 415		80	144%	3 024	
2	5%	105		27	91%	1 911		52	116%	2 436		81	145%	3 045	
3	10%	210		28	92%	1 932		53	117%	2 457		82	146%	3 066	
4	15%	315		29	93%	1 953		54	118%	2 478		83	147%	3 087	
5	20%	420		30	94%	1 974		55	119%	2 499		84	148%	3 108	
6	25%	525		31	95%	1 995		56	120%	2 520		85	149%	3 129	
7	30%	630	Δ=5%	32	96%	2 016		57	121%	2 641		86	150%	3 160	
8	35%	735		33	97%	2 037		58	122%	2 562		87	151%	3 171	
9	40%	840		34	98%	2 058		59	123%	2 583		88	152%	3 192	
10	45%	945		35	99%	2 079		60	124%	2 604		89	153%	3 213	
11	50%	1 050		36	100%	2 100		61	125%	2 625		90	154%	3 234	
12	55%	1 155		37	101%	2 121		62	126%	2 646		91	155%	3 255	
13	60%	1 260		38	102%	2 142	Δ=1%	63	127%	2 667		92	156%	3 276	
14	65%	1 365	Δ=2%	39	103%	2 163		64	128%	2 688		93	157%	3 297	
15	67%	1 407	Δ=3%	40	104%	2 184		65	129%	2 709	Δ=1%	94	158%	3 318	
16	70%	1 407		41	105%	2 205		66	130%	2 730		95	159%	3 339	
17	72%	1 512		42	106%	2 226		67	131%	2 751		96	160%	3 360	
18	74%	1 554		43	107%	2 247		68	132%	2 772		97	161%	3 381	
19	76%	1 596		44	108%	2 268		69	133%	2 793		98	162%	3 402	
20	78%	1 638	Δ=2%	45	109%	2 289		70	134%	2 614		99	163%	3 423	
21	80%	1 680		46	110%	2 310		71	135%	2 835		100	164%	3 444	
22	82%	1 722		47	111%	2 331		72	136%	2 856		101	165%	3 465	
23	84%	1 764		48	112%	2 352		73	137%	2 877		102	166%	3 486	
24	86%	18 06		49	113%	2 373		74	138%	2 898		103	167%	3 507	
25	88%	1 848		50	114%	2 394		75	139%	2 919		104	168%	3 528	
								76	140%	2 940		105	169%	3 549	
								77	141%	2 961		106	170%	3 570	
								78	142%	2 982		107	171%	3 591	
								79	143%	3 003		108	172%	3 612	

续图 8-98　1440 类型试验件加载载荷表

序号	百分比	实际载荷/kN	备注	序号	百分比	实际载荷/kN	备注
109	173%	3 633					
110	174%	3 654					
111	175%	3 675					
112	176%	3 696					
113	177%	3 717					
114	178%	3 738					
115	179%	3 759					
116	180%	3 780					
117	181%	3 801					
118	182%	3 822					
119	183%	3 843					
120	184%	3 864					
121	185%	3 885					
122	186%	3 906	$\Delta=1\%$				
123	187%	3 927					
124	188%	3 948					
125	189%	3 969					
126	190%	3 990					
127	191%	4 011					
128	192%	4 032					
129	193%	4 053					
130	194%	4 074					
131	195%	4 095					
132	196%	4 116					
133	197%	4 137					
134	198%	4 158					
135	199%	4 179					
136	200%	4 200					

续图 8-98 1440 类型试验件加载载荷表

按照预定加载载荷表进行破坏试验,加载载荷表、试验机加载记录及采集应变数据见附件中试验数据。选取部分应变点输出图 8-99 所示 1440-1 破坏试验应变-载荷曲线,图 8-100 为 1440-1 破坏试验载荷-位移曲线,对应破坏载荷为 1 890 kN。图 8-101 为下壁板对接结构拉伸试验现场图。

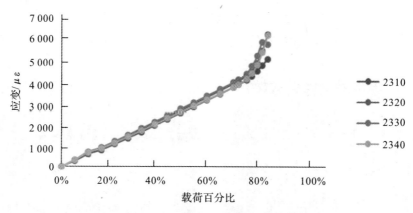

图 8 - 99　1440 - 1 破坏试验应变-载荷曲线

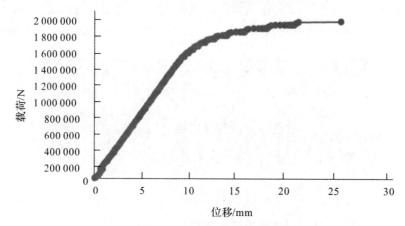

图 8 - 100　1440 - 1 破坏试验载荷-位移曲线

图 8 - 101　下壁板对接结构拉伸试验现场图

8．试验结果

下壁板对接结构拉伸试验破坏出现在两类位置：有三件试验件在上端或下端第四排铆钉截面处破坏，如图 8－102 所示，另有三件试验件在上端或下端长桁变截面位置处破坏，如图 8－102～图 8－104 所示。

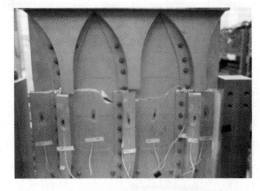

图 8－102　破坏情形情形 1

图 8－103　破坏情形 2 正面图

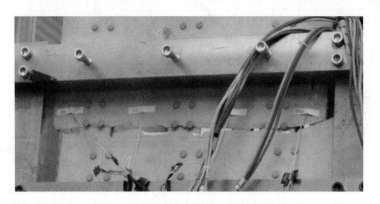

图 8－104　破坏情形 2 反面图

图 8－105～图 8－110 为对接结构拉伸试验每一件试验件破坏图，表 8－12 为下壁板对接结构拉伸试验破坏载荷统计。

图 8－105　1440－1 试验件破坏图

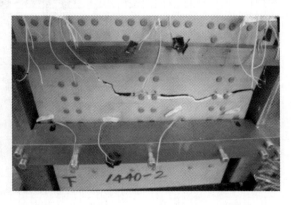

图 8－106　1440－2 试验件破坏图

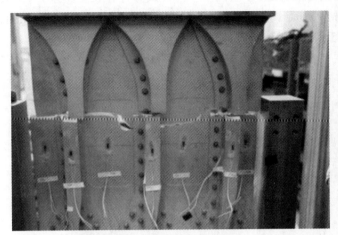
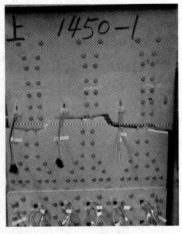

图 8-107　1440-3 试验件破坏图　　　　图 8-108　1450-1 试验件破坏图

图 8-109　1450-2 试验件破坏图　　　　图 8-110　1450-3 试验件破坏图

表 8-12　下壁板对接结构拉伸试验破坏载荷统计

测试类型	试验件编号	破坏位置	破坏载荷/kN	均值/kN
1440	1440-1	上端第四排铆钉截面处	1 890	1 888.7
	1440-2	下端长桁变截面处	1 890	
	1440-3	上端第四排铆钉截面处	1 886	
1450	1450-1	上端长桁变截面处	2 288	2 285.3
	1450-2	上端长桁变截面处	2288	
	1450-3	下端第四排铆钉截面处	2 280	

9. 结果分析

(1)对接结构拉伸试验设计人员一直在现场陪同指导,试验方法和过程规范、可靠,试验结果具有参考性。

（2）两种类型试验件拉伸破坏载荷值稳定，分散性小。两种试验件存在类型差异，例如 1450 试验件壁板厚度为 8 mm，长桁平行面厚度为 6.3 mm，1440 试验件壁板厚度为 6.5 mm，长桁平行面厚度为 5 mm，这就导致两种类型试验件破坏载荷存在差异性。

（3）两种情形的破坏位置均在壁板凹坑边缘或长桁变截面附近，图 8－111 和图 8－112 为两种破坏情形细节图，这些位置截面面积变化，存在应力集中，容易发生破坏。

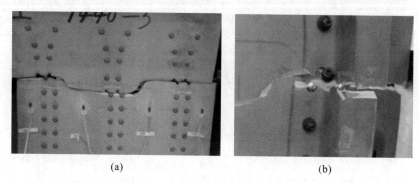

图 8－111　第四排铆钉截面破坏细节图

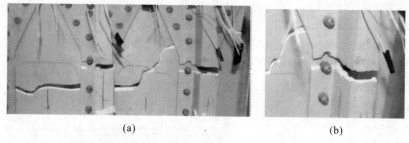

图 8－112　长桁变截面破坏细节图

8.2.4　试验结论

左右机翼对接静力试验分为 3 项，即上壁板对接结构压缩试验、下壁板对接结构拉伸试验，对应的试验件数量分别为 6 件、6 件和 3 件。

6 件下壁板对接结构拉伸试验件中，有三件试验件在上端或下端第四排铆钉截面处破坏，另三件试验件在 0 号肋与 1 号肋间长桁变截面位置处破坏。6 件上壁板对接结构压缩试验件中，有 3 件在 0 号肋与 1 号肋之间破坏，另三件在端面与 1 号肋之间破坏。3 件下壁板对接结构压缩试验件均在在 0 号肋与 1 号肋之间破坏。静力试验具体破坏载荷与破坏位置见表 8－13。

表 8－13　左右机翼对接静力试验破坏载荷及位置表

测试类型	试验件编号	破坏载荷/kN	破坏位置
上壁板静力压缩	1410－1	1 427	上端 0 号肋与 1 号肋之间
上壁板静力压缩	1410－2	1 860	下端 0 号肋与 1 号肋之间
上壁板静力压缩	1410－3	1 809	上端 1 号肋与上端面之间

续 表

测试类型	试验件编号	破坏载荷/kN	破坏位置
上壁板静力压缩	1420 - 1	2 310	上端 1 号肋与上端面之间
上壁板静力压缩	1420 - 2	2 108	上端 1 号肋与上端面之间
上壁板静力压缩	1420 - 3	2 031	上端 0 号肋与 1 号肋之间
下壁板静力压缩	1130 - 1	1 372	上端 0 号肋与 1 号肋之间
下壁板静力压缩	1430 - 2	1 338	上端 0 号肋与 1 号肋之间
下壁板静力压缩	1430 - 3	1 281	下端 0 号肋与 1 号肋之间
下壁板静力拉伸	1440 - 1	1 890	上端第四排铆钉截面处
下壁板静力拉伸	1440 - 2	1 890	下端长桁变截面处
下壁板静力拉伸	1440 - 3	1 886	上端第四排铆钉截面处
下壁板静力拉伸	1450 - 1	2 288	上端长桁变截面处
下壁板静力拉伸	1450 - 2	2 288	上端长桁变截面处
下壁板静力拉伸	1450 - 3	2 280	下端第四排铆钉截面处

8.3 机翼下壁板对接疲劳试验

8.3.1 概述

1. 试验目的

(1)摸索机翼下壁板对接处疲劳性能,充分暴露疲劳细节薄弱部位;

(2)验证机翼下壁板对接结构疲劳寿命计算方法;

(3)预计全机疲劳试验中该部位的破坏模式,降低全尺寸试验风险。

2. 试验件

机翼下壁板对接疲劳试验可分为元件级疲劳试验和壁板级疲劳试验。

(1)元件级试验件。元件级疲劳试验件共分 2 组试验件,分别命名为试验件 I 和试验件 II,每组均为 10 件,共 20 件。试验件简图如图 8 - 113 和图 8 - 114 所示。

图 8 - 113 元件级疲劳试验件 I

图 8 - 114 元件级疲劳试验件 II

(2)壁板级试验件。壁板级疲劳试验件共 3 件。试验件简图如图 8 - 115 所示。

图 8 - 115　壁板级疲劳试验件

3．试验夹具及加载

元件级疲劳试验件直接利用 INSTRON 8803 疲劳试验机夹头夹持，夹头一端固定，另一端加载，如图 8 - 116 所示。

(a)　　　　　　　　　　　　　　　　(b)

图 8 - 116　元件级疲劳试验件加载图

壁板级疲劳试验用试验夹具固定，然后将夹具与十六点协调加载系统固定，一端固定，另一端通过作动筒施加试验载荷谱。每一端夹具由完全相同的两块夹板构成，夹板和加载图分别如图 8 - 117～图 8 - 119 所示。

图 8 - 117　夹板　　　　　　　图 8 - 118　加载示意图　　　　　图 8 - 119　壁板级疲劳试验现场图

4．粘贴应变片

对所有试验件粘贴应变片，应变片以 2 位字母＋2 位数字组合来表示。编号规则为：试验件两面以 A 和 B 区分，对称线两边以 Z 和 Y 区分，数字表示顺序号。元件级疲劳试验件 Ⅰ 共布置应变片 68 片，均为单片，分别为 AZ01～AZ17、AY01～AY17、BZ01～BZ17 和 BY01～BY17。元件级疲劳试验件 Ⅱ 共布置应变片 56 片，均为单片，分别为 AZ18～AZ31、

AY18～AY31、BZ18～BZ31 和 BY18～BY31。

根据试验任务书要求和试验实际,元件级疲劳试验件Ⅰ和元件级疲劳试验件Ⅱ的应变片布置图分别如图 8-120 和图 8-121 所示,壁板级疲劳试验件应变片布置如图 8-122 所示。

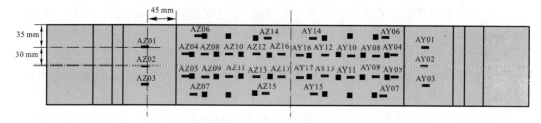

图 8-120 元件级疲劳试验件 Ⅰ 应变片布置图

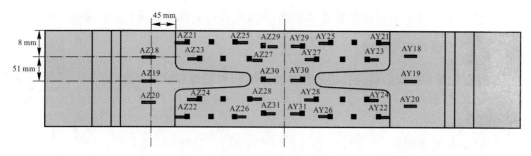

图 8-121 元件级疲劳试验件 Ⅱ 应变片布置图

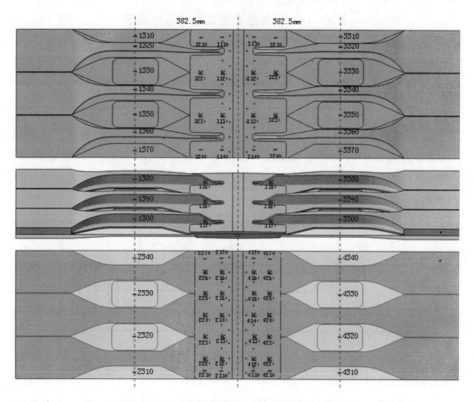

图 8-122 壁板级疲劳试验件应变片布置图

5. 试验载荷谱

该项试验采用等幅载荷谱,试验载荷通过调节壁板上的应力来控制,壁板应力为真实结构应力水平。

疲劳试验载荷谱根据真实结构所受的载荷谱,经过等损伤折算,形成等效的等幅谱;调试试验件最大应力为 127 MPa,应力比 $R = 0.06$。

试验中,以参考应变布置图 8 - 119 中的 AZ01~AZ03 和图 8 - 120 中的 AZ18~AZ20 的应变数据来确定试验载荷,应变片位置材料的弹性模量 $E = 73$ GPa,峰值应力控制在 127 MPa,则对应位置的应变应该在 1 740 $\mu\varepsilon$。注意以下两方面:

(1)在正式试验前进行试验调试,利用小载荷测量应变片并记录,确保试验加载没有偏心。

(2)无论元件级试验还是壁板级试验件,均按各自试验载荷谱逐件进行疲劳试验。

8.3.2 元件级疲劳试验

机翼下壁板对接疲劳试验分为元件级疲劳试验和壁板级疲劳试验。其中,元件级疲劳试验有两类,分别为元件级疲劳试验件Ⅰ和元件级疲劳试验件Ⅱ,每一类有 10 件,共 20 件;壁板级疲劳试验件有三件。

1. 试验件尺寸测量

元件级疲劳试验件尺寸信息见表 8 - 14。

表 8 - 14 元件级疲劳试验件尺寸信息

试验件类型	长度/mm	宽度/mm	厚度(外/中/端口)/mm
试验件Ⅰ	800	130	5/7/14
试验件Ⅱ	800	158	5/7/14

试验之前需要观察试验件表面是否有破损、划伤,测量试验件实际尺寸。考虑到参考应力区重要性,重点测量中间板靠近试验件对称线水平段(见图 8 - 123 所示位置)水平面间距离,即参考应力区板的厚度,并记录在试验信息表。机翼下壁板对接疲劳元件级试验件记录信息表见附件。

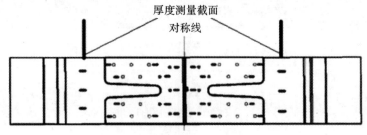

图 8 - 123 参考应力区板的厚度测量位置

2. 试验调试

调试试验选取了元件级疲劳试验件Ⅱ,试验件如图 8 - 124 所示,选取的试验件及对应编号等信息见表 8 - 15。其中,上、下端依据试验机加持端而定,将在试验机上端加持的一端作为试验件上端,将下端的加持一端作为下端。

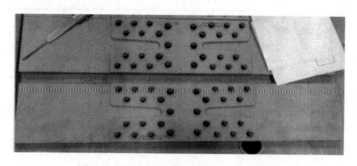

图 8 - 124　元件级疲劳试验件 Ⅱ 实体图

表 8 - 15　元件级调试试验件编号及尺寸信息

序号	试验件编号	上端		下端		试验件长度/mm
		宽度/mm	厚度/mm	宽度/mm	厚度/mm	
1	Ⅱ - 007	158.00	7.14	158.00	7.10	800.0
2	Ⅱ - 008	158.00	7.00	158.00	7.06	800.0
3	Ⅱ - 009	158.00	7.00	158.00	7.10	800.0
4	Ⅱ - 010	158.00	7.10	158.00	7.10	800.0

3. 弯曲度对中性分析

调试是指在预加载过程中,利用应变测量装置测量应变片的应变值,检测试验件的对中性,避免试验件产生偏心弯矩。现以第一件试验件为例说明调试试验和正式试验中分析试验件弯曲度和对中性的过程。图 8 - 125 为试验件应变片布置,黑色为正面应变片编号,红色为反面应变片编号。根据工程需求,可对试验件应变片进行减片处理,图 8 - 126 为减片后的应变片布置图。

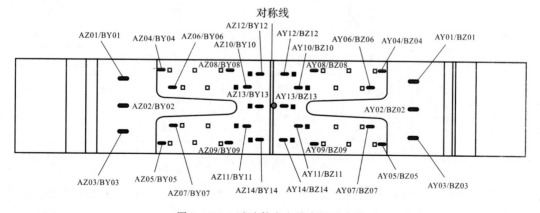

图 8 - 125　试验件应变片布置示意图

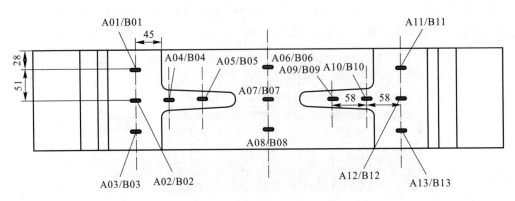

图 8 - 126   减片后应变片布置示意图

安装调试中,先进行小载荷调试,消除螺栓安装间隙。将载荷加到 30 kN 后,三次测量取平均值得到各个位置应变片应变值,见表 8 - 16。

表 8 - 16   载荷为 30 kN 时测得的应变值

编号	应变值 $\mu\varepsilon$	编号	应变值 $\mu\varepsilon$	编号	应变值 $\mu\varepsilon$	编号	应变值 $\mu\varepsilon$
AZ01	364.39	AY01	367.12	BY01	376.22	BZ01	354.08
AZ02	363.78	AY02	369.24	BY02	368.03	BZ02	351.35
AZ03	351.07	AY03	358.02	BY03	363.48	BZ03	347.41
AZ04	0.00	AY04	33.94	BY04	−9.39	BZ04	0.00
AZ05	−6.36	AY05	30.61	BY05	−10.91	BZ05	0.00
AZ06	−1.82	AY06	4.85	BY06	37.88	BZ06	17.27
AZ07	−6.66	AY07	22.43	BY07	13.63	BZ07	15.76
AZ08	160.03	AY08	180.34	BY08	153.05	BZ08	140.02
AZ09	142.75	AY09	171.25	BY09	139.42	BZ09	140.02
AZ10	178.22	AY10	218.84	BY10	171.24	BZ10	183.06
AZ11	194.89	AY11	208.23	BY11	182.76	BZ11	180.64
AZ12	266.44	AY12	274.63	BY12	258.56	BZ12	259.47
AZ13	218.23	AY13	217.93	BY13	239.76	BZ13	237.94
AZ14	267.96	AY14	272.51	BY14	245.52	BZ14	246.13

测量应变值最大的应变片位于试验件正反面上下端,即测量应变值最大区域位于靠近试验件端口的应变片截面,如图 8 - 127 所示。正式试验之前将载荷加到 140 kN 测量各个

位置应变片应变值,得到上下端应变片应变-载荷曲线如图 8-128 和图 8-129 所示。

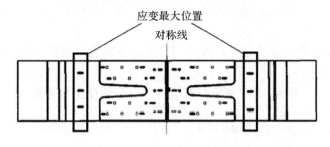

图 8-127 应变最大位置

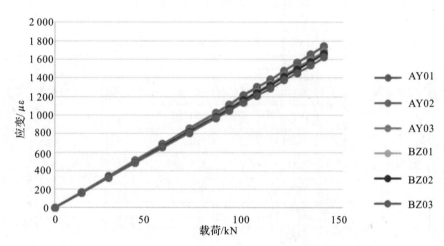

图 8-128 第一件试验件上端应变-载荷曲线

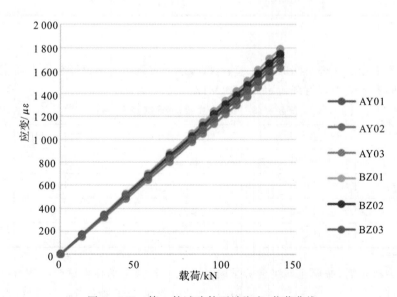

图 8-129 第一件试验件下端应变-载荷曲线

测试数据充分证明,第一件试验件应变-载荷曲线线性特性明显,上端两个面的应变平均值相差百分比为 4.4%(对应应变片编号为 AY01-03 和 BZ01-03),下端两个面的应变平均值相差百分比为 2.4%(对应应变片编号为 AZ01-03 和 BY01-03),弯曲度满足试验要求。

表 8-17 为第一件试验件参考区域的应变值相差值表。测试数据充分证明,试验应力分布均匀,对中度良好。

表 8-17　第一件试验件参考区域应变相差值

序号	区域	对应应变片编号	应变值/με	三个应变间最大相差百分比
1	正面左端	AZ01	1 744.25	3.20%
		AZ02	1 714.14	
		AZ03	1 691.87	
2	正面右端	AY01	1 744.25	3.40%
		AY02	1 745.16	
		AY03	1 688.59	
3	反面左端	BZ01	1 663.04	0.90%
		BZ02	1 663.95	
		BZ03	1 678.33	
4	反面右端	BY01	1 728.06	4.25
		BY02	1 746.07	
		BY03	1 676.72	

4．试验结果

调试试验采用了四种不同的应力水平,试验结果见表 8-18。经与甲方商定,将最终元件级疲劳试验参考应力峰值载荷定为 170 MPa。

表 8-18　调试试验载荷信息汇总

试验件编号	最大载荷/kN	最小载荷/kN	参考应力/MPa	循环数
Ⅱ-007	140.467	8.428	127	1 000 368
Ⅱ-008	210	12.6	190	174 855
Ⅱ-009	168.560 4	10.113 6	151	507 265
Ⅱ-010	185.4	11.124	167	1 012 286

参考应力确定后,按照元件级疲劳试验的方法进行余下的疲劳试验。图 8-130 为元件级疲劳试验现场图。图 8-131~图 8-133 为元件级疲劳试验件Ⅰ的不同位置破坏照片。其中有 6 件为中间板的最上排或最下排铆钉截面破坏,如图 8-131 所示,有 4 件为外侧板中间排铆钉截面破坏,如图 8-132 所示;元件级疲劳试验件Ⅱ均为中间板的最上排或最下

排铆钉截面破坏,如图 8-133 所示。

图 8-130　元件级疲劳试验现场图

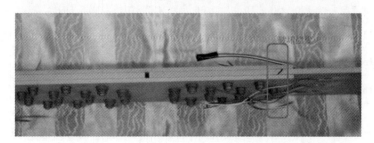

图 8-131　元件级疲劳试验件 I 破坏情形 1

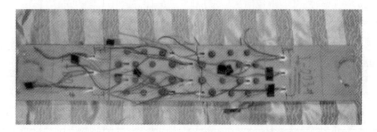

图 8-132　元件级疲劳试验件 I 破坏情形 2

图 8-133　元件级疲劳试验件 II 破坏情形

表 8-19 为元件级疲劳试验载荷与循环数汇总表,其中试验件Ⅱ-007～试验件Ⅱ-010 为元件级疲劳试验载荷调试试验件。给出性能的 B 基准值,即在 95% 的置信度下,90% 的性能数据的值高于此值,计算方法详见附录,下文同此。

表 8-19 元件级疲劳试验载荷与循环数汇总表

试验件编号	最大载荷/kN	参考应力/MPa	频率/Hz	R	循环数	取对数	均值	B 值
Ⅰ-001	154.7	170	10	0.06	866 736	5.938		
Ⅰ-002	154.7	170	10	0.06	252 599	5.402		
Ⅰ-003	154.7	170	10	0.06	376 667	5.576		
Ⅰ-004	154.7	170	10	0.06	484 829	5.686		
Ⅰ-005	154.7	170	10	0.06	333 023	5.522	441 016	232 817
Ⅰ-006	154.7	170	10	0.06	389 361	5.590		
Ⅰ-007	154.7	170	10	0.06	389 361	5.590		
Ⅰ-008	154.7	170	10	0.06	501 850	5.701		
Ⅰ-009	154.7	170	10	0.06	437 870	5.641		
Ⅰ-010	154.7	170	10	0.06	377 865	5.577		
Ⅱ-001	188	170	10	0.06	301 277	5.479		
Ⅱ-002	188	170	10	0.06	593 775	5.774		
Ⅱ-003	188	170	10	0.06	1 015 439	6.007	676 956	244 465
Ⅱ-004	188	170	10	0.06	554 272	5.744		
Ⅱ-005	188	170	10	0.06	570 633	5.756		
Ⅱ-006	188	170	10	0.06	1 026 341	6.011		
Ⅱ-007	140.467	127	10	0.06	1 000 368	—	—	—
Ⅱ-008	210	190	10	0.06	174 855	—	—	—
Ⅱ-009	168.560	151	10	0.06	507 265	—	—	—
Ⅱ-010	185.4	167	10	0.06	1 012 286	—	—	—

5. 结果分析

(1)试验件经检查无明显缺陷,试验方法和过程规范、可靠,结果具有参考性。试验件Ⅰ和试验件Ⅱ参考应力相同,每种类型试验件的循环数相差较大。总体来讲,在该参考应力下,每件试验件疲劳循环数都在 18 万以上,相比之下试验件Ⅱ的疲劳寿命更长。

(2)试验件Ⅰ破坏位置有两种情形:有 6 件为中间板外侧第一排铆钉破坏,有 4 件为两侧连接板中间铆钉破坏。按照试验件形式,中间板铆钉承载一般是由外至内逐渐减弱,而外侧连接板上的应力由外至内逐渐增强,承担载荷增大,导致连接板中间位置破坏危险性增加。试验件Ⅰ连接板内外侧铆钉数量、布置一致,随着外侧连接板靠近中间区域承载增大,该区域铆钉应力接近最大应力点,即中间板第一排铆钉位置。对比之下,试验件Ⅱ的两侧连接板中间区域强度更强,布置 3 个铆钉分载,结构形式更加有利于承受疲劳载荷。试验只有一种破坏情形,即应力最大的第一排铆钉处破坏,甚至有试验件疲劳循环数到达 100 万未破坏的。

8.3.3　壁板级疲劳试验

1. 试验夹具

壁板级疲劳试验与元件级疲劳试验类似,试验前先检查试验件表面,按照疲劳试验方法进行,不同的是壁板级疲劳试验件尺寸大,需配套试验夹具。图 8-134 为壁板级疲劳试验现场图,夹具在 8.2.3 节中已简单介绍,试验件与两端夹板通过螺栓连接,两端夹板分别通过销子与试验机作动筒和试验架底部连接,正式试验时考虑到周围安全问题,设置了防护梁和防护网。

图 8-134　壁板级疲劳试验现场图

2. 试验载荷

试验采用等幅载荷谱,试验载荷通过调节壁板上的应力来控制,壁板应力为真实结构应力水平。

考虑到元件级疲劳试验的结果,与甲方商定壁板级疲劳试验载荷参考应力为 127 MPa,应力比 $R=0.06$。

3. 对中性分析

在预加载过程中,利用应变仪测量应变片的应变值,检测试验件的对中性,避免试验件产生偏心弯矩。图 8-135 和图 8-136 分别为不同区域拉伸到试验峰值过程的应变-载荷曲线,表 8-20 为拉伸到试验峰值部分测点应变值,表 8-21 为试验件应变值对比。可以看到,试验件应变-载荷曲线线性特性明显,上、下应变基本一致,载荷传递正常,对称性良好。

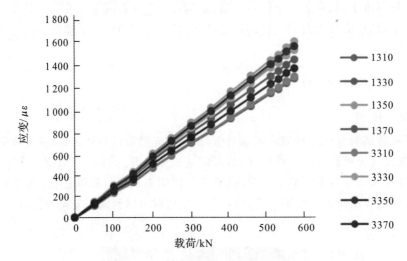

图 8-135　上下端应变-载荷曲线

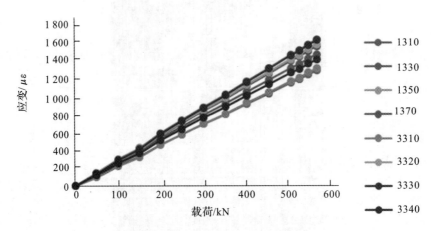

图 8-136　正反面应变-载荷曲线

表 8-20　峰值载荷下部分测点应变值

编号	应变值 $\mu\varepsilon$	编号	应变值 $\mu\varepsilon$	编号	应变值 $\mu\varepsilon$
1310	1 245.05	3310	1 263.96	2310	1 266.27
1330	1 507.21	3330	1 503.6	2320	1 527.03
1350	1 578.38	3350	1 538.74	2330	1 575.68
1370	1 416.22	3370	1 338.74	2340	1 362.59

表 8 - 21　试验应变值对比

考察类型	对应应变片编号	应变值/$\mu\varepsilon$		最大相差百分比
上下对称性	1330/3330	1 507.21	1 503.6	2.6%
	1350/3350	1 578.38	1 538.74	
左右对称性	1310/1370	1 266.44	1 362.59	7.1%
	3310/3370	1 263.96	1 338.74	
前后面对称性	1330/2320	1 507.21	1 527.03	1.7%
	1350/2330	1 578.38	1 575.68	

4. 试验结果

三件试验件疲劳破坏位置出现了两种情形:有两件试验件为长桁变截面位置破坏,有一件试验件为长桁与中间板连接处破坏。图 8 - 137～图 8 - 139 为三件试验件破坏图。表 8 - 23 为壁板级疲劳试验载荷与循环数汇总表,其中给出性能的 B 基准值,即在 95% 的置信度下,90% 的性能数据的值高于此值,计算方法如下:

B 基准值

本报告假设非结构型数据集来自正态分布,其 B 基准值为

$$B = \bar{x} - k_B s$$

式中:$\bar{x}$ 为样本平均值;s 为样本标准差。k_B 为表 8 - 22 中的正态分布单侧 B 基准值容限系数。循环数按照取对数后计算,考虑到疲劳实际意义,对于大于 60 万以上循环数,按照 60 万计。

 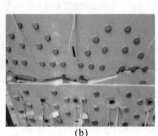  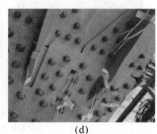

(a)　　　　　　　(b)　　　　　　　(c)　　　　　　　(d)

图 8 - 137　1210 - 1 试验件破坏图

表 8 - 22　正态分布单侧 B 基准值容限系数 k_B

n	3	4	5	6	7	8	9	10	11	12
k_B	6.157	4.163	3.408	3.007	2.756	2.583	2.454	2.355	2.276	2.211
n	13	14	15	16	17	18	19	20	21	22
k_B	2.156	2.109	2.069	2.034	2.002	1.974	1.949	1.927	1.906	1.887
n	23	24	25	26	27	28	29	30	31	32

续表

n	3	4	5	6	7	8	9	10	11	12
k_B	1.870	1.854	1.839	1.825	1.812	1.800	1.789	1.778	1.768	1.758
n	33	34	35	36	37	38	39	40	41	42
k_B	1.749	1.741	1.733	1.725	1.718	1.711	1.704	1.698	1.692	1.686

 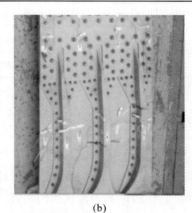

(a)　　　　　　　　　　　　　　(b)

图 8 - 138　1210 - 2 试验件破坏图

 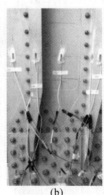 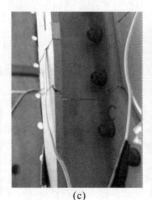 

(a)　　　　　　(b)　　　　　　(c)　　　　　　(d)

图 8 - 139　1210 - 3 试验件破坏图

表 8 - 23　壁板级疲劳试验载荷与循环数汇总表

试验件编号	P_{max}/kN	参考应力/MPa	R	频率/Hz	循环数	取对数	均值	B 值
1210 - 1	570	127	0.06	0.8	286 237	5.457		
1210 - 2	570	127	0.06	0.8	206 664	5.315	250 871	212 562
1210 - 3	570	127	0.06	0.8	259 713	5.414		

5. 结果分析

(1)壁板级疲劳试验循环数均在 18 万以上,均值寿命为 250 871 次循环,试验件疲劳寿命稳定,分散性小。

(2)试验件经检查无明显缺陷,试验方法和过程规范、可靠,结果具有参考性。有两种破坏位置:第一种为长桁变截面位置破坏,有 2 件试验件为此种破坏,该处截面面积变化,存在应力集中,是容易发生疲劳破坏位置。第二种为在长桁与中间板连接处破坏,有 1 件试验件为此种破坏,观察破坏位置可以发现,其为方便壁板对接,不出现图 8-140 的在外侧板打边缘孔情况,而是在红色标示位置打沉头铆钉。沉头铆钉削弱了壁板强度,增强了此处破坏的危险性。图 8-141 为破坏位置细节图。

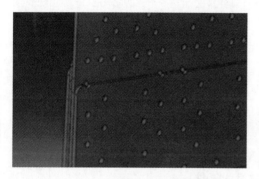

图 8-140　外侧板打边缘孔示意图

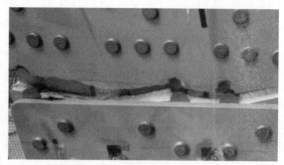

图 8-141　连接区破坏细节图

(3)对比元件级疲劳试验,壁板级疲劳试验参考应力更小,疲劳稳定性更好,疲劳寿命稍小,但均在 18 万次循环以上。结构设计偏向元件级 Ⅱ 的结构形式,外侧对接板中间区域强度大,分载铆钉数量多,承受疲劳载荷能力强,如图 8-142～8-145 所示,并见表 8-24。

图 8-142　7-2 试验件破坏图

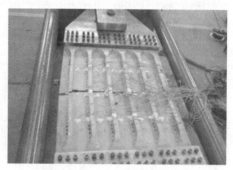

图 8-143　6-1 试验件破坏图

图 8-144　6-2 试验件破坏图

图 8-145　6-3 试验件破坏图

表 8-24　下壁板损伤容限试验裂纹扩展信息和剩余强度载荷统计

试验件编号	最大载荷/kN	最小载荷/kN	裂纹长度/mm		循环数	剩余强度/kN
			左边	右边		
6-1	1 125.2	67.51	67.0	58.5	28 600	2 894
6-2	1 125.2	67.51	70.0	59.5	32 200	2 865
6-3	1 125.2	67.51	69.0	57.0	29 500	2 832
7-1	1 313.1	78.79	146.0	147.5	42 798	2 769
7-2	1 313.1	78.79	146.0	145.0	39 422	2 826
7-3	1 313.1	78.79	146.0	148.0	42 500	2 810

6. 试验结论

机翼下壁板对接疲劳试验分为元件级和壁板级。其中,元件级疲劳试验有两类试验件,即Ⅰ和Ⅱ,每类各10件,共20件;壁板级试验件数量为三件。

10件元件级Ⅰ试验件有6件为中间板的最上排或最下排铆钉截面破坏,另4件为外侧板中间铆钉截面破坏。10件元件级Ⅱ试验件有7件在中间板的最上排或最下排铆钉截面破坏,另3件疲劳循环数达到100万以上未发生破坏,考虑到继续疲劳试验意义不大,因此商定停止试验。元件级疲劳试验疲劳结果见表 8-25,其中试验件Ⅱ-007~试验件Ⅱ-010为试载试验件。其中,给出性能的 B 基准值,即在95%的置信度下,90%的性能数据的值高于此值,计算方法详见附录。

表 8-25　元件级疲劳试验结果

试验件编号	最大载荷/kN	参考应力/MPa	破坏位置	循环数	B 值
Ⅰ-001	154.7	170	外侧板中间下排铆钉处	866 736	
Ⅰ-002	154.7	170	外侧板中间上排铆钉处	252 599	
Ⅰ-003	154.7	170	外侧板中间上排铆钉处	376 667	
Ⅰ-004	154.7	170	中间板最下排铆钉处	484 829	
Ⅰ-005	154.7	170	外侧板中间上排铆钉处	333 023	232 817
Ⅰ-006	154.7	170	中间板最上排铆钉处	389 361	
Ⅰ-007	154.7	170	中间板最下排铆钉处	389 361	
Ⅰ-008	154.7	170	中间板最上排铆钉处	501 850	
Ⅰ-009	154.7	170	中间板最上排铆钉处	437 870	
Ⅰ-010	154.7	170	中间板最上排铆钉处	377 865	

续表

试验件编号	最大载荷/kN	参考应力/MPa	破坏位置	循环数	B 值
Ⅱ-001	188	170	中间板最下排铆钉处	301 277	
Ⅱ-002	188	170	中间板最下排铆钉处	593 775	
Ⅱ-003	188	170	未破坏	1 015 439	
Ⅱ-004	188	170	中间板最上排铆钉处	554 272	244 465
Ⅱ-005	188	170	中间板最下排铆钉处	570 633	
Ⅱ-006	188	170	未破坏	1 026 341	
Ⅱ-007	140.467	127	中间板最下排铆钉处	1 000 368	—
Ⅱ-008	210	190	中间板最下排铆钉处	174 855	—
Ⅱ-009	168.5604	151	中间板最上排铆钉处	507 265	—
Ⅱ-010	185.4	167	未破坏	1 012 286	—

　　3 件壁板级疲劳试验件中有 2 件在长桁变截面位置破坏,另 1 件在长桁与中间板连接处破坏。壁板级疲劳试验疲劳结果见表 8-26。

表 8-26　壁板级疲劳试验结果

试验件编号	最大载荷/kN	参考应力/MPa	破坏位置	循环数	B 值
1210-1	570	127	长桁与中间板连接处	286 237	
1210-2	570	127	长桁变截面处	206 664	212 562
1210-3	570	127	长桁变截面处	259 713	

参 考 文 献

[1] 卢智先. 材料力学实验[M]. 北京:机械工业出版社,2018.

[2] 孙侠生. 飞机结构强度新技术[M]. 北京:航空工业出版社,2017.

[3] 罗洁. 典型结构件的时频耦合振动疲劳寿命分析研究[D]. 西安:西北工业大学,2022.

[4] 方红荣,薛立鹏,李朝晖. 基于有限元法的运载火箭管路随机振动疲劳寿命分析[J]. 导弹与航天运载技术,2017(4):107-110.

[5] CRANDALL S H. Random vibration[M]. New York:Technology Press of MIT and John Wiley and Sons,1958.

[6] WIRSCHING P H, LIGHT M C. Fatigue under wide band random stresses[J]. Journal of the Structural Division,1980,106(7):1593-1607.

[7] CHAUDHURY G K, DOVER W D. Fatigue analysis of offshore platforms subject to sea wave loadings[J]. International Journal of Fatigue,1985,7(1):13-19.

[8] TUNNA J M. Random load fatigue:theory and experiment[J]. Proceedings of the Institution of Mechanical Engineers, Part C:Journal of Mechanical Engineering Science,1985,199(3):249-257.

[9] 姚起杭,姚军. 工程结构的振动疲劳问题[J]. 应用力学学报,2006(1):12-15.

[10] 王明珠,姚卫星. 随机振动载荷下缺口件疲劳寿命分析的频域法[J]. 南京航空航天大学学报,2008(4):489-492.

[11] 王明珠,姚卫星. 双峰应力谱密度雨流幅值分布[J]. 航空学报,2009,30(9):1666-1671.

[12] 崔泗鹏,姚卫星,夏天翔. 连接件振动疲劳寿命分析的名义应力法[J]. 中国机械工程,2014,25(18):2519-2522.

[13] 周航博,肖守讷,阳光武. 多轴随机振动疲劳频域方法的研究[J]. 机械制造与自动化,2019,48(1):84-88.

[14] 白金,李静,仇原鹰,等. 考虑多轴应力与共振影响的随机振动疲劳寿命预测[J]. 国防科技大学学报,2021,43(2):102-108.

[15] 杨万均,施荣明. 随机振动应力幅值的分布规律[J]. 机械设计与研究,2011,27(6):16-20.

[16] 钟一震. 冲击载荷下典型连接结构疲劳特性研究[D]. 西安:西北工业大学,2022.

[17] 郭玉佩,王彬文,杨强,等. 航空材料的冲击疲劳问题研究进展与展望[J]. 航空工程进展,2020,11(5):609-617.

[18] 吕开妮. 机载武器挂架结构分析[J]. 中国新技术新产品,2019(10):67-68.

[19] TOFIQUE M W,LF A,MILLWARD C. Experimental analysis of reed valve movement for different reed valve designs tested in an impact fatigue test system[J]. IOP Conference Series(Materials Science and Engineering),2021,1180(1):012020.

[20] 刘正,胡冶昌,魏志芳. 复进簧冲击疲劳应力响应及其寿命预测[C]//OSEC 首届兵器工程大会论文集. 中国兵工学会、重庆市科学技术协会:兵器装备工程学报编辑部,2017:6.

[21] 田庆敏,徐诚,周苏吉.卧式冲击疲劳试验机的设计与性能分析[J].机械设计与制造, 2012(7):236-238.

[22] RADHAKRISHNAN V M, PRASAD R C. An impact fatigue testing machine[J]. International Journal of Fracture,1974,10(3):435-438.

[23] SUN Q,LIU X R, LIANG K. Impact fatigue life prediction for notched specimen of steel AerMet100 subjected to high strain rate loading[J]. International Journal of Applied Mechanics,2018,10(3):1850030.

[24] TANAKA T, NAKAYAMA H, MORI T, et al. Development of a hydraulic spring-type, high-speed impact fatigue testing machine and the experimental results [J]. JSME International Journal. Ser. 1, Solid Mechanics, Strength of Materials, 1988,31(4):760-767.

[25] 刘国庆,邹衍,管小荣,等.新型卧式冲击疲劳试验机性能研究[J].南京理工大学学报,2014,38(3):361-365.

[26] TANAKA T,NAKAYAMA H,KIMURA K. On the impact fatigue crack growth behaviour of metallic materials[J]. Fatigue and Fracture of Engineering Materials and Structures,1985,8(1):13-22.

[27] 姚卫星.结构疲劳寿命分析[M].北京:科学出版社,2019.

[28] 强宝平.飞机结构强度地面试验[M].北京:航空工业出版社,2014.

[29] 苏艳,顾晨轩,戴顺安,等.我国运行环境下运输类飞机鸟撞适航条款适宜性研究[J]. 国际航空航天科学,2017,5(3):128-135.

[30] 沈小明,戴顺安,王烨.飞机部件延寿的风险评估方法研究[J].兵器装备工程学报, 2017,38(11):85-88.

[31] 刘朋朋,李玉龙,刘军,等.飞机驾驶舱后观察窗抗鸟撞试验及数值模拟研究[J].振动与冲击,2014(8):78-82.

[32] 张永康,李玉龙,汪海青.典型梁-缘结构鸟撞破坏的有限元分析[J].爆炸与冲击, 2008,28(3):236-242.

[33] 李玉龙,石霄鹏.民用飞机鸟撞研究现状[J].航空学报,2012,33(2):189-198.

[34] 顾松年,尤文洁,诸德培.结构试验基础[M].北京:国防工业出版社,1987.

[35] 吴森.结构试验基础[M].北京:航空工业出版社,1992.

[36] 魏生道.结构静力试验技术[M].北京:宇航出版社,1988.

[37] 顾松年,尤文洁,宋玉贤.结构试验基础[M].北京:国防工业出版社,1981.

[38] 向树红.航天器力学环境试验技术[M].北京:中国科学技术出版社,2010.

[39] 李忠献.工程结构试验理论与技术[M].天津:天津大学出版社,2004.

[40] 朱尔玉,季文玉,冯东,等.土木工程结构试验基础教程[M].北京:中国科学技术出版社,2009.

[41] 叶成杰.土木工程结构试验[M].北京:北京大学出版社,2012.

[42] 杨德建,马芹永.建筑结构试验[M].武汉:武汉理工大学出版社,2010.

[43] 刘庆楣.飞航导弹结构设计[M].北京:宇航出版社,1995.

[44] 许椿荫.防空导弹结构与强度[M].北京:宇航出版社,1993.

[45] 计欣华,邓宗白,鲁阳,等.工程实验力学[M].北京:机械工业出版社,2005.

[46] 戴福隆,沈理林,时惠民.实验力学[M].北京:清华大学出版社,2010.

[47] 王开福,高明慧,周克印.现代光测力学技术[M].哈尔滨:哈尔滨工业大学出版社,2003.

[48] 苟文选,郑斯滔.理代光测力学[M].西安:西北工业大学讲义,1994.

[49] 张明,苏小光,王妮.力学测试技术基础[M].北京:国防工业出版社,2008.

[50] 张迎新.非电量测量技术基础[M].北京:北京航空航天大学出版社,2002.

[51] 狄长安.工程测试技术[M].北京:清华大学出版社,2008.

[52] 吴道悌.非电量电测技术[M].西安:西安交通大学出版社,2001.

[53] 叶湘滨.传感器与测试技术[M].北京:国防工业出版社,2007.

[54] 李晓荣.传感器与测试技术[M].北京:高等教育出版社,2004.

[55] 吴富民.结构疲劳强度[M].西安:西北工业大学出版社,1985.

[56] 何新党,刘永寿,苟文选,等.隐式极限状态方程下的导弹吊挂寿命可靠性分析[J].航空制造技术,2013(11):69-73.

[57] 张峰,何新党,南华,等.考虑渐变破坏的导弹吊挂结构疲劳寿命广义可靠性分析[J].固体火箭技术,2013,36(5):672-676.

[58] 何新党,刘永寿,魏涛,等.导弹吊挂寿命可靠性分析的自动化实现[J].强度与环境,2012,39(3):45-51.

[59] 田彤辉,袁杰红,王青文,等.异常荷载下导弹(火箭)级间连接结构失效分析[J].兵工学报,2020,41(2):388-397.

[60] 苟文选,张芮晨,耿小亮,等.一种先进的飞机吊挂结构疲劳寿命仿真分析方法[J].西北工业大学学报,2017,35(5):905-909.

[61] KIM J,YOON J C,KANG B S. Finite element analysis and modeling of structure with bolted joints[J]. Applied Mathematical Modelling, 2006,31(5):895-911.

[62] 邹希,张森,胡伟平,等.基于损伤力学的某飞机构件冲击疲劳寿命预估[J].机械强度,2012,34(4):578-583.

[63] 蒋祖国,田丁栓,周占廷.飞机结构载荷/环境谱[M].北京:电子工业出版社,2012.

[64] 张福泽.飞机载荷谱编制的新方法研究[J].航空学报,1998(5):7-13.

[65] 王智,李京珊,张福泽.用代表中值损伤的"飞行大纲"编排飞机载荷谱的方法[J].机械强度,2004(5):517-521.

[66] 徐明波.一种民机低载截除限试验载荷谱编制方法[J].中国科技信息,2014(14):34-36.

[67] 刘晓明,万少杰,熊峻江,等.民机飞行载荷谱编制方法[J].北京航空航天大学学报,2013,39(5):621-625.

[68] 蒋祖国.编制飞机使用环境谱的任务-环境分析法[J].航空学报,1994,15(1):70-75.

[69] 蒋祖国.飞机载荷-环境谱的编制[J].航空学报,1994,10(3):7-10.

[70] 闫光,刘力宏,左春柽.飞机载荷谱实测数据并行统计处理算法[J].吉林大学学报(工学版),2012,42(3):683-688.

[71] 李继世,张大义,黄爱萍,等.航空发动机外部附件振动试验载荷谱编制[J].航空发动机,2021,47(3):53-59.

[72] 张方,周凌波,姜金辉,等.基于频域法的随机振动疲劳加速试验设计[J].振动、测试与诊断,2016,36(4):659-664.

[73] 霍文辉,刘伟.载荷谱飞行实测振动环境谱数据处理研究[J].电子测试,2020(10):37-39.

[74] 孙东,接劢,胡大鹏.疲劳试验机的发展研究[J].科技经济市场,2017(9):8-9.

[75] ZENG X, JIANG Y, FAN Z. Analysis of random vibration fatigue of aluminum alloy beam with a hole based on frequency domain method[J]. IOP Conference Series: Materials Science and Engineering. IOP Publishing, 2021, 1043(5): 052013.

[76] 王锦丽,李玉龙,胡海涛,等.加载频率对悬臂梁振动疲劳特性的影响[J].振动与冲击,2011,30(6):243-247.

[77] HAN S H, AN D G, KWAK S J, et al. Vibration fatigue analysis for multi-point spot-welded joints based on frequency response changes due to fatigue damage accumulation[J]. International Journal of Fatigue, 2013(48): 170-177.

[78] SPOTTSWOOD S, WOLFE H. Comparing fatigue life estimates using experimental and spectral density based probability distributions[J]. Journal of Aircraft, 2002, 39(3): 493-498.

[79] 顾晓华,陈怀海.结构振动疲劳试验监测方法研究[J].机械制造与自动化,2015,44(2):181-184.

[80] 肖鹏华.基于 PELT 算法的股票量价水平结构性变化的实证研究[D].上海:上海师范大学,2020.

[81] 赵子龙.振动力学[M].北京:国防工业出版社,2014.

[82] 由于,张伟,高翔,等.基于模态叠加法的航空发动机轮盘振动特性研究[J].应用力学学报,2020,37(2):661-665.

[83] 胡本润,刘建中,陈剑峰.疲劳缺口系数 K_f 与理论应力集中系数 K_t 之间的关系[J].材料工程,2007(7):70-73.

[84] 王帅,夏益霖,荣克林.振动环境试验[M].北京:国防工业出版社,2021.

[85] 孙侠生,苏少普,孙汉斌,等.国外航空疲劳研究现状及展望[J].航空学报,2021,42(5):40-65.

[86] 刘小川,郭军,孙侠生,等.民机机身段和舱内设施坠撞试验及结构适坠性评估[J].航空学报,2013,34(9):2130-2140.

[87] 徐芝纶.弹性力学[M].北京:高等教育出版社,1992.

[88] 孙侠生.民用飞机结构强度刚度设计与验证指南[M].北京:航空工业出版社,2012.

[89] 王朝伟,李廉琨,缪加玉.结构力学基础[M].北京:人民交通出版社,1994.

[90] 《飞机设计手册》总编委会.飞机设计手册:第九册[M].北京:航空工业出版社,2001.

[91] 刘小川.用于鸟撞试验的仿真鸟弹研究[J].实验力学,2012,5(27):623-629.

[92] 黄震球.船舶结构力学中的"伪安定"问题[J].上海交通大学学报,1998(11):51-55.

[93] 余德建,陈晔.超高压压缩机气缸联结螺栓疲劳寿命预测[J].石油化工设备,2021,50(4):24-30.

[94] 王雷,李玉龙,索涛,等.航空常用铝合金动态拉伸力学性能探究[J].航空材料学报,2013,33(4):71-77.

[95] 姚军.大型航空航天结构耐久性振动试验技术[J].科技创新导报,2018(35):226-227.

[96] 安中彦.航空涡扇发动机结构强度试验技术发展[J].航空发动机,2021,47(4):131-140.

[97] 穆童.某航空炸弹弹体结构疲劳寿命分析及加速试验设计[D].沈阳:东北大学,2018.

[98] 黄瑞泉,朱亲强,张宪政,等.航空结构环境振动试验裂纹分析[J].应用力学学报,2023,40(3):529-534.

[99] 郝柏森.航空金属结构螺栓连接件疲劳及寿命试验分析[J].科学与信息化,2021(10):98.

[100] 蔡奎,丁华锋,李大峰,等.万吨航空铝合金张力拉伸机结构强度分析与试验[J].机械设计与制造,2013(6):112-115.

[101] PICHON G, ALAIN D, ERIC P. Audrey benaben,quasi-static strength and fatigue life of aerospace hole-to-hole bolted joints[J]. Engineering Failure Analysis,2023,143(A):106860.

[102] 索涛,李玉龙,郭万林.我国航空航天结构强度事业的开拓者——黄玉珊[J].力学进展,2022,52(4):914-947.

[103] 洪艳平.航空拉杆组件的结构特点及强度计算分析[J].新技术新工艺,2022,418(10):42-47.

[104] 许向彦,艾森,王立凯.航空典型金属结构强度校核软件的设计与实现[J].工程与试验,2022,62(1):75-79.

[105] 张国凡,艾森,聂小华.航空薄壁结构静强度分析模型校核方法研究[J].工程与试验,2022,62(4):52-54.

[106] 杨士杰,李其汉.加强航空发动机结构强度应用基础研究[C]//第五届动力年会论文集(1~4).北京:中国航空学会动力专业分会,2003:145-153.

[107] 燕晨耀,尹伟,杏继锋.全机结构强度试验多路故障监测系统设计及应用[J].自动化应用,2023,64(5):113-116.

[108] 王鑫涛,杜星.飞机结构强度试验应急载荷限定系统[J].航空学报,2020,41(2):215-225.

[109] 卓轶,吕媛波,张文东.飞机结构强度试验中拉压垫加载技术研究[J].科学技术与工程,2016,16(2):244-248.

[110] 韩涛,聂小华,段世慧.结构强度试验应变测量误差来源分析[J].工程与试验,2020,60(1):33-34.

[111] 赵婵.结构强度试验力传感器数据库改进设计[J].科技创新与应用,2020(22):88-89.

[112] 韩涛,段世慧.结构强度试验挠度曲线实时监测系统设计[J].工程与试验,2019,59(1):64-66.

[113] 林峰.深度学习方法在全尺寸飞机结构强度试验中的应用探究[J].今日制造与升级,2023(2):1-4.